KB049427

136명의 집

BEAMS AT HOME 2

훔치고 싶은 감각, 엿보고 싶은 스타일

빔스 지음 | 김현영 옮김

라의눈

INDEX

INTRODUCTION

아침에 눈을 뜨면 커피 원두를 갈아 뜨거운 물에 우린다. 토스트를 한 입 베어 물고는 선인장에 적당히 물을 준다. 가족과 이야기를 나누고, 가볍게 샤워를 하고, 준비해둔 셔츠를 입는다. 한낮이 되면 걸어둔 빨래는 바람에 나부끼고, 고양이는 볕 좋은 곳을 찾아 몸을 웅크리고 일광욕을 즐긴다. 햇볕은 천천히 이쪽에서 저쪽으로 자리를 옮긴다. 저녁이 되어 귀가하면 집에는 불이 밝혀져 있고, 아이들은 현관까지 마중 나와 인사를 한다. '다녀오셨어요?' '응, 다녀왔어.' '오늘 저녁은 돼지고기 캐비지 롤이야.' 좀 더 밤이 깊으면 주말에 어디를 갈지 생각하며 스케이트보드 데크와 캠핑 장비를 손질한다. 따뜻한 욕조에 몸을 담그고, 편안히 잠을 청한다…. 우리의 일상이 녹아 있고 저마다의 이야기가 있는 곳, 바로 '집'이다. 집에는 정해진 모양이 없다. 편집매장의 선구자로 일본의 트렌드를 주도해온 '빔스BEAMS'. 이 책에는 빔스에서 일하는 직원 136명의 136가지 '집HOME'이 담겨 있다. 우리는 사랑하는 이들과 이야기를 나누고 시끌벅적 떠들기도 한다. 아무것도 안 하고 멍 하니 있을 때도 있고, 좋아하는 것을 하나둘 늘려갈 때도 있으며, 아무런 의미가 없는 것을 그대로 받아들일 때도 있다. 우리는 이렇게 생활의 흔적을 남기며 살아가고 그 흔적은 자연스럽게 밖으로 드러난다. 존 레넌LENNON이 말하지 않았던가. 인생은 예술이라고.

OUR LIFE IS OUR ART

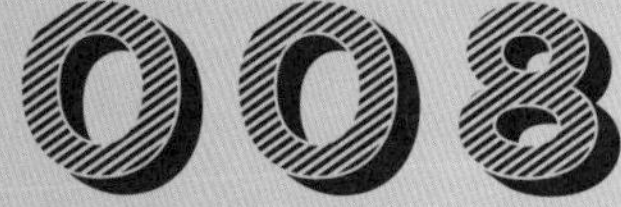

구사카 타쿠야 日下 拓哉

빔스 요코하마 히가시구치 지점
30세 / 도쿄, 세타가야

요즘에는 어디에 있든 친구와 연락을 주고받는 일이 그리 어렵지 않다. 하지만 진정한 친구와는 직접 만나 시시껄렁한 수다도 떨고 싶고, 함께 바람을 맞으며 같은 것을 느끼고 감동하고 싶다. 구사카 씨의 방은 친구와 함께 호흡하고 느꼈던, 그가 사랑해 마지않는 샌프란시스코를 떠올리게 하는 예술 작품과 자전거로 채워져 있다. 어쩌면 자신을 제외하고, '나다운 인테리어'의 정의를 내릴 수 있는 것은 내게 중요한 존재뿐인지도 모르겠다.

— 라이프스타일에서 가장 중요하게 여기는 주제는?
자전거와 예술.

— 휴일을 보내는 가장 좋아하는 방법은?
아침 7시에 일어나 짐에 갔다가, 자전거를 타고, 친구와 만나고, 22시에는 잠을 잔다.

— 가장 중요하게 여기는 시간과 그 시간을 보내는 방법은?
일을 마친 후의 시간.

— 스트레스 해소 방법은?
많이 먹는다.

— 인테리어에 특별한 주제나 규칙이 있다면?
자전거와 샌프란시스코에 빠져 있다.

— 집에서 가장 좋아하는 장소와 그 장소에서 시간을 보내는 방법은?
거실. 커피를 마시면서 웹서핑도 하고, 만화책도 본다.

— 집에서 가장 소중히 여기는 아이템은?
사진.

— 수집하거나 꼭 사는 물건이 있다면?
샌프란시스코의 자전거 숍에서 파는 티셔츠.

— 집 정리를 잘 못하는 사람에게 조언을 해준다면?
물건을 한번 버려봐라! 아주 작정을 하고서!

— 좋아하는 패션 스타일은?
딱히 없다. 그렇지만 뭐든 센스 있게 입고 싶다.

— 평소 옷을 입을 때 가장 아끼는 아이템이 있다면?
신발.

— 센스를 키우는 방법을 한마디로 요약한다면?
열심히 일한다. 단사리斷捨離. 진지하게 임한다. 시간을 헛되어 쓰고 있는건 아닌지 되돌아본다.

— 빔스에 들어온 이유는?
나는 '디자이너, 옷 가게 주인, 프로레슬러'가 꿈이었다. 디자이너로 일하다 관두었기 때문에 이번에는 옷 가게를 열 차례라고 생각했다. 그런데 빔스 말고 다른 옷 가게는 생각해본 적이 없었다! 이후에는 프로레슬러가 될 차례다!

— 빔스에서 근무하면서 가장 좋았던 점은?
많은 꿈을 이룰 수 있게 해주었다!

— 지금까지 일하면서 가장 기억에 남는 에피소드가 있다면?
나는 샌프란시스코와 자전거를 정말 좋아하는데, 이것들의 상징과도 같은 샌프란시스코 자전거 동호회MASH SF의 회원인 더스틴 켈린KLEIN을 빔스로 초청해 아트쇼를 연 적이 있다. 샌프란시스코로 직접 찾아가 그를 초청하고 멋진 쇼도 열다니 정말 눈물 날 정도로 기뻤다! 더스틴뿐만 아니라 친구들, 응원해준 선배와 동료들에게 그저 감사하다! 하나의 꿈을 이루면 더 멋진 일을 하고 싶다!

샌프란시스코에서 친해진 친구를 찍은 사진. 도쿄에서 사진전도 열었다. 경기용 자전거와 스트리트 컬처로 채워져 있는 방 안에는 함께 작업했던 더스틴이나 현지에서 만난 친구들, 아티스트들의 작품이 소중하게 장식되어 있다.

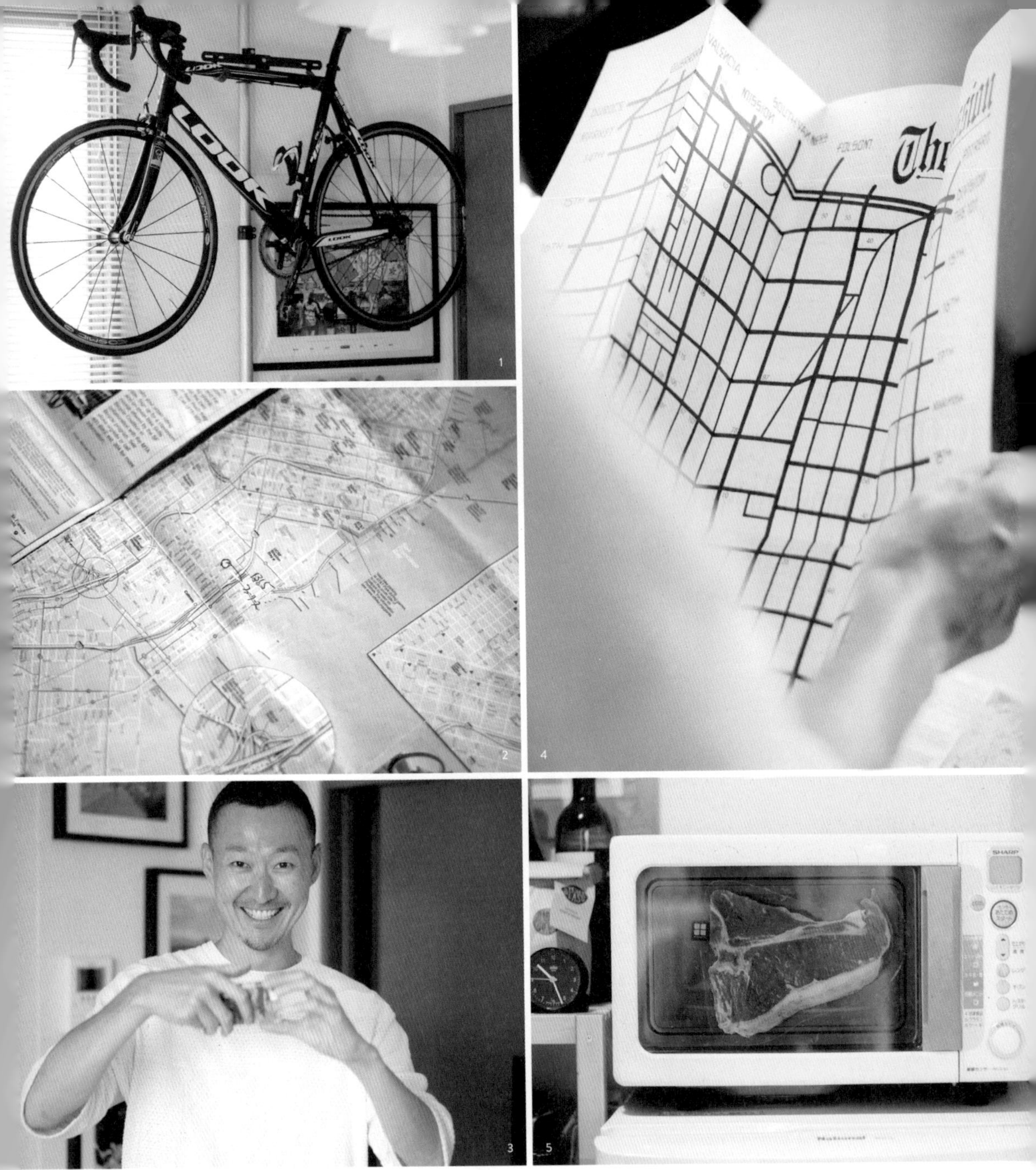

1. 아끼던 자전거를 도난당했을 때 친구가 선물해준 자전거 프레임. 일년에 두 번 정도 샌프란시스코에 가는데, 그때마다 가지고 간다. 2. 샌프란시스코에서 초기에 구입한 자전거 지도. 현지의 지인이 문제가 생겼을 때 연락하라고 적어준 전화번호도 있다. 3. 구사카 씨는 자신이 만드는 잡지에 들어가는 사진을 아이폰으로 촬영한다. 4. 오랫동안 사용한 지도를 보고 친구가 추천해준 새 지도. 사러 가는 곳마다 매진이었는데 마지막으로 들어간 가게에서 매장 직원이 자신의 것을 주었다고 한다. 마이크 자이언트GIANT의 디자인은 역시 멋지다. 5. 날마다 짐에 다니기 때문에 음식을 조절해야 하는 구사카 씨의 주방. 전자레인지에는 이런 상황을 반영하듯 고깃덩어리 스티커가 붙어 있다. 6. 소중하게 장식해 둔 더스틴 켈린의 스케이트보드 데크가 강한 존재감을 내뿜고 있다. 7. 화장실에는 화장실을. 스티커에서 구사카 씨의 장난기를 엿볼 수 있다. 8. 샌프란시스코 자전거 동호회의 회원이자 친구인 마싼Massan의 사진에 그래픽아티스트 페즈PEZ가 페인팅한 작품. 구사카 씨의 보물이다.

6

7

8

책장에는 자전거와 관련된 DVD, 국내외에서 구입하거나 직접 제작한 잡지가 가지런히 꽂혀 있다. 옆에 세워 둔 스케이트보드 데크는 사인이 들어간 희귀품들. 실은, 여자 친구와의 추억도 담겨 있다고.

MY PRIVATE
WARDROBE

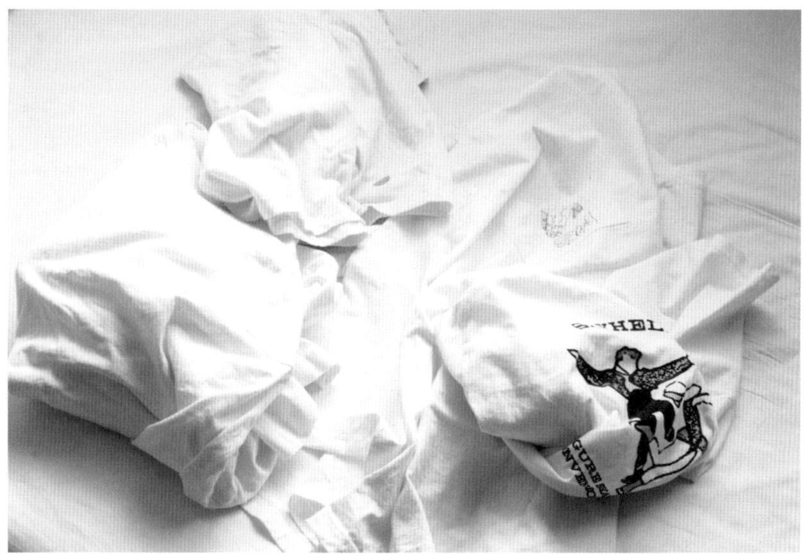

자신의 철학에는 '세련된 근사함'이 빠질 수 없다는 구사카 씨의 애장품. 마치 흰색으로 도배가 된 듯하다. 대부분 빔스에서도 판매한 브랜드로, 잭슨 마티스JACKSON MATISSE와 세이헬로우SAYHELLO 등의 티셔츠를 꺼냈다. 자전거를 타거나 짐에서 땀을 흘리고 난 후에 벅벅 빨아서 입기 좋은 옷들이다. "여름에 흰색 티셔츠 한 장으로 버티는 남자가 그렇게 멋져 보이더라고요."

늘 주머니에 넣어 다니는 물건들. 왼쪽부터 작게 접히는 자전거용 체인 자물쇠, 자전거용 휴대 공구, 사진을 찍고 지도를 볼 때 유용한 아이폰. 시계는 빔스에서 신SINN에 특별 주문하여 판매한 모델. "사실은 다른 모델을 살 생각이었어요. 그런데 그냥 저랑 잘 어울리는 걸 사자, 하고 구입했죠." 경쾌하고 터프한 디자인이 구사카 씨가 고른 물건답다.

016

고야노 무이 小谷野 夢衣

인재개발부
31세 / 도쿄, 세타가야

만들 수 있는 것은 직접 만든다. 이 올곧은 스타일을 고집해 온 고야노 씨의 집은 손수 만든 가구로 채워져 있다. 그리고 한쪽 구석에는 차례를 기다리는 목재와 자투리 재료들이 있다. 조금씩 천천히 자기들만의 공간을 만들어나가는 즐거움. 싱그럽고 건강한 식물을 들여다보는 즐거움. 맛있는 음식을 먹는 즐거움. 일상이란 가슴 뛰는 유쾌한 일임을 가르쳐준다.

–라이프스타일에서 가장 중요하게 여기는 주제는?
식물과 맛있는 음식에 둘러싸인 생활.

–휴일을 보내는 가장 좋아하는 방법은?
아침밥을 제대로 차려서, 제대로 먹기.

── 가장 중요하게 여기는 시간과 그 시간을 보내는 방법은?
둘이서 같이 밥 먹는 시간.

── 스트레스 해소 방법은?
반년에 한 번 해외여행을 간다.

── 인테리어에 특별한 주제나 규칙이 있다면?
테마는 '서해안'이지만 약간 안 맞는 것도 있다. 우리가 만들 수 있는 것은 직접 만든다.

── 집에서 가장 좋아하는 장소와 그곳에서 시간을 보내는 방법은?
소파에 앉아서 볕을 쬔다.

── 어떤 집에서 살고 싶은지?
심플하고 살림이 적은 집.

── 수집하거나 꼭 사는 물건이 있다면?
에어플랜트, 다육식물, 덩치가 큰 식물.

── 좋아하는 인테리어 브랜드와 가게는?
교도經堂의 룽타 Rungta**.**

── 집 정리를 잘 못하는 사람에게 조언을 해준다면?
정기적으로 사람을 불러라.

── 좋아하는 패션 스타일은?
심플하고 캐주얼한 스타일

── 좋아하는 패션 브랜드는?
빔스.

── 인테리어나 패션의 아이디어를 얻는 원천은?
하와이에 관한 정보가 실려 있는 책과 잡지.

── 센스를 키우는 방법을 한마디로 요약한다면?
나도 궁금하다. 나는 주로 '가서, 보고, 듣고, 만진다.'

── 빔스에 들어온 이유는?
빔스의 직원과 상품 그리고 회사 자체를 동경해왔다!

── 빔스에서 일하면서 가장 좋았던 점은?
질타와 격려를 아끼지 않는 최고의 동료가 많이 생긴 것.

── 지금까지 일하면서 가장 기억에 남는 에피소드가 있다면?
양쪽 시력을 모두 잃은 여성 고객을 응대한 적이 있는데, 마지막에 내 손을 잡고 '고맙다'고 말해주셨다. 어찌나 기쁘고 뿌듯하던지 아직까지도 잊지 못하고 있다.

이날은 요리사인 남편이 점심을 준비했다. "저희 부부는 음식과 술을 좋아해서 정기적으로 사람들을 초대해요." 언제든 맛있는 밥을 내주는 집은 역시나 행복해 보인다. 둘이서 함께하는 저녁의 술 한 잔도 일상의 즐거움 중 하나.

1

2

1. 거실 가득 햇살이 드는 창가에 초록 식물이 놓여있다. 교도에 있는 룽타는 빔스 선배가 알려준 화분 가게로, 이제는 고야노 씨도 단골이 됐다. 2. 남편이 만든 오늘 점심은 토마토가 들어가지 않은 짭조름한 볼로네제. 고야노 씨 부부는 제철 재료로 음식을 만들어 식탁에서도 사계절을 즐긴다. 3. 오키나와 도자기 그릇은 어느 나라의 음식을 담아도 잘 어울린다. 이 그릇들은 고야노 씨가 오키나와 여행 시 구입했다. 4. 손수 만든 거실 선반. 집 안에는 남편이 만든 가구가 많다. 그 가구에 식물과 소품을 배치하는 것이 고야노 씨의 역할. 5. 맞벌이 부부여서 쉬는 날이 어긋날 때가 많은데 이날은 모처럼 함께 쉴 수 있었다. 이런 날에는 맛있는 음식을 만들어 느긋하게 즐긴다. 6. 거실의 포인트인 나무 가벽도 남편의 작품. 뒤쪽 수납공간을 눈가림할 겸 만들었다고 한다.

거실, 다이닝룸, 주방이 하나로 이어져 있어 실제 면적보다 더 넓어 보이는 집. 복층 구조의 높은 천장 때문에 이 집을 골랐다고 한다. 2층은 침실 겸 드레스룸으로 쓴다.

MY PRIVATE
WARDROBE

캐주얼에서 하이브랜드까지 폭 넓은 스타일을 자랑하는 고야노 씨의 애장품들. 데님은 빔스에서도 판매하는 산카Sanca. 고야노 씨는 볼륨 있는 두툼한 바지를 좋아한다고. 흰색 데님은 캡틴 선샤인KAPTAIN SUNSHINE. 역시 빔스에서 구입할 수 있다. 마찬가지로 빔스에서 구입한 뉴욕과 로스앤젤레스의 로고 티셔츠는 꽤나 즐겨 입는 아이템.

데일리 액세서리. 큼직한 액세서리는 유행에 상관없이 포인트를 주고 싶을 때 착용한다. 첫 보너스로 구입한 해밀턴HAMILTON의 손목시계는 매우 아끼는 아이템. 섬세한 디자인이 아름다운 깃털 모양의 머리핀은 플뤼에PLUIE. 귀고리는 빔스. "물건이 마음에 들면 바로 사는 편이에요.(웃음)"

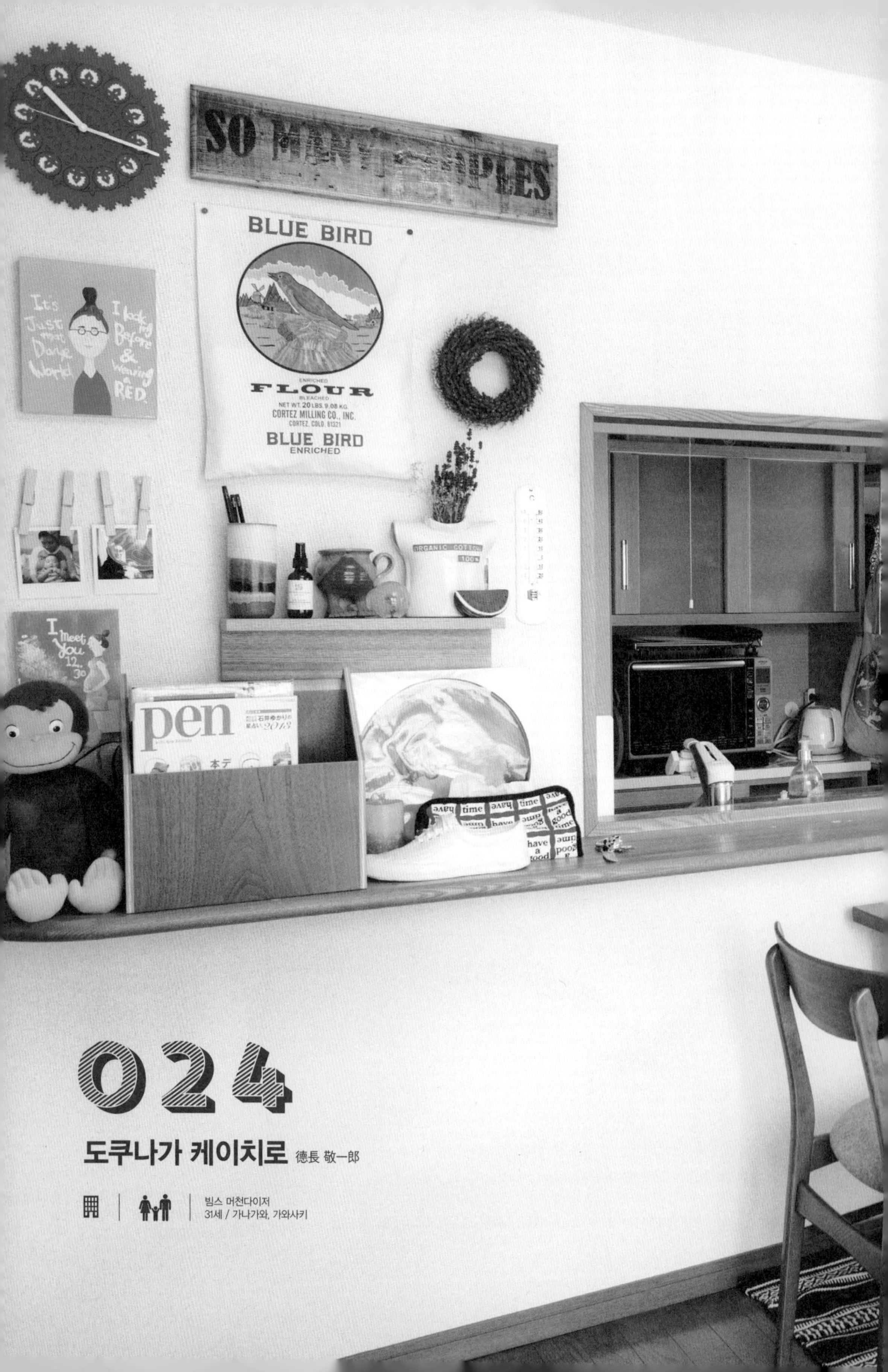

도쿠나가 케이치로 德長 敬一郎

빔스 머천다이저
31세 / 가나가와, 가와사키

뚫린 벽으로 거실을 내다볼 수 있는 주방. 벽 한쪽에는 사진작가인 아내의 작품이 걸려 있고, 아래쪽 선반에는 아들이 돌을 맞이했을 때 도쿠나가 씨가 직접 그린 그림과 추억의 사진이 놓여있다. 선반에 올려놓은 사진과 소품에서 도쿠나가 씨의 감각을 엿볼 수 있다.

도심에서 조금 떨어진 곳. 역에서 나오면 맨션과 단독 주택이 늘어선 완만한 언덕길이 펼쳐진다. 어쩐지 마음이 편안해지는 이곳에 도쿠나가 씨의 보금자리가 있다. 귓가에 들려오는 아이들의 건강한 재잘거림. 집 안에 들어서면 각종 소품과 취미용품으로 꾸며 놓은, 젊은 부부다운 소박한 인테리어가 눈에 들어온다. 직접 그린 그림도 그 안에 녹아들어 세상에 하나뿐인 이 가족의 일상을 빛내주고 있다.

— 라이프스타일에서 가장 중요하게 여기는 주제는?
아이와 보내는 시간을 소중히 여긴다.

— 휴일을 보내는 가장 좋아하는 방법은?
요즘에는 아이와 있을 때 공원에 나가는 것이 좋다. 혼자 있을 때는 그림을 그리거나 영화를 본다.

— 지금 살고 있는 토지(거주지)를 고른 이유는?
선배가 추천해서.

— 주택은 사야 할까, 임대해야 할까?
지금은 아니지만 앞으로는 구입할 생각이다. 레노베이션하고 싶어서.

— 스트레스 해소 방법은?
그림을 그린다.

— 인테리어에 특별한 주제나 규칙이 있다며?
남들한테 이해받지 못한다고 해도, 자기가 좋아하는 것들로 채워놓은 어린아이의 방처럼 꾸며놓고 살고 싶다.

— 집에서 가장 좋아하는 장소와 그곳에서 시간을 보내는 방법은?
복도. 아이가 걸음마 연습을 하면서 슈타이프 Steiff**의 테디베어에게 잘한다, 잘한다 하고 예뻐하는 모습이 보기 좋다.**

— 집에서 가장 소중히 여기는 아이템은?
디즈니 상품.

— 수집하거나 꼭 사는 물건이 있다면?
디즈니 상품.

— 집 정리를 잘 못하는 사람에게 조언을 해준다면?
물건보다 공간을 중시하면 좋지 않을까…?

— 평소 옷을 입을 때 가장 아끼는 아이템이 있다면?
오어슬로우orSlow**의 데님**

— 인테리어나 패션의 아이디어를 얻는 원천은?
잡지 〈뽀빠이POPEYE**〉와 〈비긴**Begin**〉.**

— 갖고 싶은 아이템은?
자동차와 소파, 카처kaercher **청소기.**

— 센스를 키우는 방법을 한마디로 요약한다면?
고독해져라.

— 빔스에 들어온 이유는?
빔스 직원을 동경해왔다.

— 빔스에서 일하면서 가장 좋았던 점은?
패션뿐만 아니라 다양한 각도에서 자신의 가능성을 시험해볼 수 있다는 것.

— 지금까지 일하면서 가장 기억에 남는 에피소드가 있다면?
내가 기획한 상품이 매장에 진열되고, 사람들이 그 상품을 사서 몸에 걸치고 다니는 것을 보았을 때 정말 기뻤다. '빔스 플래닛BEAMS Planets **요코하마 지점'의 칠판에 그림을 그렸던 일도 기억에 남는다.**

1. 벽 선반에는 아내와 결혼 전에 디즈니랜드에서 찍은 사진과 신혼여행 때 찍은 사진이 놓여있다. 집 안의 여러 물건이 말해주듯, 도쿠나가 씨는 디즈니를 매우 좋아해서 일 년에 몇 번 정도는 가족과 함께 디즈니랜드에 다녀온다. 2. 미술을 좋아하는 사람답게 거실 책장에는 전시회 도록을 비롯한 미술 관련 서적이 꽂혀 있다. 3. 집에서 가장 좋아한다고 했던 복도에는 일러스트레이터 하나이 유스케花井祐介의 작품이 걸려있다. 이밖에도 디즈니를 모티브로 작업하는 스텐실 아티스트 커리Kurry의 작품과 일러스트레이터 미야타 쇼宮田翔의 작품, 슈타이프의 테디베어가 함께 장식되어 있다. 4. 한창 놀기 좋아하는 두 살배기 아들. "요즘엔 이 모빌에 빠져 있어요."라며 웃는 도쿠나가 씨. 5. 일상에서의 즐거움은 그림 그리기. 가족이 잠든 고요한 시간에 홀로 노트를 마주하고 있노라면 절로 힐링이 된다고. 6. 예전에는 취미로만 즐겼다는 그림. 도쿄에 온 후로 좀 더 본격적으로 그리기 시작하여 브랜드와 합작해 아동복까지 제작했다. 7. 아들의 돌 때 칠판에 그린 일러스트. 직접 그린 그림이 자연스럽게 인테리어 소품으로 쓰인다.

5

6

7

위 사진에서의 낡은 재킷에는 디즈니 캐릭터가 그려져 있다. 보자마자 구입했다는 이 재킷은 현관 인테리어를 담당하고 있다. 아래 사진은 거실. 아이 공간으로 바뀐 거실에 기분 좋은 빛이 들었다.

MY PRIVATE
WARDROBE

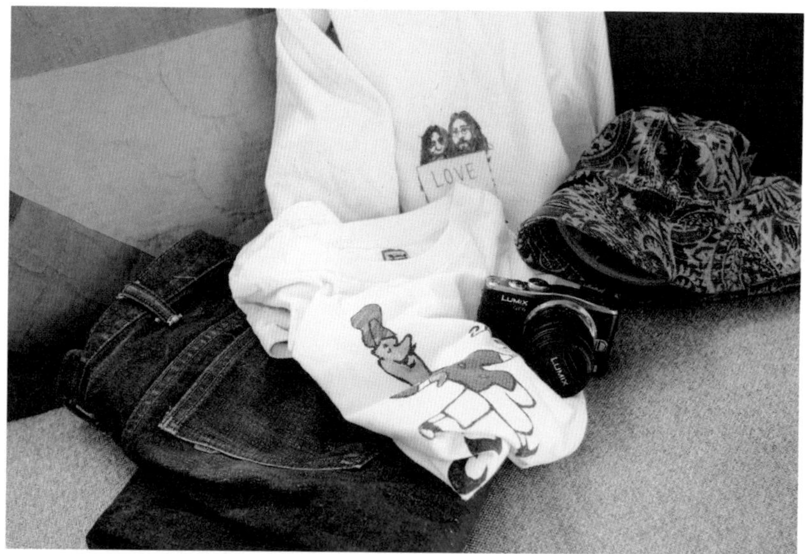

빔스에서도 판매하는 오어슬로우의 데님 바지와 휴먼 메이드HUMAN MADE의 티셔츠. 독특한 프린트가 귀엽다. 웃옷과 바지가 이어진 오버올에는 도쿠나가 씨가 현관 재킷을 참고로 직접 그림을 그려 넣었다. 그래서인지 이 옷을 입으면 사람들이 말을 더 많이 건다고. 요즘 많이 쓰는 모자는 익스펜션EXPANSION. 뉴욕에 사는 일본 디자이너가 만든 브랜드다.

도쿠나가 씨의 취미용품. 그림 그릴 때 쓰는 아크릴 물감, 수성사인펜, 수채색연필. 참고 영상을 볼 때 필요한 아이패드. 종이는 벼룩시장에서 선배가 찾아준 100년 된 종이. 〈곰돌이 푸Winnie The Pooh〉는 디즈니 영화 가운데 도쿠나가 씨가 제일 좋아하는 것. 미국의 90년대 문화 동향을 다룬 다큐멘터리 〈뷰티풀 루저BEAUTIFULL LOSERS〉도 빼놓을 수 없다.

032

우타가와 마이코 宇田川 麻衣子

프레스
34세 / 가나가와, 가와사키

"사계절을 모두 쾌적하게 지낼 수 있다는 것이 단층집의 장점이죠." 이렇게 말하는 우타가와 씨 부부의 집에는 휴일이면 으레 근처에 사는 친구들과 가족들이 놀러온다. 열린 창을 통해 기분 좋은 바람과 볕이 들어오고, 손수 만든 먹음직스러운 음식 냄새가 집 안에 감돈다. 웃음이 끊이지 않는 두 사람을 보니 사람들이 왜 이 집을 찾는지 알 것만 같다. 일상에는 비록 사소하나 가슴 뛰는 일이 많다는 것을 알려주는 집이다.

— 라이프스타일에서 가장 중요하게 여기는 주제는?
많은 식물을 가까이 두는 등 우리가 좋아하는 공간을 만들려고 한다.

— 휴일을 보내는 가장 좋아하는 방법은?
아침 일찍 기상 → 외출(바다, 산, 온천) → 일찍 귀가 → 편히 쉬기.

— 지금 살고 있는 토지(거주지)를 고른 이유는?
도심에서도 가깝고, 서로의 본가에 가기도 쉬워서. 게다가 강까지는 5분밖에 걸리지 않는다. 강변에서 조깅할 때가 많다.

— 가장 중요하게 여기는 시간과 그 시간을 보내는 방법은?
아침 시간이 소중하다.

— 스트레스 해소 방법은?
몸을 움직인다. 자연을 접한다.

— 인테리어에 특별한 주제나 규칙이 있다면?
흰색과 갈색을 바탕으로 다른 색깔이나 무늬는 포인트를 줄 때 사용한다.

— 집에서 가장 좋아하는 장소와 그곳에서 시간을 보내는 방법은?
툇마루. 일단 빈둥거리고 본다.

— 집에서 가장 소중히 여기는 아이템은?
결혼할 때 선배가 우리 부부의 초상화를 그려서 만들어준 웰컴 보드.

— 좋아하는 패션 스타일은?
베이직, 심플.

— 자신만의 스타일을 만들어주는, 특히 좋아하는 패션 브랜드는?
빔스, 리바이스, 야에카YAECA**, 엔지니어드 가먼츠**ENGINEERED GARMENTS**, 버켄스탁, 아페쎄**A.P.C**….**

— 인테리어나 패션의 아이디어를 얻는 원천은?
패션 잡지, 블로그, 인스타그램, 핀터레스트.

— 갖고 싶은 아이템은?
넓은 집, 넓은 침대, 넓은 정원.

— 센스를 키우는 방법을 한마디로 요약한다면?
다양한 것들을 흡수해서 자기 식대로 계속 표출해본다.

— 빔스에 들어온 이유는?
'빔스 보이BEAMS BOY**'를 무척 좋아했다. 빔스 보이의 매장은 동경의 장소이기도 했다.**

— 빔스에서 일하면서 가장 좋았던 점은?
매력적인 사람들과 만날 기회가 많아 좋은 자극을 받는다는 것.

— 지금까지 일하면서 가장 기억에 남는 에피소드가 있다면?
필그림 서프 서플라이 Pilgrim Surf+Supply**의 디렉터인 크리스 젠타일**GENTILE**과 작업을 했다. 그의 좋은 인품과 열정에 이끌려 많은 사람이 모여들었고, 이들의 도움으로 훌륭한 결과물을 얻었다. 인연이 인연을 낳는 일이 참 근사하다는 것을 새삼 느끼게 되었다.**

이날은 여동생이 와서 함께 점심을 먹었다. 시끌벅적하게 준비한 음식은 오키나와의 도자기 그릇에 담아 식탁에 냈다. 사람들이 자주 놀러온다는 이 집 특유의 편안함은 집주인의 인품이 그만큼 넉넉하다는 뜻이리라.

1. "바람이 잘 통해서 아주 살기 좋아요."라는 우타가와 씨의 보금자리. 창틀 위는 디자이너의 시계며 추억의 물건을 장식하는 공간. 2. 애완동물인 헤르만 육지 거북은 날씨 좋은 날에 정원에 풀어놓고 일광욕을 시킨다. 두 번째로 탈출했을 때는 근처에 사는 초등학생이 찾아주었다고. 3. 부부 모두 서핑을 즐긴다. 현관 옆에는 바다를 생각나게 하는 미술품과 공예품을 걸어 통일감을 주었다. 4. 신혼여행지인 멕시코에서 구입한 추억의 러그가 현관에서 손님을 맞는다. 5. 창문으로 둘러싸인 밝은 침실. 퀼트 이불은 페니카fennica에서 구입한 제시카 오그던JESSICA OGDEN의 제품. 오랫동안 애용한 아이템이다. 6. 곳곳에 놓인 초록 식물이 생활을 더욱 다채롭게 한다. "식물은 앞으로도 계속 늘리고 싶은 아이템이에요!" 7. 빔스에 입사한 후 자신의 교육을 담당했던 선배가 그려주었다는 웰컴 보드. 우타가와 씨의 보물 1호. 방 어디에서든 잘 보이는 곳에 걸어두었다.

5

6

7

다이닝룸 창가에 둔 각양각색의 식물들. 선인장, 다육식물, 에어플랜트 등은 휴일에 나들이를 나간 곳에서 구입했다고 한다. 유목流木에 얹어두거나 화분을 고르는 감각은 한 번쯤 따라하고 싶은 인테리어의 포인트. 휴일에는 요가나 조깅을 할 때도 많다고 한다.

MY PRIVATE
WARDROBE

맨 위에는 빔스에서 구입한 에콴디노ECUA-ANDINO의 파나마 햇. 디자인이 간결하고 예뻐서 어디에나 잘 어울린다. 선글라스는 하와이 여행 때 구입했다. 피부색과 잘 어울리는 분홍색 티셔츠와 데님 바지는 즐겨 찾는 아페쎄의 제품. 옥스퍼드 버튼다운 셔츠는 빔스 보이에서 구입했다.

여행을 좋아하는 우타가와 씨의 아이템들. 아이폰과 아이패드는 정보를 수집하고 사진을 찍는 데 꼭 필요하다. 로스앤젤레스에서 구입한 패션 북은 책장을 훌훌 넘기면서 상상의 나래를 펼치기 좋다. 아에로멕시코항공의 기내잡지인 〈에스칼라escala〉는 멕시코로 신혼여행갈 때 보게 되었는데, 안에 실린 사진이 매우 아름다워서 본래 가려던 목적지를 변경했다고 한다. 맨 위의 노트 역시 빼놓지 않고 챙기는 아이템.

040

미야모토 미사아키 宮本 雅章

온라인 숍
25세 / 도쿄, 세타가야

한적한 주택가 한쪽에 들어선 레트로 풍의 목조건물. 미야모토 씨의 안내를 받아 집 안으로 들어가자 룸 쉐어를 하는 동료들의 활기찬 목소리가 들려왔다. 합판을 대서 고친 바닥, 스티커를 붙인 기둥, 다 같이 만든 하나뿐인 가구, 아무렇게나 놓여 있는 레코드…. 그 어떤 속박도 받지 않고 자유롭게 꾸민 이 공간은 서로를 속속들이 아는 동료들과 보내는 편안한 시간을 더욱 농밀하게 해준다.

— 라이프스타일에서 가장 중요하게 여기는 주제는?
다양한 사람들이 모이는 편안한 공간.

— 지금 살고 있는 토지(거주지)를 고른 이유는?
모두 직장이 가깝다. 다 같이 모이기도 쉽다.

— 가장 중요하게 여기는 시간과 그 시간을 보내는 방법은?
기타를 치거나 영화를 보는 등 혼자만의 시간을 아낀다.

— 스트레스 해소 방법은?
스케이트보드, 공연, 그 외에는 다 같이 술 마시기!

— 인테리어에 특별한 주제나 규칙이 있다면?
꽤 근사한, 무대 뒤 분장실.(웃음)

— 집에서 가장 소중히 여기는 아이템은?
거실 탁자. 다 같이 만들었다.

— 수집하거나 꼭 사는 물건이 있다면?
기타, 기타 이펙터, 스케이트보드 DVD, 구제, 잡동사니.

— 좋아하는 패션 스타일은?
스케이트보드와 밴드 문화에 영향을 많이 받았다.

— 평소 옷을 입을 때 가장 아끼는 아이템이 있다면?
역시 스니커즈!

— 자신만의 스타일을 만들어주는, 특히 좋아하는 패션 브랜드는?
빈티지 밀리터리 브랜드들. 반스, 아디다스, 허미트HERMIT**.**

— 인테리어나 패션의 아이디어를 얻는 원천은?
편의점에서 살 수 있는 이런저런 잡지나 포토 북을 본다. 요즘에는 이스라엘을 주제로 한 포토 북을 주로 본다. 스케이트보드나 서핑, 밴드를 다룬 것들도 매우 좋아한다.

— 갖고 싶은 아이템은?
오렌지ORANGE**의 앰프**(Rockerverb 100Head)**, 웰컴 스케이트보드**Welcome Skateboards**의 데크**(지금도 타고 있다)**, 픽시 프레임**(자전거 몸체)**, 스포츠 샌들, 밀리터리 상품…, 아주 많다.**(웃음)

— 빔스에 들어온 이유는?
폭넓은 문화를 다루면서도 각각의 장점을 최대한으로 활용할 줄 알고, 그러면서도 새로운 무언가를 계속 창출해낸다는 점에 끌렸다.

— 빔스에서 일하면서 가장 좋았던 점은?
'일=놀이=라이프스타일'을 실현할 수 있다.

— 지금까지 일하면서 가장 기억에 남는 에피소드가 있다면?
진짜 멋진 선배들과 상사를 만난 것.

스트리트 컬처에 영향을 많이 받았다는 미야모토 씨는 특별한 취향에 얽매이지 않고 그저 좋아하는 것들을 자유롭게 모아두었다. “요즘에는 리사이클 숍에서 잡다한 물건을 찾아내는 데 빠져 있어요. 꼭 보물찾기 같아서 좋더라고요.(웃음)”

벽에 건 포스터 속에서 미야모토 씨가 좋아하는 프로 스케이터가 기술을 선보이고 있다. 휴일이면 룸 쉐어 동료들과 스케이트보드를 타러 나가 편안하고 즐겁게 지낸다고 한다.

1. 가장 좋아한다는 펜더FENDER의 텔레캐스터Telecaster. 음악을 정말 좋아해서 밴드에서 기타를 치고 있다는 미야모토 씨. "이 기타를 미친 듯이 연주할 때가 정말 좋아요." 2. 주워 온 수조는 콜라 공병과 피규어, 스티커로 리폼했다. 스트리트 컬처를 느끼게 하는 자유로운 감각이 재미있다. 3. "최근에는 카세트테이프에 빠져 있어요. 디지털에는 없는 레트로 느낌에 반했거든요." 4. 공동으로 쓰는 벽에는 공구나 각자의 열쇠가 걸려 있다. 5. 미야모토 씨가 잡은 기타는 초등학생 때 삼촌에게서 받은 펜더. "음악을 좋아하는 지금의 제 자신을 만든 뿌리 같은 기타예요." 6. 친구들과 거실에서 게임을 하며 잡담을 나누는 것도 편히 쉴 수 있는 중요한 시간 중 하나. 7. 룸 쉐어 특유의 북적이는 현관. "뭐든 다 같이 나눈다는 점이 좋아요. 물건은 물론이고 서로의 인연도 공유하고 있거든요."

6

7

레트로 분위기의 화장실. 스트리트 감성의 스티커를 붙여 자기들다운 공간을 연출했다. 다 같이 편하고 즐겁게 생활할 수 있도록 무엇이든 손수 바꿔나가는 이 집 사람들. 직감을 소중히 여길 줄 아는 매력적인 라이프스타일이다.

MY PRIVATE
WARDROBE

미야모토 씨의 음악이나 문화적 배경을 짐작케 하는 옷들. 강한 인상의 프린트 셔츠는 이세이 미야케Issey Miyake의 빈티지. "〈독타운의 제왕들LOADS OF DOGTOWN〉이라는 로고가 포인트죠."라고 설명한 아디다스의 티셔츠는 선배가 미국에서 사다 준 선물. 빔스의 하라주쿠 팝업스토어 '더 피엑스THE PX'의 티셔츠도 미야모토 씨가 좋아하는 옷이다.

밴드에서 기타를 치는 미야모토 씨가 공연 때 꼭 챙기는 애용품들. 사진 왼쪽의 이펙터는 변환돼 나오는 소리가 좋아서 가장 자주 쓴다는 보스BOSS의 DS-1X. 굵고 묵직한 소리가 좋다는 산스 앰프SANS AMP의 베이스 드라이버BASS DRIVER DI와 코르그KORG의 튜너 DT-10도 무척 아낀다. 오른쪽의 보스 이펙터 DS1은 록 기타의 필수품.

이노우에 마유미 井上 まゆみ

빔스 가시와 지점
32세 / 지바, 나가레야마

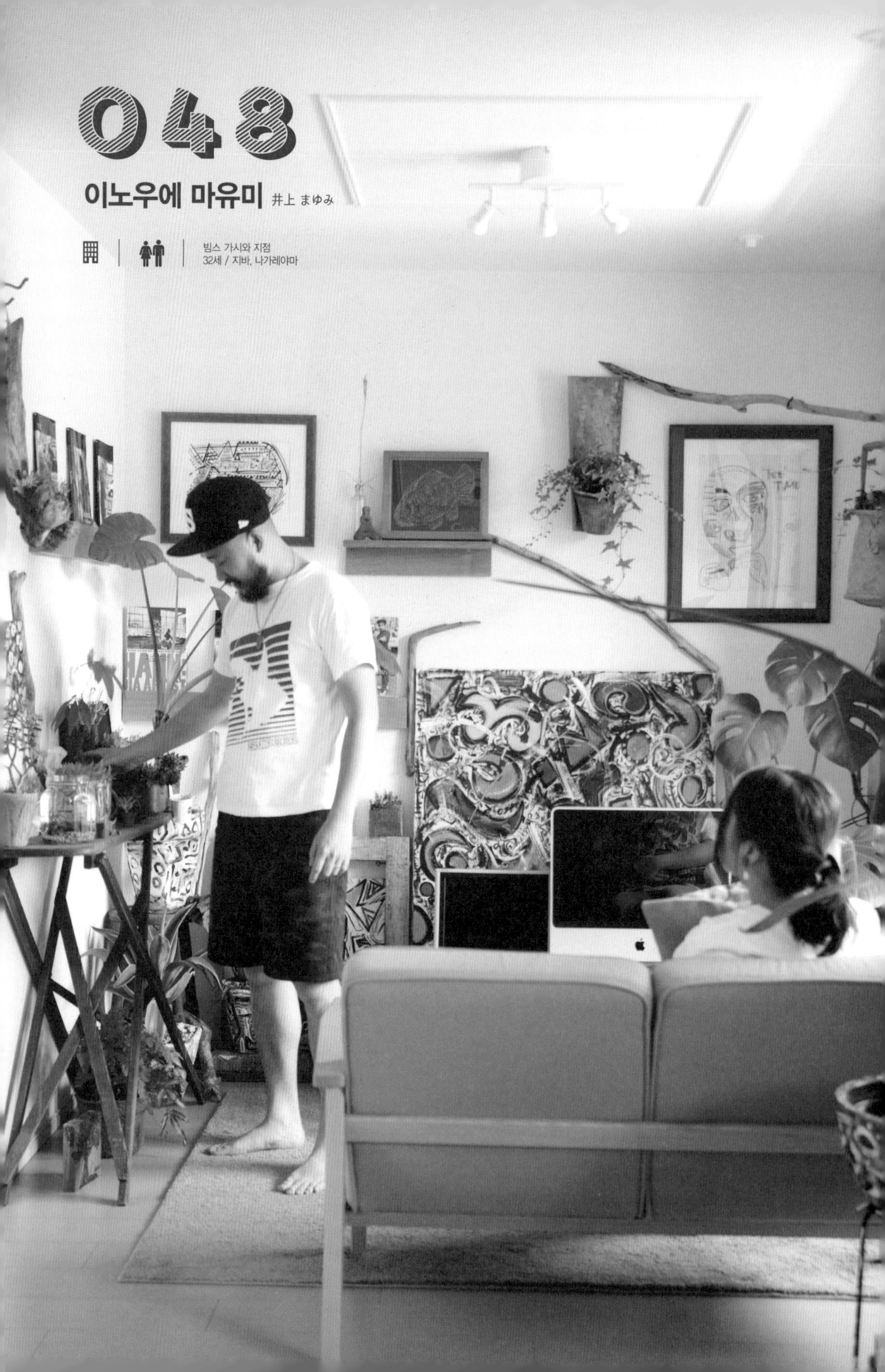

여러 모양의 목제 오브제로 장식된, 어쩐지 작은 갤러리 같은 분위기의 계단을 올라 거실에 들어선다. 이노우에 씨의 안내를 받고 들어선 그곳에서 제일 먼저 눈에 들어온 것은 화려한 무늬들. 아티스트 남편이 그린 유기적이면서도 역동적인 그래픽이 목제 가구나 식물과 절묘하게 조화를 이루어 공간에 리듬을 만들어낸다. 내추럴하면서도 밝은, 활력이 넘치는 집이다.

— 라이프스타일에서 가장 중요하게 여기는 주제는?
식물과 그림에 둘러싸인 생활.

— 휴일을 보내는 가장 좋아하는 방법은?
느지막이 일어나서 남편과 둘이서 맛있는 아침을 먹는다.

— 가장 중요하게 여기는 시간과 그 시간을 보내는 방법은?
긴장을 풀고 쉴 수 있는 시간.

— 스트레스 해소 방법은?
베스 낚시를 간다.

— 인테리어에 특별한 주제나 규칙이 있다면?
자연과 예술.

— 집에서 가장 좋아하는 장소와 그곳에서 시간을 보내는 방법은?
소파에서 DVD를 본다.

— 집에서 가장 소중히 여기는 아이템은?
남편의 작품.

— 수집하거나 꼭 사는 물건이 있다면?
식물, 골동품 잡화.

— 좋아하는 인테리어 브랜드와 가게는?
골동품 잡화는 친구가 운영하는 허밍버드 Humming Bird**에서 주로 산다.**

— 좋아하는 패션 스타일은?
애써 꾸미지 않아도 되는 편한 옷. 심플한 스타일.

— 평소 옷을 입을 때 가장 아끼는 아이템이 있다면?
장터에서 산 작가들의 액세서리. 직장 후배와 손님에게서 받은 핸드메이드 목걸이.

— 자신만의 스타일을 만들어주는, 특히 좋아하는 패션 브랜드는?
브랜드는 따지지 않는다. 마음에 들면 그냥 입는다.

— 센스를 키우는 방법을 한마디로 요약한다면?
많이 만나고 많이 이야기하기. 내게 자극을 주는 사람들과 있기.

— 빔스에 들어온 이유는?
예전부터 빔스를 좋아했다. 다른 패션 업체에서 2년 정도 판매 경험을 쌓은 후 입사했다.

— 빔스에서 일하면서 가장 좋았던 점은?
내게 자극을 주는 수많은 사람과 만났다는 것.

— 지금까지 일하면서 가장 기억에 남는 에피소드가 있다면?
한번은 단골 고객이 남편이 만든 가방을 들고 왔다. "이 가방 어디에서 구하셨어요?"라고 물었더니 "조금 전에 새로 샀어요. 원래 이 사람 작품을 좋아했거든요."라는 답이 돌아왔다. 그 사람이 내 남편이라고 말하자 무척이나 놀라워했다. 뭔가 신기한 인연 같다는 생각이 들었다.

미완성 작품에 색을 입히는 남편. 이노우에 씨가 손에 든 것은 씨씨 SEE SEE의 목제 달마達磨 오뚝이. 이노우에 씨는 "빔스 플레닛에서 샀는데 남편이 여기에 그림을 그려줬어요."라며 유일무이한 물건으로 거듭난 이 달마 오뚝이가 정말 마음에 든다고 했다.

1. 소파 위에는 남편이 본인 특유의 무늬를 덧그려놓은 쿠션이 놓여있다. 2. 독특하면서도 따뜻한 색채로 표현한 지인들의 초상화 시리즈. 3. 남편이 쓰는 그림 도구는 가지런히 걸어둔다. 4. 자연스러운 모양새가 멋스러운 나뭇가지에 손잡이가 달린 고풍스러운 가방이 걸려 있다. 가방 안에는 좋아하는 식물이. 그 옆에는 일러스트가 담긴 나무액자가. 5. 남편의 화구. 팔레트에 담긴 물감의 색깔이 다채롭다. 6. 집 안 곳곳에 장식된 작품들. "제일 마음에 드는 그림은 저를 그린 초상화예요." 낡은 나무틀과 함께 벽에 기대어놓은 이노우에 씨의 초상화는 시선을 단박에 사로잡는 화려한 노란색이 인상적이다. 7. 식물은 주로 가시와역 근처에 있는 무라무라moora moora에서 구입한다. 리드미컬하게 덧칠한 화분 덕에 공간이 더욱 화사해 보인다.

6

7

골동품 잡화와 여러 식물로 거실 한쪽을 장식했다. 낡은 나무상자 위에는 드라이플라워도 놓여있다. "식물을 살 때는 작은 것을 사요. 크게 키우는 재미가 있거든요."

MY PRIVATE

WARDROBE

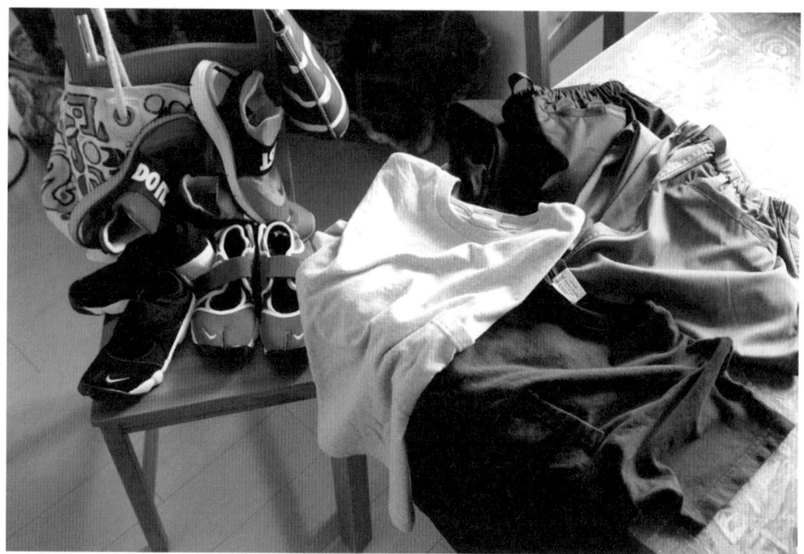

"같은 디자인의 옷을 색상만 바꿔서 구입할 때가 많아요.(웃음)" 네이비와 그레이 색상의 바지는 빔스에서 구입한 그라미치GRAMICCI, 즐겨 입는 티셔츠는 굿웨어GOOD WEAR, 나이키의 루나플라이LUNARFLY는 뉴욕에서 구입했다. 남편도 이 신발을 즐겨 신는다고. 나이키의 에어리프트Air Rift 역시 블랙과 네이비로 색상만 바꿔서. 의자에 건 가방은 알고 지내는 화방 주인이 만들어 준 것으로 그림을 덧그려 유일무이한 가방으로 재탄생시켰다.

이노우에 씨의 액세서리. 전체적으로 따뜻한 분위기를 풍긴다. 차분한 블루 색상이 인상적인 루이비통 지갑은 남편의 뉴욕 여행 선물. 단골 고객과 후배가 직접 만들어준 목걸이는 추억이 담긴 소중한 보물. 결혼반지를 맞춘 공방에서 선물로 준 은 목걸이, 장터와 벼룩시장에서 산 머리핀 등 이 세상에 하나밖에 없는 독특한 액세서리가 많다.

056

시바키 사요 芝木 紗代

빔스 신주쿠 지점
32세 / 도쿄, 세타가야

PRESENT

자신의 손으로 무언가를 만드는 일을 좋아한다는 시바키 씨. 평소 마음에 드는 한 장면을 사진으로 찍었다가 이를 프린트해서 집 안 장식으로 활용하는 등 일상의 추억을 인테리어로 활용한 점이 돋보인다. 그녀의 공간은 주인의 꾸밈없는 성품으로 온전히 물들어 있다.

어딘지 모르게 이국적이면서 스트리트 컬처를 생각나게 하는 아이템들이 다양한 식물과 조화를 이룬 시바키 씨의 집. "그냥 좋아하는 것들을 적당히 모았을 뿐이에요.(웃음)"라며 웃었지만, 장르를 불문하고 선택했다는 아이템들에서 그녀의 개방적이고 자유로운 감각을 엿볼 수 있다. 억지로 꾸미기보다는 일상에 녹아 있는 것들을 있는 그대로 사랑하는 시바키 씨. 물건과 자신의 거리를 소중히 여길 줄 아는 사람만이 누릴 수 있는 유연하고 자연스러운 공간이다.

— 라이프스타일에서 가장 중요하게 여기는 주제는?
술자리를 거절하지 않는 생활.

— 휴일을 보내는 가장 좋아하는 방법은?
낮에 일어나, 보지도 않는 TV를 켜놓고 소파에 푹 파묻혀 있거나, 괜스레 식물을 만지작거린다.

— 지금 살고 있는 토지(거주지)를 고른 이유는?
이 동네를 잘 알기도 하고, 신주쿠도 가깝고, 무엇보다도 친구들이 근처에 많다는 것이 제일 중요한 이유였다.

— 가장 중요하게 여기는 시간과 그 시간을 보내는 방법은?
시간 낭비라는 생각이 들지 않는다면 언제 무엇을 하든 다 좋다.

— 스트레스 해소 방법은?
친구들과 술잔을 기울이며 필름이 끊길 때까지 마신다.

— 인테리어에 특별한 주제나 규칙이 있다면?
미국. 유니섹스. 내 발자취 담기. 억지로 꾸미지 않기.

— 집에서 가장 좋아하는 장소와 그곳에서 시간을 보내는 방법은?
주방 근처. 요리를 좋아하고, 눈에 닿는 것이 다 내가 좋아하는 것들이어서 마음에 든다.

— 집에서 가장 소중히 여기는 아이템은?
몇 년 전부터 키우기 시작한 식물과 여행지에서 사온 물건들.

— 수집하거나 꼭 사는 물건이 있다면?
자유의 여신상. 식물, 도구.

— 좋아하는 패션 스타일은?
티셔츠나 바지, 샌들처럼 딱딱하지 않은 경쾌한 스타일.

— 평소 옷을 입을 때 가장 아끼는 아이템이 있다면?
데님 바지.

— 자신만의 스타일을 만들어주는, 특히 좋아하는 패션 브랜드는?
반스. 그러나 이미 너무 많아서 더 사지 않으려고 엄청나게 애쓰는 중이다.

— 빔스에 들어온 이유는?
빔스 보이 시부야 지점에 장식되어 있던, 독타운의 전설인 쇼고 쿠보SHOGO KUBO**의 스케이트보드 데크가 결정타였다.**

— 빔스에서 일하면서 가장 좋았던 점은?
좋아하는 사람이 아주 많아졌다. 그리고 내가 어른이 되었다(?)는 것.

— 지금까지 일하면서 가장 기억에 남는 에피소드가 있다면?
시부야 지점에서 아르바이트를 할 때였다. 입사 시험이 얼마 남지 않았는데 레드 핫 칠리 페퍼스의 라이브 공연에 갔다가 발목뼈가 부러지고 말았다. 그래서 2개월 정도 아르바이트를 하지 못했는데 놀랍게도 입사 시험에 통과했다. 어찌나 운이 좋았는지 아마 평생 못 잊을 것이다.

1. 중학생 때 부모님이 여행지에서 사주셨다는 러시아의 마트료시카. 오래되어 색이 바랬지만, 그 느낌이 레트로 디자인과 잘 어울려 오히려 멋스럽다. 2. 주방 옆에 놓은 백곰 장식품과 식물들. "다큐멘터리 프로그램을 보고 백곰이 좋아졌지 뭐예요.(웃음)" 소품도 많고, 친구에게 선물 받은 커다란 벽걸이 오브제도 있다. 세어 보면 개수가 꽤 많을 거라고. 3. 예전에 모았다는 다양한 디자인의 반다나는 차곡차곡 접어서. 4. 직접 찍은 사진을 출력해서 만든 폼보드 액자. "친구에게 선물하려고 만들기도 해요." 시간이 있을 때는 DIY를 즐긴다고. 5. 방 한쪽에 놓여 있는 실크스탠실 포스터는 뉴욕의 서프 매장 말러스크Mollusk에서 구입. 헌터 장화 옆에는 직접 만든 와이어 랙이 놓여있다.

COOLRASH TOKYO!
8
VANS

다락으로 올라가는 계단에는 모자를 얹어놓았다. 아래쪽에는 멕시칸 느낌이 좋아서 아낀다는 선인장 장식품과 메시지 전달 인형을. "티후아나Tijuana라고, 미국에서 걸어서 입국할 수 있는 국경지대가 있어요. 멕시코는 그곳밖에 가보지를 못해서 기회가 되면 다시 가보고 싶어요."

MY PRIVATE WARDROBE

캐주얼한 아이템이 많은 시바키 씨의 옷들. 데님 오버올은 언유즈드UNUSED, 선인장 무늬의 캐미솔과 이지팬츠는 비밍 라이프 스토어B:MING LIFE STORE. 그라데이션 데님 탱크톱은 오어슬로우, 반바지는 리바이스의 리메이크 데님. 데님 애호가다운 소장품이다. 랩랫 도쿄LABRAT TOKYO의 줄무늬 티셔츠처럼 스트리트 느낌의 옷도 좋아한다고 한다.

은으로 만든 장신구와 발랄한 캐릭터 소품이 인상적인 시바키 씨의 액세서리. 뉴욕의 벼룩시장과 빔스 보이에서 구입한 앤티크 은팔찌는 거의 날마다 착용한다. 금팔찌는 파리의 메르시MERCI에서 구입. 토끼 브로치와 미키 목걸이는 깜찍한 디자인이 예뻐서 빔스에서 구입했다. 반지는 이즈 디자인EASE DESIGN. 액세서리를 고를 때는 장르를 가리지 않는 편이라고.

064

니시오 켄사쿠 西尾 健作

빔스 바이어
42세 / 도쿄, 오타

어릴 때 살던 본가를 7년 전에 레노베이션한 니시오 씨. 현관에서부터 계단 아래쪽의 수납공간에 이르기까지, 어느 하나 애정을 쏟지 않은 곳이 없다고 한다. 니시오 씨의 집은 지은 지 35년이 되었다고는 생각할 수 없을 정도로 탁 트인 개방감을 자랑한다. 거실에는 애착이 가는 가구들을 놓았고, 그곳에 모인 가족의 얼굴에는 웃음꽃이 피어난다. 신나게 뛰어다니는 아이들을 보며 자신도 함께 성장하고 싶다는 니시오 씨. 이상적인 가족이란 이들을 두고 하는 말이 아닐까.

— 라이프스타일에서 가장 중요하게 여기는 주제는?
걸치레가 없는 있는 그대로의 모습.

— 휴일을 보내는 가장 좋아하는 방법은?
낮에는 아이들과 놀고 밤에는 술 한 잔하고.

— 지금 살고 있는 토지(거주지)를 고른 이유는?
어릴 때부터 살던 곳이다. 아버지가 지으신 꿈의 집이어서, 고쳐 살고 싶었다.

— 가장 중요하게 여기는 시간과 그 시간을 보내는 방법은?
가족이 함께 있는 시간.

— 인테리어에 특별한 주제나 규칙이 있다면?
세월이 흐를수록 멋스러워지는 것들로 채우기. 새것보다 사용한 흔적을 느낄 수 있는 것들이 좋다.

— 집에서 가장 좋아하는 장소와 그곳에서 시간을 보내는 방법은?
식탁에서 가족과 저녁을 먹는 시간이 좋다. 술도 한 잔할 수 있으니까!

— 집에서 가장 소중히 여기는 아이템은?
진짜 좋아하는 선배에게 레노베이션 선물로 받은 그림.

— 수집하거나 꼭 사는 물건이 있다면?
너바나NIRVANA**의 커트 코베인과 연관된 물건.**

— 좋아하는 인테리어 브랜드와 가게는?
도쿄 메구로에 있는 메이트MATE, **그랑피에**granpie.

— 집 정리를 잘 못하는 사람에게 조언을 해준다면?
아까워하지 말고 버려라!

— 좋아하는 패션 스타일은?
심플한 스타일. 모노톤. 입어서 어색하지 않은 옷.

— 평소 옷을 입을 때 가장 아끼는 아이템이 있다면?
베이파라이즈VAPORIZE**의 스키니즈!**

— 자신만의 스타일을 만들어주는, 특히 좋아하는 패션 브랜드는?
베이파라이즈, 라프 시몬스RAF SIMONS, **생 로랑**SAINT LAURENT.

— 갖고 싶은 아이템은?
우리 가족 다섯 명이 같이 앉을 수 있는 소파. 그렇지만 자리가 없어서 꿈만 꾼다.

— 센스를 키우는 방법을 한마디로 요약한다면?
철저하게 자신을 분석하라.

— 빔스에 들어온 이유는?
당시에 빔스는 편집매장의 정점을 찍고 있었다. 그래서 이곳에서 일해야겠다는 생각 말고는 다른 생각을 하지 않았다.

— 지금까지 일하면서 가장 기억에 남는 에피소드가 있다면?
내가 좋아하는 밴드의 기타리스트와 같이 작업했던 것.

NIRVANA
SONIC YOUTH
NO FUTURE
TV COMPILATION
UNPLUGGED IN NEW YORK
MTV LIVE ROMA ITALY
JANIS
THE CLASH WESTWAY to the WORLD
市民ケーン

MAEGHT
ÉDITEUR

본래 다다미방이었던 2층 침실. 다다미를 모두 걷어내고 천연 원목 마루를 깔았다. "아들 녀석 셋이 나란히 자고 있는 모습을 보면 뿌듯해요." 원목 마루의 감촉이 좋아서 아이들이 지내기에도 좋고, 낮에는 볕이 넉넉히 들어 쾌적하고 안락하다.

거실 소파는 니시오 씨가 혼자 살 때 나카메구로에 있는 하이크HIKE에서 구입한 북유럽 앤티크 아이템. 흠집이 좀 많지만 마음에 쏙 드는 물건이라서 오래도록 쓸 생각이라고. 니시오 씨가 직접 칠한 하얀 벽이 집 안 분위기를 더욱 따뜻하게 해준다.

1. 천장을 2층까지 터서 개방감이 좋다. 기둥과 천장의 들보는 건축 당시의 것을 그대로 살렸다. 니시오 씨가 "제가 록을 참 좋아해서 이건 꼭 갖고 싶었어요."라며 가리킨 것은 철제 샹들리에. 실내 전체를 비추는 부드러운 불빛이 아주 마음에 든다고. 2. 선반장에는 옛날부터 사 모은 청바지가 빼곡하다. 리바이스와 같은 브랜드 청바지를 연대별로 수집했다. 커트 코베인이 입던 청바지와 비슷한 느낌을 내려고 니시오 씨가 직접 천을 덧대 리폼한 바지도 있다. 3. 스매싱 펌킨스The Smashing Pumpkins의 제임스 이하HA와 빔스가 공동으로 만든 브랜드 베이파라이즈. 니시오 씨는 이와 관련한 사전 교섭을 담당했다. "아이를 낳고 아빠가 되었지만 커트 코베인만큼은 양보할 수가 없어요." 변화에 순응하면서도 뿌리를 잃지 않으려는 니시오 씨. 4. 수입 민예품 전문점 그랑피에에서 구입한 거울. 독특하면서도 부드러운 느낌이다. 좁은 공간에도 잘 어울리는 아담한 크기가 이 거울의 매력 포인트.

찬장, 의자, 서랍장 등 가구를 아끼며 오래 사용하는 니시오 씨. "가구를 오래 쓰면 그 목제의 색깔이 집 안 분위기에 맞게 변해가는 걸 알 수 있어요." 시간의 흐름에 따라 변해가는 맛을 즐긴다고.

MY PRIVATE

WARDROBE

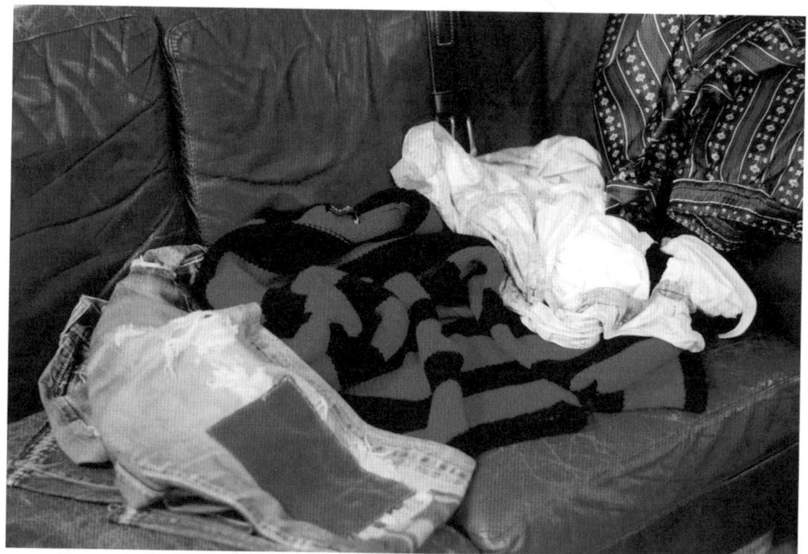

니시오 씨가 아끼는 옷들. 앞쪽 청바지는 리바이스 501 더블 엑스Levi's 501 XX에 헝겊을 덧대 커트 코베인 스타일로 리폼한 것. 그 옆에 있는 베이파라이즈의 줄무늬 스웨터는 니시오 씨가 매우 좋아하는 아이템. 안쪽의 벨트도 커트 코베인 스타일로 직접 리폼한 것. 타이벡Tyvek이라는 투습방수지로 만든 블루종은 신주쿠의 구제 숍에서 구입. 이 블루종에는 1989년의 세계지도가 그려져 있다. 가장 안쪽에 있는 옷은 베이파라이즈의 오리지널 프린트 파자마.

90년대에 미국에서 만든, 잭 퍼셀JACK PURCELL 컨버스. 커트 코베인도 사랑했던 모델이다. 선글라스는 데이비드 마크 옵틱스DAVID MARC OPTICS. 커트 코베인이 너바나 초기에 썼던 모델인데 자신의 얼굴에도 잘 어울려 자주 쓴다고.

072

우에야마 케이지 上山 恵司

브릴라 페르 일 구스토Brilla per il gusto
머천다이저
48세 / 도쿄, 미나토

롯폰기에서 그리 멀지 않은 한적하고 조용한 주택가에 자리한 우에야마 씨의 집. 현대적인 분위기의 현관을 지나 집 안으로 발을 옮기면 곳곳에 장식된 따뜻한 느낌의 천들이 눈에 들어온다. 이 천들은 큰 창에서 들어오는 햇빛을 받아 공간 전체를 환하게 밝힌다. 베란다에는 키 큰 나무와 꽃들이 놓여 있고, 식물들과 잘 어울리는 야외용 탁자가 그 옆을 장식하고 있다. 부드럽고 따뜻한 색채에 둘러싸여 가족과 지내는 평화로운 일상. 그런 시간이 참으로 편안해 보인다.

—— 라이프스타일에서 가장 중요하게 여기는 주제는?
집 안에는 되도록 기분이 따뜻해지는 밝은 아이템을 두려고 한다. 특히 색조를 중요시한다.

—— 가장 중요하게 여기는 시간과 그 시간을 보내는 방법은?
딸아이가 아직 초등학생이라서 우리 세 가족이 함께 있는 시간을 중요하게 여긴다.

—— 집에서 가장 소중히 여기는 아이템은?
생활용품을 인테리어에 활용하는 편이다. 그래도 꼽으라면 아내가 수집하는 북유럽 식기들?

—— 수집하거나 꼭 사는 물건이 있다면?
30대까지는 있었는데 이제는 그렇지 않다. 물건을 사는 기준이 바뀌었다. 그저 잘 만든 물건을 오랫동안 쓰고 싶어졌다.

—— 좋아하는 인테리어 브랜드와 가게는?
굳이 꼽으라면 탁자와 소파가 모두 한스 웨그너HANS J. WEGNER**다. 여담이지만, 내가 구입했던 15년 전에는 조금만 돈을 모으면 살 수 있을 정도로 값이 그리 비싸지 않았다. 15년 동안 아이를 키우며 생긴 얼룩도 나름 멋스러워서 처음 구입했을 때와 변함없이 쾌적하게 쓰고 있다. 좋아하는 가게는 미나미아오야마에 있는 벤자민 무어 페인트**Benhamin moore paints**다. 그 풍부한 색감에 매료되어 얼마 전에는 베란다 의자를 빨간색으로, 탁자를 파란색으로 칠하기도 했다.**

—— 좋아하는 패션 스타일은?
아메리칸 스타일을 바탕으로 한 어른스러운 이탈리안 캐주얼.

—— 평소 옷을 입을 때 가장 아끼는 아이템이 있다면?
올리버 피플스OLIVER PEOPLES**의 안경. 이게 없으면 생활이 안 된다.**(웃음)

—— 갖고 싶은 아이템은?
멋진 1인용 안락의자. 벌써 15년이나 찾고 있는데 아직 '이거다!' 싶은 것을 발견하지 못했다.

—— 센스를 키우는 방법을 한마디로 요약한다면?
센스와 연관이 있는지는 모르겠지만 디자인이나 색상을 고르는 측면에서는 어머니의 영향을 많이 받았다. 유화를 그리시던 어머니는 어린 나를 데리고 미술관이나 갤러리를 다니시며 수많은 그림과 예술 작품을 보여주셨다. 아마도 그때부터 디자인과 색채를 즐기게 되지 않았나 싶다.

—— 빔스에 들어온 이유는?
학창 시절에 빔스 삿포로 지점에서 거의 살다시피 했다. 점장님이 빔스가 그렇게 좋으면 아르바이트라도 해보라고 하셨는데 두말없이 그러겠다고 대답한 것이 계기가 되었다. 그때는 디자이너 캐릭터DC **브랜드가 막바지 전성기를 달리고 있었고, '아메리칸 캐주얼'이란 말은 있지도 않았다. 벌써 25년이나 된 이야기다.**

1. 다이닝룸은 가족이 함께 시간을 보내는 소중한 공간. 아내와 딸도 좋아한다. 2. 현관을 장식한 화사한 패브릭 패널. 다채로운 색감의 식물 도안이 포인트. 3. 무민 캐릭터가 그려진 머그컵. 아내가 좋아하는 이 컵은 아라비아ARABIA의 제품. "딸이 태어난 해에 나온 모델인데 크리스마스 한정판 도안이 마음에 들어서 샀어요." 4. 딸 방에는 여자아이의 방답게 인형이 많다. 5. 따뜻한 느낌의 목제 캐비닛은 덴마크에서 만든 앤티크. 로스트란드RORSTRAND의 에그컵이나 이딸라iittala의 케이크스탠드는 아내의 애장품. 6. 베란다에 놓은 크고 작은 식물과 야외용 탁자 세트. "근처 꽃 가게가 마치 오래된 노포 같은 곳이에요. 계절마다 꽃을 보러 가는 재미가 쏠쏠합니다." 7. 한스 웨그너의 소파는 이 집에 이사 오자마자 주문한, 정말 마음에 쏙 드는 아이템이라고.

5
6
7

계절을 느끼게 하는 식물이 햇살을 받아 베란다를 화사하게 물들이고 있다. “제가 요즘 페인트칠에 빠져 있어요. 이 탁자와 의자도 제가 칠한 거예요. 마음에 드는 색깔을 보면 여기저기 막 칠해 보고 싶더라고요.(웃음)”

MY PRIVATE WARDROBE

다양한 톤의 네이비 색상이 특징인 아이템들. 치르콜로 1981CIRCOLO 1981의 재킷과 지아니토GIANNETTO의 셔츠는 이탈리아제. 스무 살 때 구입한 빈티지 리바이스 501이나 브릴라 페르 일 구스토의 니트처럼 유행을 타지 않는 옷도 있다. 바지는 시 플러스C+와 앙트레 아미ENTRE AMIS. 새들러즈SADDLER'S의 벨트와 아디다스의 스탠 스미스STAN SMITH도 정말 좋아하는 아이템이다.

일상의 애용품들. 어떤 스타일에도 잘 어울리는 클래식한 디자인의 안경은 올리버 피플스. 날마다 가지고 다니는 손수건은 오리앙ORIAN. 명함 지갑은 애니어리ANIARY. "스무 살 때 처음으로 런던에 여행을 갔어요. 그곳 앤티크 시계 매장에서 산 추억의 물건이죠." 이렇게 설명한 손목시계는 1960년대 롤렉스ROLEX.

078

호리코시 요시히로 掘越 賀寛

온라인 숍
37세 / 도쿄, 아다치

아이들이 노는 소리가 들려오는 공원 앞으로 어린 아들을 안고 마중을 나온 호리코시 씨. 앞장 선 딸아이가 안내해준 곳은 전망 좋은 맨션의 최고층. 심플한 아이템들로 꾸며 놓은 집은 이사 온 지 얼마 되지 않아 아직 미완성 단계라고 한다. "서두를 것 없이 느긋하게 우리만의 공간을 만들고 싶어요." 앞으로 들일 품과 시간을 가족과 함께 즐길 수 있는, 미래에 대한 여백이 남아 있는 집이다.

— 휴일을 보내는 가장 좋아하는 방법은?
일찍 자고 일찍 일어나기. 큰 공원으로 소풍가기.

— 지금 살고 있는 토지(거주지)를 고른 이유는?
재개발지역으로, 강과 공원이 집 앞에 있어서 아이를 키우기 좋다. 시댁과 친정의 중간 지점이기도 하다.

— 주택은 사야 할까, 임대해야 할까?
구입하는 쪽이다. 주거공간을 확장할 수도 있고 인테리어를 마음대로 바꿀 수 있으니까.

— 가장 중요하게 여기는 시간과 그 시간을 보내는 방법은?
우리 가족 넷이서 많은 시간을 보내려고 한다. 같이 밥 먹는 시간을 즐긴다. 무엇이든 아이들이 중심이다.

— 스트레스 해소 방법은?
아이들과 놀기.

— 인테리어에 특별한 주제나 규칙이 있다면?
지극히 심플하게. 나무, 식물, 모노톤 중심이다.

— 집에서 가장 좋아하는 장소와 그곳에서 시간을 보내는 방법은?
거실. 그림도 그리고 피아노도 치고, 아이들과 시간을 보낸다.

— 집에서 가장 소중히 여기는 아이템은?
다이닝 아이템.

— 수집하거나 꼭 사는 물건이 있다면?
퍼시픽 퍼니처 서비스PACIFIC FURNITURE SERVICE**, 더 콘란 숍**THE CONRAN SHOP**.**

— 좋아하는 화원은?
솔소 팜SOLSO FARM**, 오자키 플라워 파크**Ozaki Flower Park**.**

— 집 정리를 잘 못하는 사람에게 조언을 해준다면?
물건마다 자리를 정하고, 쓰고 나면 꼭 제자리에 둔다.

— 좋아하는 패션 스타일은?
소품까지 합해서 전체 색상을 세 가지 이내로 줄인 통일감이 있는 심플한 스타일.

— 자신만의 스타일을 만들어주는, 특히 좋아하는 패션 브랜드는?
꼼 데 가르송 Comme Des Garçons**, 나이키, 컨버스.**

— 인테리어나 패션의 아이디어를 얻는 원천은?
라이프스타일 잡지 〈카사 브루투스 Casa BRUTUS**〉, 인스타그램.**

— 센스를 키우는 방법을 한마디로 요약한다면?
잡지나 매장에서 다양한 정보를 얻은 후에 이를 바탕으로 자기만의 개성을 추구한다.

— 빔스에서 일하면서 가장 좋았던 점은?
내게는 없는 장기나 개성을 지닌 사람들을 많이 만났다.

1. 종류와 모양이 다양한 식물을 조명 레일에 달아 공간을 장식했다. 2. 딸아이의 방. 이국적인 느낌의 양 머리가 벽에 걸려 있다. 그 옆에는 액자에 넣은 딸아이의 그림. "여자아이다운 색감이나 아이템으로 파리처럼 꾸미려고 했어요."라는 아내. 3. 최고층이기에 누릴 수 있는 시원한 바람을 맞으며 물장난을 하는 남매. 아이들이 신나게 놀 수 있는 넓은 베란다는 부부도 매우 좋아하는 장소. 4. 주문 제작한 근사한 주방 선반. "이쪽은 전적으로 아내에게 맡겼어요.(웃음) 날마다 쓰는 사람이 편해야 하니까요." 5. 탁 트인 큰 창에는 분위기를 부드럽게 해주는 우드블라인드를 달았다. 6. 덴도목공天童木工과 사스콰치패브릭스 SASQUATCHFABRIX가 공동으로 만든 스케이트보드 데크 체어 위에 올려놓은 귀여운 봉제인형.

5

6

다이닝룸에는 주문 제작한 천연 원목 탁자, 하나씩 사 모은 찰스 임스CHARLES EAMES의 의자, 그리고 에이체어A-Chair가 놓여있다. 러그는 아오야마의 킬림 하우스KILIM HOUSE에서 첫눈에 반해 구입한 뉴킬림NEWKILIM.

MY PRIVATE WARDROBE

초록색을 매우 좋아한다는 호리코시 씨의 수집품. 의자에 걸쳐놓은 것은 매킨토시MACKINTOSH의 104모델 코트와 컨버스의 데드스톡Dead stock. 엔지니어드 가먼츠의 밀리터리 셔츠처럼 디자이너 제품도 좋아한다는 호리코시 씨. 색상을 지정해서 특별히 주문하여 받은 아크테릭스ARC'TERYX의 백팩과 나이키×마크 뉴슨MARC NEWSON의 한정판 신발.

추억이 깃들어 있다는 호리코시 씨의 소장품들. 20대 초반 파리 여행 때 에르메스HERMÈS 본점에서 구입한 가죽 팔찌. 빔스의 특별 주문 상품인 레이밴RAY-BAN의 웨이페러WAYFARER, 거의 날마다 착용하는 오클리OAKLEY의 프로그스킨FROGSKINS. 전 세계 200개 한정판으로 나온 진SINN의 손목시계는 입사 기념으로 구입했다고 한다. 거의 매일 끼는 반지는 아내와 같이 산 스만 다크와SUMAN DHAKHWA.

086

나쿠모 코지로 南雲 浩二郎

빔스 창조연구소 크리에이티브 디렉터
51세 / 도쿄, 시부야

알바 알토ALVAR AALTO의 암체어 너머로 아이누족Ainu의 나무 쟁반이 존재감을 뿜어낸다. 약 100년 전의 것으로, 마귀 퇴치를 의미하는 문양이 새겨져 있다. 꽃병 역시 알바 알토. 『형태かたち』의 1962년 초판본 위에 놓인 것은 구로다 다이조黒田泰蔵의 백자기.

도쿄 타워에서 스카이 트리까지 넓은 하늘과 짙은 녹색을 한눈에 내다볼 수 있는 이곳. 도심에서 이렇게까지 풍경이 트인 장소는 찾아보기 힘들다. 1900년대에 멈춰 있는 듯한 빈티지 맨션. 그 한쪽에 골동품과 현대미술, 공예품과 디자인이 시대와 국경에 관계없이 한데 어우러져 독특한 개성을 뿜어내는 나쿠모 씨의 집이 있다. "어느 한쪽만 고집하면 재미없어요. 집착하지 않아야 한다는 데 집착하는 것이죠." 편집매장의 근간을 일상에서 그대로 체현하고 있기에 가능한 철학일 것이다.

── 라이프스타일에서 가장 중요하게 여기는 주제는?
파트너와 지내는 풍요로운 시간, 음식, 대화, 미술품….

── 휴일을 보내는 가장 좋아하는 방법은?
아침에는 수영을 하거나 골동품 시장에 가고, 낮에는 공원에서 쉬거나 전시회에 가고…. 저녁이 되면 단골 가게에서 좀 이른 시간부터 술을 마시거나 친구를 집으로 불러서 맛있는 음식에 한 잔한다.

── 지금 살고 있는 토지(거주지)를 고른 이유는?
뭐랄까…, 생각해보니 도심에 있지만 자연에 둘러싸인 이 환경에 매력을 느낀 것 같다.

── 주택은 사야 할까, 임대해야 할까?
어느 쪽이든 상관없다. 자유롭고 싶으니까.

── 가장 중요하게 여기는 시간과 그 시간을 보내는 방법은?
깊이 생각하는 시간과 아무것도 생각하지 않는 시간 사이의 균형에 신경을 쓴달까….

── 스트레스 해소 방법은?
스트레스가 쌓이지 않게 날마다 나의 사적인 시간을 최대한 즐기려고 한다.

── 인테리어에 특별한 주제나 규칙이 있다면?
글로벌, 부족 혹은 종족tribal**, 소박함**rustic**, 앤티크, 빈티지, 모던, 수공예**craft**, 디자인, 미술품, 융합**fusion**.**

── 집에서 가장 좋아하는 장소와 그곳에서 시간을 보내는 방법은?
비밀.

── 집에서 가장 소중히 여기는 아이템은?
각각의 아이템보다는 구성과 조화가 더 중요하다.

── 수집하거나 꼭 사는 물건이 있다면?
특정한 것은 없다.

── 좋아하는 인테리어 브랜드와 가게는?
비디디더블유BDDW**(N.Y.), 갤러리 하프**Galerie Half**(L.A.), 앤티크 타미제**antiques tamiser**(TOKYO).**

–집 정리를 잘 못하는 사람에게 조언을 해준다면?
어지르지 말 것.

── 좋아하는 패션 스타일은?
특정한 스타일을 고집하지 않는다.

── 인테리어나 패션의 아이디어를 얻는 원천은?
영국 인테리어 잡지 〈인테리어 세계THE WORLD OF INTERIORS**〉.**

── 센스를 키우는 방법을 한마디로 요약한다면?
나 자신을 알아야 한다.

── 빔스에 들어온 이유는?
아주 옛일이라 잊었다.

── 빔스에서 일하면서 가장 좋았던 점은?
입사한 지 30년이나 지났는데 아직 일하고 있다는 점…?

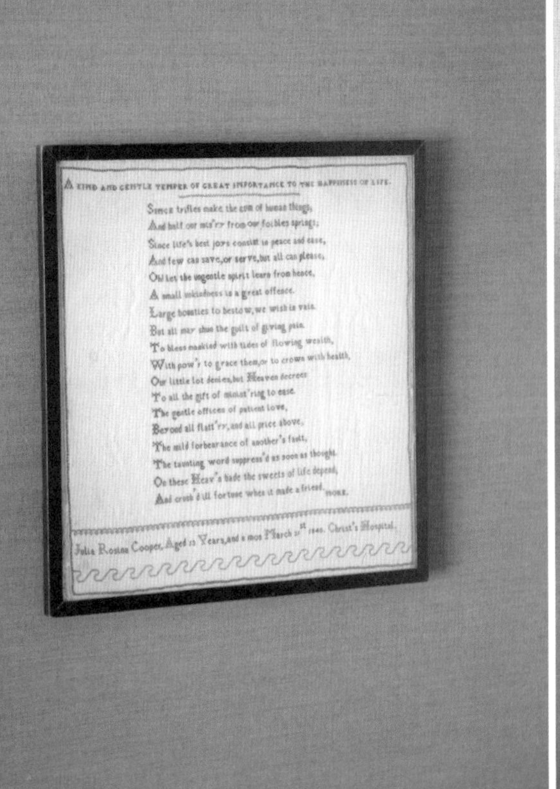
A KIND AND GENTLE TEMPER OF GREAT IMPORTANCE TO THE HAPPINESS OF LIFE.
Since trifles make the sum of human things,
And half our mis'ry from our foibles springs;
Since life's best joys consist in peace and ease,
And few can save, or serve, but all can please,
Oh! let the ungentle spirit learn from hence,
A small unkindness is a great offence.
Large bounties to bestow, we wish in vain.
But all may shun the guilt of giving pain.
To bless mankind with tides of flowing wealth,
With pow'r to grace them, or to crown with health,
Our little lot denies, but Heaven decrees
To all the gift of minist'ring to ease.
The gentle offices of patient love,
Beyond all flatt'ry, and all price above,
The mild forbearance of another's fault,
The taunting word suppress'd as soon as thought.
On these Heav'n bade the sweets of life depend,
And crush'd ill fortune when it made a friend. MORE.
Julia Rosina Cooper, Aged Years, and mos March Christ's Hospital.

1

BEN NICHOLSO
THE INSPIRED HOME
MOLLINO POLAR
Fulvio Ferrari
FULVIO FERRARI
MATS GUSTAFSON

3

2

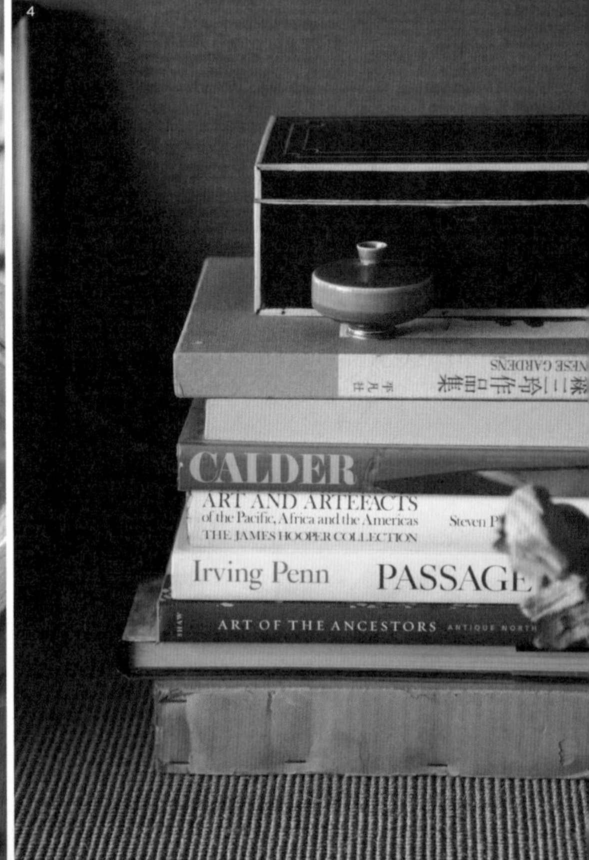
NESE GARDENS
森三玲作品集
CALDER
ART AND ARTEFACTS
of the Pacific, Africa and the Americas
THE JAMES HOOPER COLLECTION
Steven P
Irving Penn PASSAGE
ART OF THE ANCESTORS

4

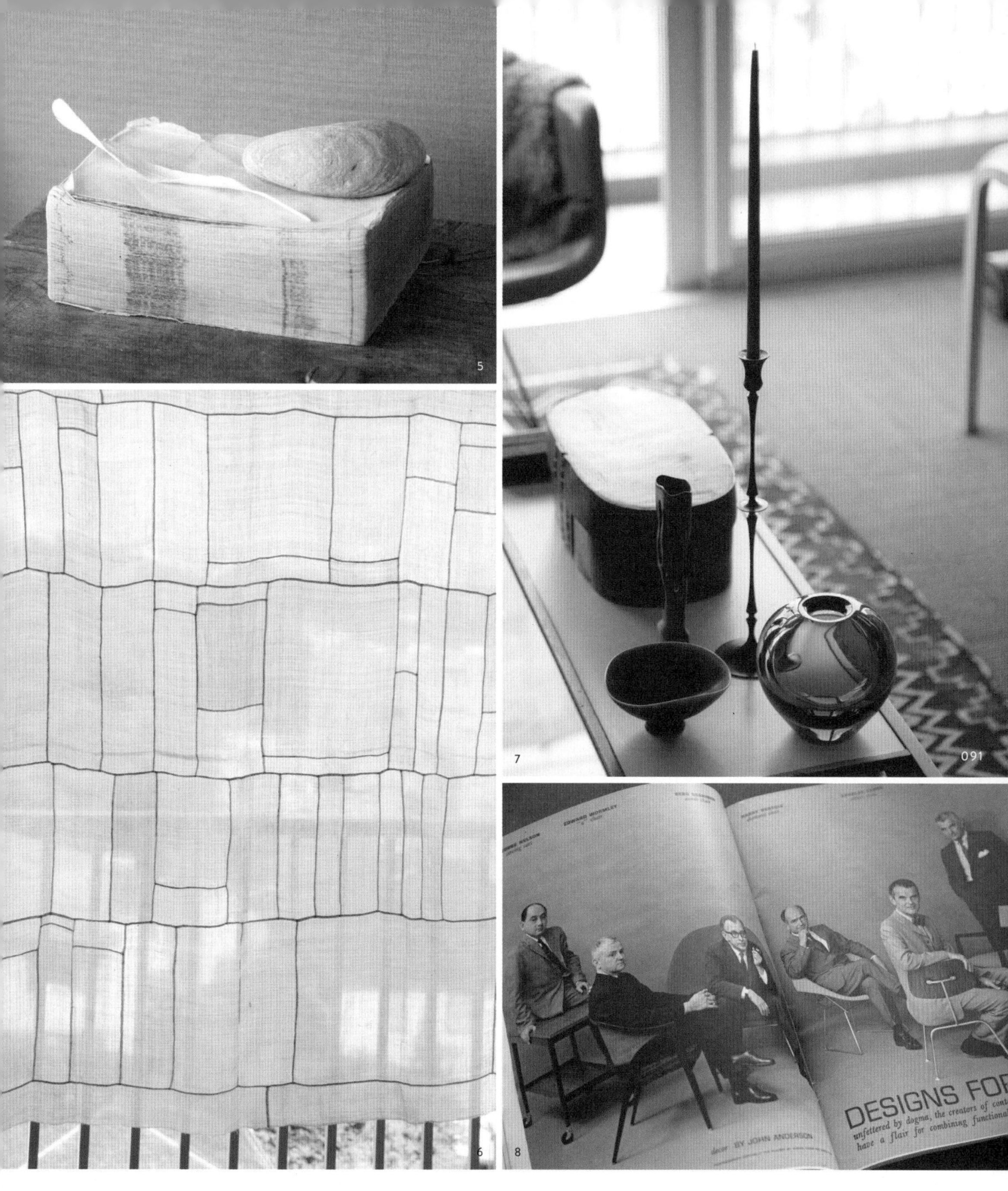

1. 천에 수놓은 기독교 교리. 19세기에 한 13세 소녀가 자수 연습을 위해 만든 것이라고. 2. 골동품 시장에서 찾아낸 석기시대의 갈이틀鏇을 설치미술처럼 늘어놓았다. 3. 이탈리아 건축가 지오 폰티GIO PONTI의 명작에 영감을 준 치아바리 체어Chiavari chair. 그 뒤에는 인도의 약 100년 전 건물에서 떼어낸 창문이 놓여있다. 4. 나쿠모 씨가 좋아하는 비주얼북과 태국에서 만든 검은 상자, 스웨덴 작가 베른트 프리베르크BERNDT FRIBERG의 도자기. 5. 하와이의 돌과 표지가 벗겨진 에도시대 사전은 세월의 흐름을 느끼게 해주는 오브제다. 사슴뿔을 깎아 만든 깃털은 조각가 하시모토 마사야橋本雅也의 작품. 6. 한국 조선시대의 보자기. 하얀 모시로 만든 이 보자기를 창가에 달면 바람에 흔들려서 청량함을 눈으로 즐길 수 있다. 7. 1950년대에 만들어진 밀로 보먼MILO BAUGHMAN의 커피 탁자는 약 20년 전에 구입했다. 미국의 아티스트 테드 뮈엘링TED MUEHLING의 촛대도 평소 사용하는 것이라고. "이 촛대에 가늘고 매끈한 회색 초를 꽂으면 정말 잘 어울리죠." 8. 찰스 임스를 비롯해서 20세기 중반에 활동한 유명 디자이너들의 사진이 실린 1960년대의 〈플레이보이〉 잡지.

아프리카, 아시아, 북유럽 등 세계 각국에서 모은 물건이 19세기 초 루마니아 농가에서 쓰였다는 탁자와 한데 어우러져 있다. 일본 농부들의 작업복을 해체해서 만든 패치워크 작품은 15년 전에 구입했다. 누더기처럼 해진 가장 오래된 부분은 에도시대 작업복이라고 한다.

9. 카메룬의 바밀레케족Bamileke이 통나무를 깎아서 만든 스툴. "6년 전에 이 스툴을 발견했는데 그 크기에 반해서 충동 구매했어요." 미국 근대 사진의 아버지로 불리는 알프레드 스티글리츠STIEGLITZ와 다큐멘터리 사진작가 워커 에반스EVANS의 사진집 위에는 오래된 개미 슬라이드와 스벤스크트 텐SVENSKT TENN의 악어 봉투 칼이 얹혀 있고, 그 뒤쪽에는 한국 조선시대 때 만들어진 바구니가 놓여있다. 10. 스웨덴 도예가 스반 바이스펠트WEJSFELT의 미니 도자기 컬렉션은 손톱만 한 크기로 유약의 섬세한 느낌이 아름답다. 11. 프랑스의 20세기 중반을 대표하는 인테리어 디자이너 장 로이에ROYÈRE, 독일의 현대 미술가 요셉 보이스BEUYS, 미국의 사진가 어빙 펜PENN…. 나쿠모 씨의 세계관을 구축하는 데 많은 영향을 끼친 작품집들. 12. 골판지로 만들어진 이 불상은 일본의 현대미술 작가 혼보리 유지本堀雄二의 작품. 정면에서 보면 불상의 형체가 드러나면서 안에 있는 고리가 보인다.

소파 옆에 묵직하게 놓인 나무상자는 인도 북부의 유목민이 사용하던 것이라고. 전체적으로 라마 가죽이 쓰였고, 살짝 밝은 부분에만 회색 표범 가죽이 쓰였다. 이 위에는 영국 화가 벤 니콜슨NICHOLSON의 실크스크린과 LA에서 구입한 조각, 핀란드 디자이너 타피오 빌칼라WIRKKALA의 유리 화병 등이 놓여있다.

기무라 지로木村二郎의 고재古材 탁자 위는 또 하나의 장식 공간. 사진은 영국의 사진작가 존 톰슨THOMSON이 19세기에 중국에서 찍은 것. 조명은 세르주 무이MOUILLE의 50년대 디자인. 르완다 바구니는 빈티지로, 요즘에는 보기 힘든 섬세한 짜임이 매력적이다.

MY PRIVATE WARDROBE

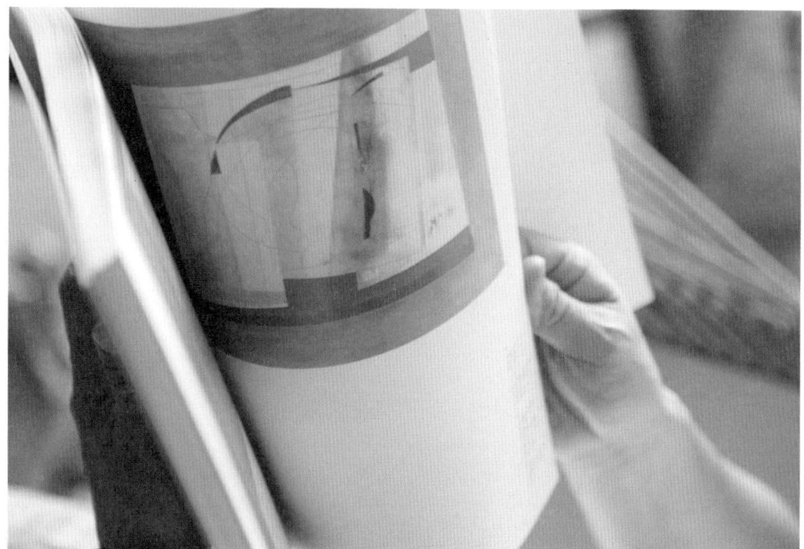

20세기 영국 추상화가 벤 니콜슨의 작품집을 보는 나쿠모 씨. 휴일에는 미술품 홍보담당자인 파트너와 둘이서 전시회나 골동품 시장, 고서 매장을 돌면서 좋아하는 아티스트의 작품을 감상하고, 그러다 조금 이른 시간부터 맛있는 술을 음미하는 것이 휴일을 가장 기분 좋게 보내는 방법이라고 한다. 나쿠모 씨의 수집품 중에는 현대 미술 작가의 작품도 많다.

맨 왼쪽에 있는, 순록 가죽으로 만든 200년 전 시거 케이스는 오랫동안 신발을 맞춰온 조지 클레버리CLEVERLEY로부터 받은 선물. 그 위에는 경애하는 아트 디렉터 와타나베 카오루渡邊かおる가 생전에 물려준 시거 커터가 있다. 빈티지 유리 화병은 핀란드의 티모 사르파네바TIMO SARPANEVA, 미니 도자기는 베른트 프리베르크. 사각 바구니는 방콕에서 구입했다. 아래쪽에 있는 것은 다케우치 세이지로武内晴二郎의 접시, 미국의 사진가 리차드 아베돈AVEDON과 편집 디자이너 알렉세이 브로도비치BRODOVITCH가 함께 작업한 패션 사진집 『관찰Observations』.

098

미즈카미 로미 水上 路美

레이 빔스Ray BEAMS 치프 디자이너
36세 / 도쿄, 세타가야

오랫동안 사용한 목제 가구 위에는 벼룩시장과 해외에서 구입한 앤티크 소품, 정감 어린 핸드 메이드 아이템들이 놓여있다. 감각적으로 배치된 크고 작은 식물이 집 안의 공기를 한층 더 차분하게 해준다. 시대와 장르에 상관없이 자신의 심금을 울리는 아이템들을 곁에 두고 자유롭게 살아가는 삶. 그것이 곧 미즈카미 씨의 라이프스타일이 아닐까.

— 라이프스타일에서 가장 중요하게 여기는 주제는?
항상 설레는 일을 하려고 한다. 행동하기.

— 휴일을 보내는 가장 좋아하는 방법은?
캠핑, 프로젝터로 영화와 테니스 영상 보기.

— 지금 살고 있는 토지(거주지)를 고른 이유는?
조용하니 살기 좋고 근처에 술친구가 많아서.

— 가장 중요하게 여기는 시간과 그 시간을 보내는 방법은?
우선, 일찍 출근해서 일찍 돌아오려고 한다.

— 인테리어에 특별한 주제나 규칙이 있다면?
온기가 느껴지는 것들을 두려고 한다.

— 집에서 가장 좋아하는 장소와 그곳에서 시간을 보내는 방법은?
창을 열고 소파에 앉는다.

— 집에서 가장 소중히 여기는 아이템은?
식물.

— 좋아하는 인테리어 브랜드와 가게는?
벼룩시장.

— 집 정리를 잘 못하는 사람에게 조언을 해준다면?
감추기보다는 되도록 보여주는 방식으로 정리하라.

— 좋아하는 패션 스타일은?
캐주얼.

— 평소 옷을 입을 때 가장 아끼는 아이템이 있다면?
저지 원단으로 만든 옷.

— 자신만의 스타일을 만들어주는, 특히 좋아하는 패션 브랜드는?
레이 빔스.

— 인테리어나 패션의 아이디어를 얻는 원천은?
패션 잡지 〈소엔装苑〉, 인스타그램.

— 갖고 싶은 아이템은?
목이나 머리에 두르는 화려한 색상의 반다나.

— 센스를 키우는 방법을 한마디로 요약한다면?
산다. 만든다.

— 빔스에 들어온 이유는?
동경하던 선배 옆에서 일하고 싶어서.

— 빔스에서 일하면서 가장 좋았던 점은?
보다 더 넓은 세계관을 가지고 옷을 제작하게 된 것.

— 지금까지 일하면서 가장 기억에 남는 에피소드가 있다면?
아주 많은데, '도쿄 걸즈 콜렉션TOKYO GIRLS COLLECTION**' 무대에서 상사와 인형옷을 입고 춤을 췄다.**

"뭐든 만들어서 쓰는 경우가 많아요. 집중해서 작업하는 순간을 좋아하거든요." 학창 시절에 쓰던 재봉틀을 이용해 치마를 만드는 그녀의 표정이 진지하다. 손을 움직여서 직접 만드는 것이 미즈카미 씨의 스타일.

1

3

2

4

1. 주방 쪽 선반에는 독특한 곡선미가 근사한 손수 빚은 그릇과 컵이 놓여있다. 목제 주방용품은 걸어서 수납한다. 2. 남편이 해외에 거주했을 때 모았다는 카페 설탕 봉지 컬렉션. 각기 다른 디자인의 조화가 재미있다. 3. 10년도 전에 시모키타자와에 있는 잡화점에서 구입한 디지털 시계. 복고적인 디자인이 마음에 들어 지금도 애용하고 있다. 4. 취미인 테니스와 러닝, 수영을 주제로 웨딩드레스를 직접 만들어 입은 미즈카미 씨. 자신이 드레스 입은 모습을 콜라주하여 만든 그래픽을 벽에 걸어 장식했다. 5. 주방 소품들. 어쩐지 외국의 아파트 풍경을 떠올리게 한다. 6. 다양한 소품이 진열되어 있는 유리 장식장. 앤티크 커피잔과 시계, 키티 인형과 바비 인형 등이 자유롭게 뒤섞여 있다. 7. 드라이플라워를 천장과 벽에 매달아 현관을 더욱 화사하게.

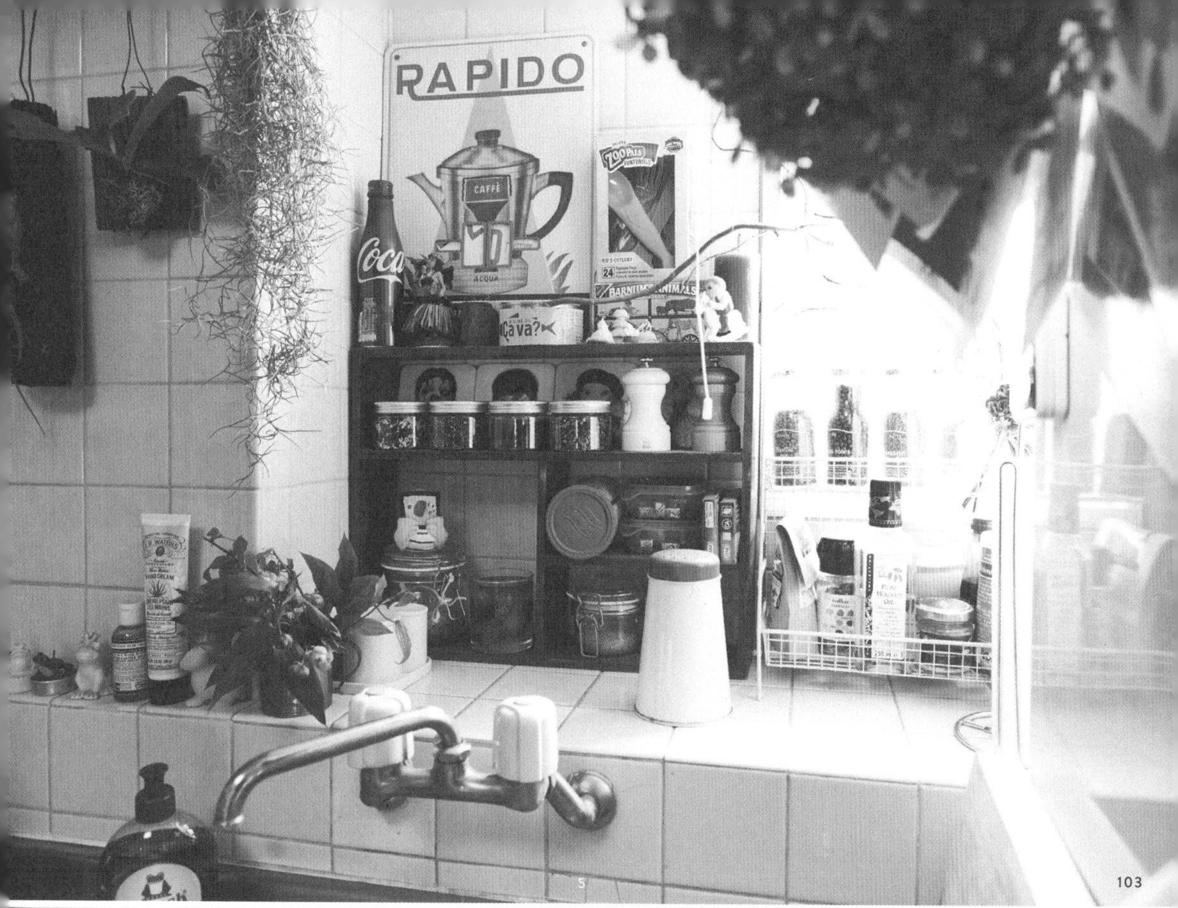
RAPIDO
CAFFÈ
ACQUA
Coca
Ça va?

5

Pilgrim
HAMBURGER
SPORT-VEREIN

6

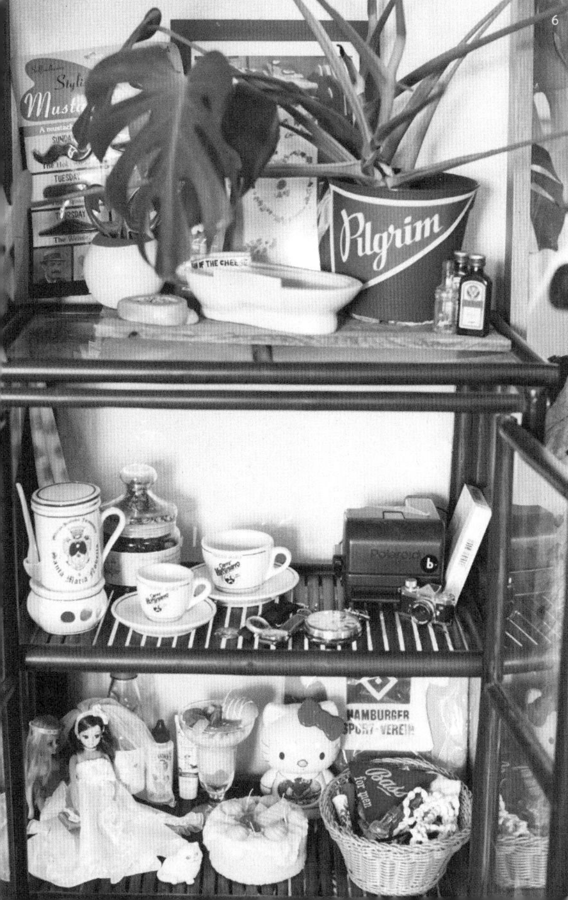

7

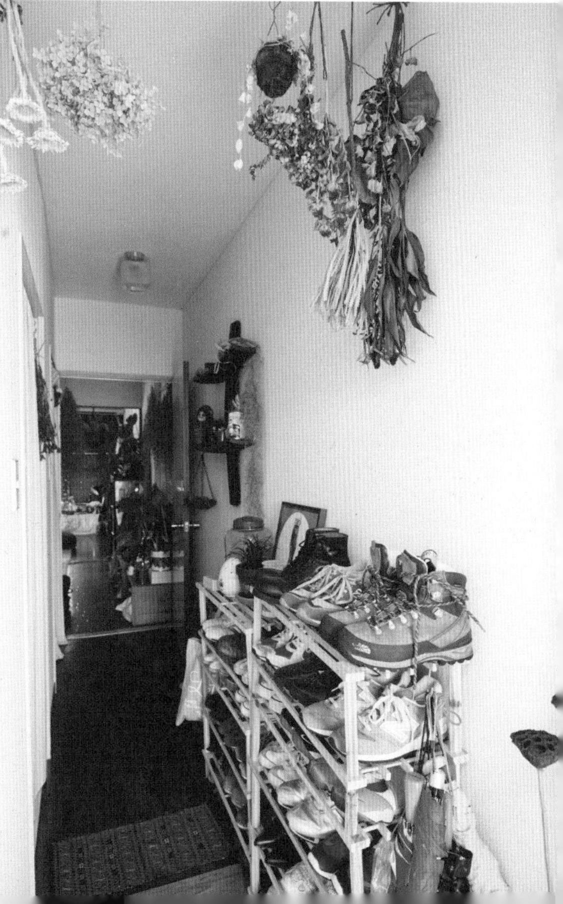

책장 위에 놓은 식물과 피규어가 재미있다. 이 흰 벽에 프로젝터로 영상을 쏘아놓고 테니스 경기를 관전하며 신나게 응원하는 것이 미즈마키 씨 부부의 낙이다. 한 공간을 공통의 취미생활에 활용하다니, 멋지다.

MY PRIVATE WARDROBE

화려한 디자인이 시선을 잡아끄는 애장품들. 감자튀김 그림 니트와 유니언잭 니트 모두 레이 빔스에서 구매했다. 나카가와 쇼코中川翔子와 빔스가 공동으로 만든 마미타스mmts의 원피스도 즐겨 입는다. 이 원피스에는 나카가와 쇼코의 애완묘인 마미타스가 프린트되어 있다. 트란지아TRANGIA와 빔스가 공동으로 만든 아웃도어용 코펠도 즐겨 사용하는 아이템 중 하나.

아웃도어를 좋아하는 미즈카미 씨는 헬리녹스HELINOX의 의자를 애용한다. 의자 위에는 오랫동안 모아 온 빔스의 카탈로그와 잡지가 쌓여 있다. "예전부터 빔스의 카탈로그를 좋아했어요. 그래서 자연스럽게 모으게 됐죠.(웃음)" 1999년에 나온 빔스 보이 카탈로그며, 빔스 25주년 특집호 등 브랜드의 역사를 가늠할 수 있는 귀한 자료가 한가득.

106

시마다 하나에 島田 華衣

빔스 보이 하라주쿠 지점
26세 / 가나가와, 요코하마

HOLLYWOOD
EVILGOOD
Underground
SCREAM
BERGER
MARK GONZALES
COOKIE

완만하게 이어지는 높다란 오르막길의 끝에 복층으로 지어진 시마다 씨의 집이 있다. 아담한 공간이지만 복층 특유의 높은 천장을 자유롭게 스쳐 지나가는 바람 덕에 답답함은 조금도 느낄 수 없다. 커튼레일에는 전설적인 스케이터, 스티브 카발레로 CABALLERO의 사인이 들어간 반스의 하프캡half caps이 걸려 있고, 벽에는 보물처럼 아끼는 스케이트보드 데크들이 장식되어 있다. 갈아 놓은 원두의 향기가 여유로운 한때를 유혹하고, 집 안 곳곳에 스민 스트리트 컬처가 호기심을 자극하는, 비밀기지 같은 공간이다.

— 라이프스타일에서 가장 중요하게 여기는 주제는?
스케이트보드.

— 휴일을 보내는 가장 좋아하는 방법은?
아침에 일어나면 제일 먼저 커피를 마시고 바다에 나간다. 그리고 바다를 바라본다. 여유가 있으면 낮에는 친구와 스케이트를 탄다.

— 가장 중요하게 여기는 시간과 그 시간을 보내는 방법은?
좋아하는 일을 하고, 하고 싶은 일을 하는 시간. 그리고 쉬는 날에는 일광욕을 즐긴다.

— 스트레스 해소 방법은?
해외여행.

— 인테리어에 특별한 주제나 규칙이 있다면?
스케이트보드와 스트리트 컬처.

— 집에서 가장 좋아하는 장소와 그곳에서 시간을 보내는 방법은?
창가 벤치에 앉아서 숨 고르기.

— 집에서 가장 소중히 여기는 아이템은?
이사 선물로 동료들에게서 받은 핸드메이드 '스케이트 달마 오뚝이'. 내가 매우 좋아하는 산타 크루즈SANTA CRUZ의 아트디렉터 짐 필립스PHILLIPS의 일러스트 모티브와 한 해 동안의 기원을 담은 '동動'이라는 글자가 그려져 있다. 세상에 딱 하나밖에 없는 달마 오뚝이다. 행운을 바라며 현관 높은 곳에 걸어두었다.

— 수집하거나 꼭 사는 물건이 있다면?
스케이트보드 관련 소품.

— 집 정리를 잘 못하는 사람에게 조언을 해준다면?
필요 없는 것은 버려라.

— 좋아하는 패션 스타일은?
스케이트, 서프, 워크.

— 평소 옷을 입을 때 가장 아끼는 아이템이 있다면?
벌써 3년이나 즐겨 입은 미스터 프리덤MISTER FREEDOM의 데님. 두툼한 일자바지가 아주 마음에 든다.

— 자신만의 스타일을 만들어주는, 특히 좋아하는 패션 브랜드는?
도요 엔터프라이즈TOYO ENTERPRISE, 캡틴 선샤인, 바튼웨어.

— 인테리어나 패션의 아이디어를 얻는 원천은?
해외 스케이트보드 매장의 인스타그램. 로스앤젤레스에 있는 조커 스케이트 숍Jokers Skate Shop, 뉴멕시코에 있는 스케이트 시티 서플라이Skate City supply 등.

— 갖고 싶은 아이템은?
밀짚모자. 아웃도어 웨어.

— 센스를 키우는 방법을 한마디로 요약한다면?
좋아하는 것을 철저히 파고들어라.

창으로 들어오는 부드러운 햇살을 받으며 잠시 숨도 돌릴 겸 커피를 마신다. 반복되는 일상이지만 이 시간을 정말 소중히 여기고 싶다는 시마다 씨. 오늘 커피는 고마자와대학駒沢大学에 있는 프리티 띵스PRETTY THINGS에서 구입한 '에티오피아'.

1 3 4 2 5

1. 뉴멕시코와 캘리포니아 등지에서 사 모은 각양각색의 마그넷. 2. 샌디에이고에 있는 스케이트 회사 러크빌LURKVILLE에서 나온 데크, '매드 독MAD DOG'이 그려진 산타 크루즈의 데크, 캘리포니아 주를 본 뜬 독특한 모양의 이블 굿EVIL GOOD 데크 등 희귀한 데크로 벽을 장식했다. 3. 반스의 신발 상자는 이 집의 세계관을 말해주는 듯하다. 4. 하늘색 식기 선반은 이케아. 도자기 그릇은 가마쿠라에 있는 모야이공예鎌倉もやい工芸라는 가게에서 구입했다. 5. 커피 타임을 위한 필수 아이템들. 생일선물로 받은 케멕스CHEMEX의 커피메이커에 빨간 법랑 주전자, 스테인리스 핸드밀 등 어느 하나 스타일리시 하지 않은 것이 없다. 6. 영화 〈커피와 담배Coffe and Cigarettes〉에 등장하는 커피탁자에서 영감을 받아 직접 만들었다는 거실 탁자. 고다쓰처럼 전기 각로까지 달아 실용적이다. 7. 스니커즈 컬렉션. 상자는 정리 정돈하여 보여주기 수납으로. 8. 전단지를 붙여서 미국 어딘가의 차고garage 느낌을 냈다.

6

7

VANS
Pilgrim
V44PILGRIM
AUTHENTIC SEA BLUE
6
VANS
AUTHENTIC
Pilgrim
V98PILGRIM
SLIP ON BLACK/WHITE
6
VANS
VAN
DOREN
250893
Zürich
BIRKENSTOCK
adidas
adidas
DON'T DO IT.
NIKE
NIKE

8

CYCLE ZOMBIES
CZ
CALIFORNIA
ART CLASSES!
CUSTOM CULTURE
HOME
BOYZ
have
a
good
time

112

빔스에 입사하고 나서 선배의 권유로 시작하게 된 스케이트보드. "평소에는 선배들과 신요코하마에 있는 스케이트 파크에 놀러가요. 여기는 집에서도 가깝고 선로 옆에 나무도 있어서 가끔씩 찾는 곳이에요."

시마다 씨에게 부적과도 같은 액세서리들. 스케이트 브랜드 스티커는 수집품이다. 터키석 펜던트는 뉴멕시코에 갔을 때 셀 수 없이 많은 장신구 중에서 가장 눈에 띄어 구입했다고. 빔스 보이와 뉴멕시코에서 구입한 은 장신구는 버거BERGER의 재떨이에 담아두었다.

바닷가에서 입기 좋은 더 데이 온 더 비치THE DAY ON THE BEACH의 파카. 바튼웨어BTTENWEAR의 흰색 티셔츠와 최근 자주 입는 미스터 프리덤의 데님 바지. 캡틴 선샤인의 세트업(한 벌로 입는 정장 느낌의 옷–옮긴이)에 필그림 서프 서플라이pigrim surf+supply와 반스가 공동으로 만든 스니커즈를 신으면 워크 앤드 스트리트 스타일이 완성된다.

114

기토코로 슈헤이 城所 衆平

인터내셔널 갤러리 빔스International Gallery BEAMS
33세 / 도쿄, 히노

나름의 사연을 간직한 각양각색의 선인장을 기르며 그 사연의 일부가 되어가는 즐거움. 강한 생명력과 근사한 조형미…. 아내 몰래 사기도 할 만큼 선인장을 사랑하는 기토코로 씨. 이제 곧 가족이 늘어날 터라 이사를 생각하고 있다지만, 빈티지 러그에 좌식탁자 대신 트렁크를 놓은 지금의 이 보금자리도 무척이나 편안하고 아늑해 보인다. 이 공간에 기토코로 씨 가족의 행복한 이야기가 담겨 있을 것이다.

— 라이프스타일에서 가장 중요하게 여기는 주제는?
친구들이 모이는 곳.

— 휴일을 보내는 가장 좋아하는 방법은?
아침에 일어나 베란다에서 선인장을 보고, 근처 강변을 5~10킬로미터 정도 뛰고, 샤워를 하고, 가족과 시간을 보낸다. 휴일은 대체로 이렇다.

— 지금 살고 있는 토지(거주지)를 고른 이유는?
원래 살던 곳이어서. 그리고 넓은 하늘을 볼 수 있어서.

— 주택은 사야 할까, 임대해야 할까?
지금은 임대해서 살지만 구입하고 싶다. 집 안을 마음대로 꾸미고 싶어서 마땅한 집을 찾고 있다.

— 가장 중요하게 여기는 시간과 그 시간을 보내는 방법은?
자기 전 밤에 영화를 보는 시간. 〈코튼 클럽〉이나 〈스팅〉, 〈이지 라이더〉를 좋아한다.

— 스트레스 해소 방법은?
친구들과 모여서 술을 마신다.

— 인테리어에 특별한 주제나 규칙이 있다면?
특별한 규칙은 없다. 물건을 조금씩 모으고 있는 중이랄까?

— 집에서 가장 좋아하는 장소와 그곳에서 시간을 보내는 방법은?
베란다에서 선인장이나 다른 식물을 살핀다.

— 집에서 가장 소중히 여기는 아이템은?
옷과 식물들. 특히 '귀면각'과 '용신목철화'를 애지중지 기르는 중이다.

— 수집하거나 꼭 사는 물건이 있다면?
선인장.

— 좋아하는 인테리어 브랜드와 가게는?
빔스, 메구로에 있는 소네치카 Sonechika**, 다육식물전문점 가쿠센엔**鶴仙園

— 집 정리를 잘 못하는 사람에게 조언을 해준다면?
우리 집에서는 자주 파티를 여는데 그 핑계로 정말 열심히 치운다.

— 좋아하는 패션 스타일은?
데님 온 데님.

— 평소 옷을 입을 때 가장 아끼는 아이템이 있다면?
알든ALDEN**의 페니 로퍼**Penny Loafer**.**

— 갖고 싶은 아이템은?
정원이 있는 집과 비닐하우스. 그리고 깁슨GIBSON**의 풀 어쿠스틱 기타**

— 빔스에서 일하면서 가장 좋았던 점은?
결혼 축하 선물로 한 고객이 그림을 그려주었다. 정말 기뻤다.

선인장을 키우기 시작한 지 어느덧 2년. 베란다를 가득 채울 만큼 수가 늘었다. "남편은 집에 있을 때 거의 대부분 베란다에서 선인장을 돌보며 지내요.(웃음)"라고 말하는 아내. 외국에 나가면 맥주를 마시고서 빈 캔을 가져와 화분으로 이용한다.

평소 생활하는 모습을 찍고 싶다고 했더니 기토코로 씨는 종류가 다른 선인장을 접목하기 시작했다. “소독한 커터로 잘라서 새로운 토대가 되는 선인장 위에 올리고 실로 고정하면 돼요.” 진지한 눈빛으로 전체 과정을 설명하는 기도코로 씨.

1. 촬영 당시 산달을 맞이한 아내. "오늘이라도 당장 나올지 몰라요."라고 웃으며 촬영 후에 놀러 오실 부모님을 위해 음식을 준비하기 시작했다. 2. 주방 바로 옆에 있는 현관에는 패브릭 파티션을 놓았다. 재킷을 벗어 걸어두었을 뿐인데 어쩐지 멋스럽다. 3. 잠자기 전에 영화를 보는 시간이 좋다는 기토코로 씨의 DVD 컬렉션. 현관 옆 수납장에 깔끔히 수납되어 있다. 4. DVD 옆에는 CD도 꽂혀 있다. 사랑과 평화를 외치던 60년대 음악이며, 히피, 페스티벌, 서프 뮤직 등 모두 기토코로 씨의 패션이나 인테리어와도 일맥상통하는 음악들이다. 5. 식탁 위에는 MP3를 연결해서 틀 수 있도록 개조한 70년대 진공관 라디오가 놓여있다. "하치오지에 있는 '33rpm'이라는 가게에서 구입했어요. 1만 5천 엔 정도였나? 오늘날의 기기로는 재현할 수 없는 부드러운 음색으로 MP3 음악을 들을 수 있죠."

자연 그대로의 아이템이 모여 있는 거실. 지금은 없어진 미야케 퍼니처MIYAKE FURNITURE의 창고에서 발견한 목제 트렁크를 탁자 대신 놓았고, 화원에서 사온 나무상자를 텔레비전 받침으로 쓰고 있다. 러그는 구제 숍에 디스플레이되어 있던 것이라고.

뒤쪽 수납장 위에 놓인 것은 목탄으로 골판지에 그림을 그리는 라이브 페인터 부처BUTCHER의 작품으로, 친구가 준 생일 선물이다. 바다에서 주워온 유목을 액자 대신 사용했다. 식탁은 와카야마에 거주하는 작가에게 주문 제작한 제품.

MY PRIVATE
WARDROBE

팔찌나 손목시계는 이렇게 꺼내놓고 쓴다. 특히 좋아하는 아이템은 스웨덴의 가죽 장신구 브랜드인 마리아 루드만MARIA RUDMAN의 팔찌. 순록의 가죽과 뿔, 잘 산화되지 않는 방울을 이용해서 만든 팔찌로, 이 브랜드의 제조 철학이 마음에 든다고 한다. 선샤인 리브스SUNSHINE REEVES의 은팔찌는 디자인이 간결해서 좋아한다. 시계는 여행지에서도 쓸모가 많은 타이맥스TIMEX. 부부가 같이 애용하는 시계다.

"비틀즈의 마지막 앨범 '애비 로드ABBEY ROAD'의 커버에 나오는 조지 해리슨HARRISON처럼 입고 싶어요."라고 설명한 기도코로 씨의 데님 아이템들. 왼쪽부터 유밋 베넌UMIT BENAN의 재킷, 물 빠진 느낌이 매력적인 리바이스 세컨드의 재킷, 스매싱 펌킨스의 제임스 이하와 빔스가 만든 베이파라이즈의 데님. 데님 온 데님에 알든의 로퍼를 신는 것이 기토코로 씨의 평소 스타일이라고.

122

오모리 켄이치 大森 憲一

빔스 스트리트 요코하마 지점
빔스 플래닛 요코하마 지점
37세 / 가나가와, 요코하마

빔스의 직원들은 모두 자신의 집 이외에 또 하나의 '홈HOME'을 가지고 있는 것 같다. 오모리 씨의 그곳은 파란 하늘과 하얀 파도가 끝없이 이어지는 서핑의 성지 캘리포니아. 허물없는 친구와 마음껏 서핑을 즐기는 시간이 좋다는 오모리 씨의 집에는 또 하나의 홈을 느끼게 하는 아이템들이 곳곳에 배치되어 있다. 마치 집에 있는 모든 것이 원래부터 이곳에 놓여 있어야 했던 것처럼 집과 아이템들의 조화가 자연스럽다.

— 라이프스타일에서 가장 중요하게 여기는 주제는?
저렴한 캘리포니아 스타일, DIY

— 주택은 사야 할까, 임대해야 할까?
임대하는 편이다. 자유롭게 돌아다니며 살고 싶은 유목민 스타일이다.(이미 열 번 이상의 이사 경력이 있다.)

— 스트레스 해소 방법은?
반년에 한 번은 캘리포니아로 서프 여행을 간다.

— 인테리어에 특별한 주제나 규칙이 있다면?
값비싼 것은 하나도 없다. 전부 임대했거나 직접 만들었다.(산다고 해도 저렴한 로드 숍에서 산다.) 그리고 간접조명으로 캘리포니아의 모텔 분위기를 냈다.(식구들은 어둡다고 불평이지만.)

— 집에서 가장 좋아하는 장소와 그곳에서 시간을 보내는 방법은?
차 안. 차 안이 캘리포니아 분위기를 느낄 수 있는 가장 적합한 곳이다.(라디오도 영어방송만 듣는다.)

— 수집하거나 꼭 사는 물건이 있다면?
마그넷 장식품은 해외에 나갈 때마다 산다. 100개 넘게 가지고 있다. '복 고양이Lucky Cat'는 문신 가게에서 도넛 가게에 이르기까지 미국 도처에 퍼져 있는, 의외로 알려지지 않은 문화다.

— 좋아하는 인테리어 브랜드와 가게는?
집 근처에서 아주머니가 운영하는 중고품 할인매장. 이름은 없다.

— 좋아하는 패션 스타일은?
나만의 독특한 DIY 스타일.

— 집에서 가장 소중히 여기는 아이템은?
5달러 주고 산 리바이스의 슬랙스. 주 3회 입는다.

— 인테리어나 패션의 아이디어를 얻는 원천은?
캘리포니아와 동료들.

— 센스를 키우는 방법을 한마디로 요약한다면?
조금이라도 괜찮다는 생각이 들면 일단 해본다.

— 빔스에 들어온 이유는?
빔스 25주년 특별호 〈분Boon〉에 빔스의 서퍼 선배(고다마 씨)에 관한 기사가 실려 있었다. 그걸 보고 재미있겠다는 생각이 들었다.

— 빔스에서 일하면서 가장 좋았던 점은?
지금. 나는 지금 매우 즐겁다!

— 지금까지 일하면서 가장 기억에 남는 에피소드가 있다면?
아르바이트를 할 때 내 첫 고객이 되어주신 분이 사원 시험에 합격했을 때 진심으로 축하해주셨다. 벌써 10년도 더 된 이야기지만 지금도 그분과 연하장을 주고받는다.

탁자 위에 무심히 올려놓은 듯한 복 고양이는 미국에서 구입했다. 광택이 느껴지는 성조기와 미국의 모텔 분위기를 뿜어내는 간접 조명들, 여기에 어수선하게 놓인 서프보드와 미술작품들이 오모리 씨 특유의 개성을 말해주고 있다.

OPEN
MERCURY

1 2 3 4

1. 서프보드는 딸아이의 캔버스. 가족의 그림과 이름이 새겨진 이 보드는 오모리 씨의 보물이다. 2. 딸 방은 벽장을 개조해서 직접 꾸몄다. 자수 작가인 아내의 감각도 엿볼 수 있다. 엄마와 아빠의 사랑이 담긴 이 작은 방은 딸아이가 가장 좋아하는 장소. 3. 수집하는 와펜, 딸아이의 그림, 옛날 사진, 미국의 지도가 수놓인 티셔츠를 넣어 만든 액자. 마치 작은 박물관 같다. 4. 딸아이의 이름 '니콜NICOLE'이 들어간 열쇠고리는 눈에 띄기만 하면 무조건 산다. 5·7. 오모리 씨의 자랑인 자동차. 천장의 배지가 압도적이다. 캘리포니아의 서퍼 분위기를 내려고 일부러 바닷바람을 맞히고 스티커를 붙이는 등 외관에서도 노력한 흔적을 확인할 수 있다. 알고 지내는 아티스트가 직접 그려준 일러스트도 눈에 띈다. 6. 마그넷은 여행지에서 주로 구입한다. "지인들이 선물해주기도 하는데 모양이 같을 때도 있어서 재미있어요."

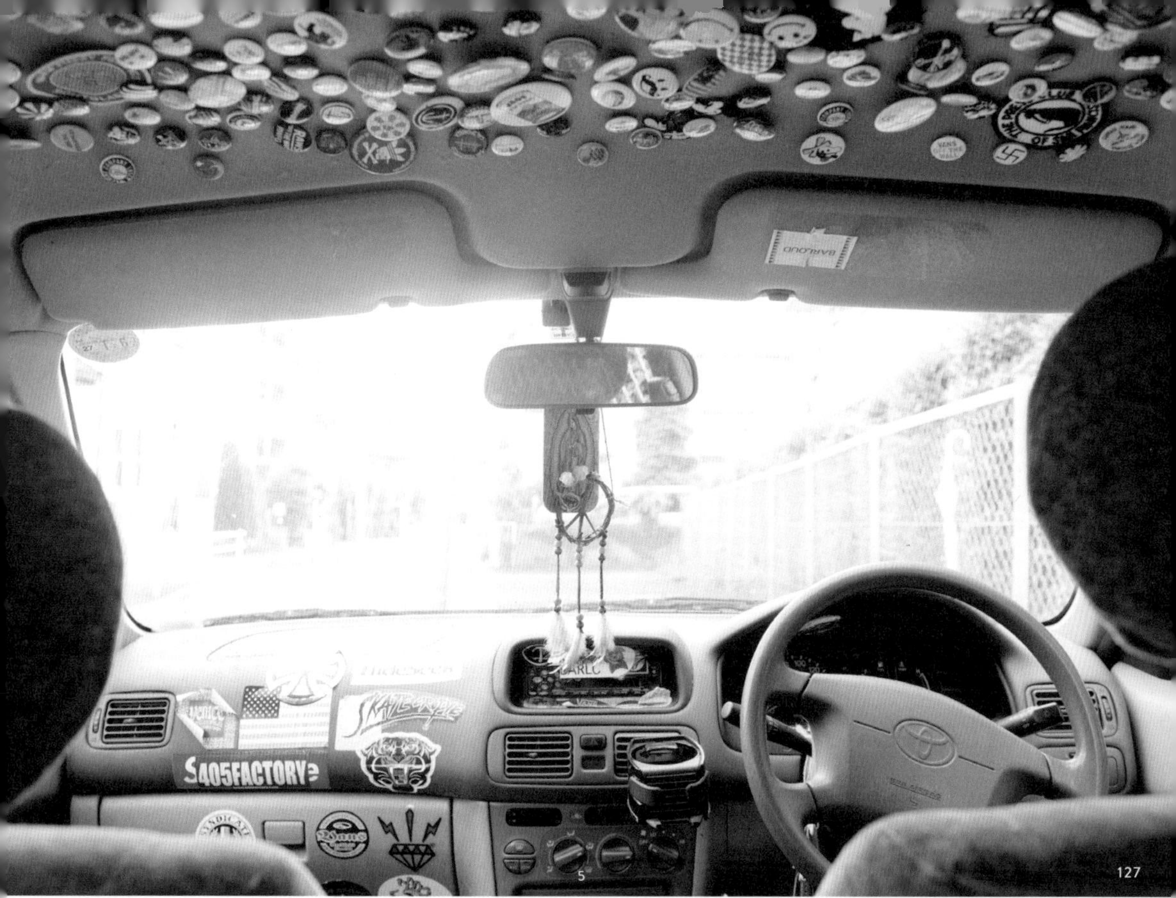
405FACTORY
BARLOUD
5

MAY
SAN FRANCISCO
PACIFIC COAST HWY
HAWAII
6

USA
VANS
"OFF THE WALL"
Pilgrim
HOWL
VANS
VANS
7

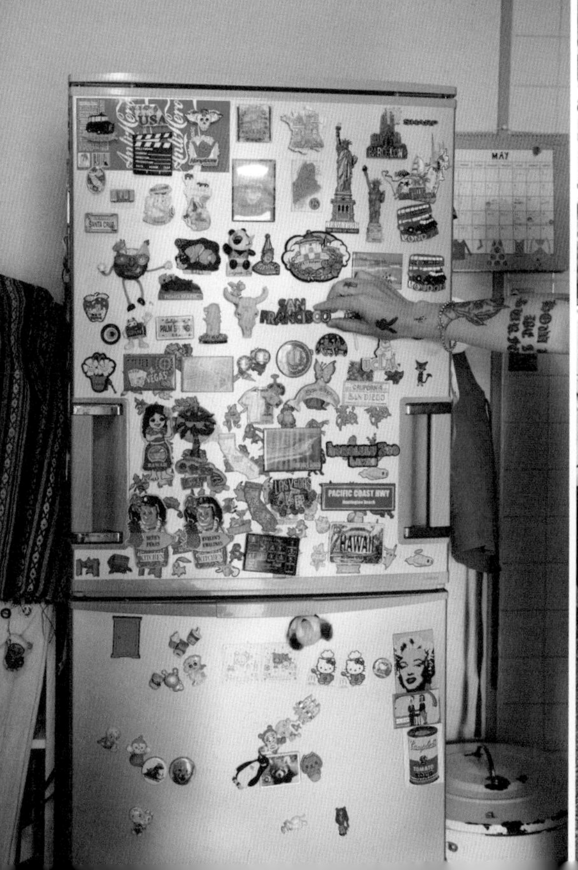

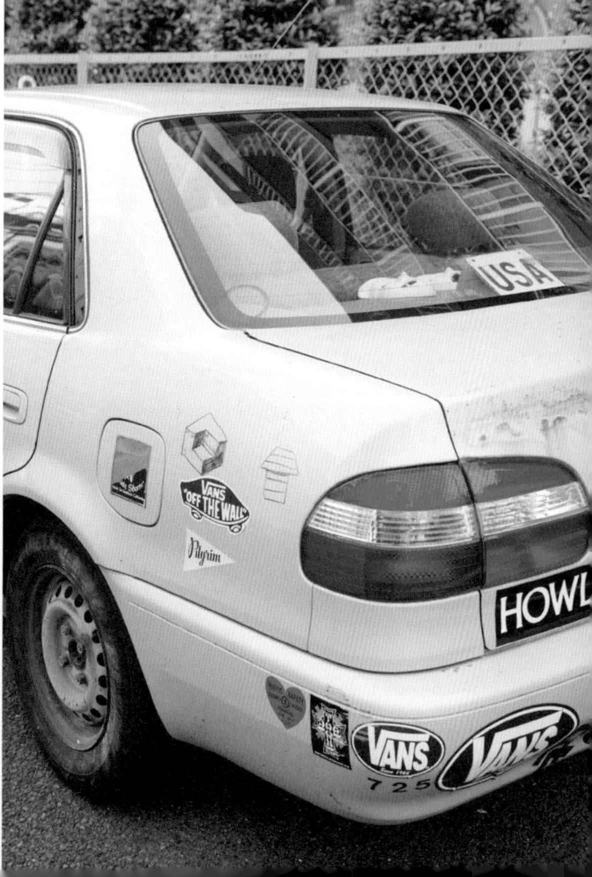

거실의 한쪽 벽을 차지한 아트워크와 스케이트보드 데크. 영화 〈독타운의 제왕들〉의 미국판 대형 포스터가 무심한 듯 자연스러운 멋을 풍기고 있다. 가족이 함께 지내는 공간에도 취미 아이템을 보기 좋게 장식해 놓는 것이 오모리 씨의 철학.

MY PRIVATE
WARDROBE

미국 문화에 푹 젖어있는 오모리 씨의 애장품들. 더 카키THE KHAKI의 리메이크 멕시칸 파카는 오모리 씨가 기획한 옷으로 빔스 플래닛에서 판매됐다. 리바이스 507 더블엑스 재킷은 자신의 10년 근속을 기념하며 구입했다고. 파웰 페랄타POWELL PERALTA의 스윙 톱(점퍼의 일종—옮긴이)은 80년대에 만들어진 옷이다. 미국의 서프 잡지 〈서퍼 매거진SURFER MAGAZINE〉에서 나온 알로하셔츠도 매우 아끼는 옷 중 하나.

빔스 직원들 사이에서 '피그ビッグ'라는 애칭으로 불리는 오모리 씨에게 수염 전용 왁스는 최고의 애용품. 미국에서는 서퍼들의 필수품으로 서프 매장에서 구입할 수 있다. 아주 작은 수염 전용 빗도 있다. 에르메스의 반지와 10년 이상 간직한 동전 시리즈도 날마다 착용하는 아이템.

130

곤도 히로지 近藤 洋司

빔스 요코하마 지점
32세 / 가나가와, 지가사키

미친 듯이 식물에 빠저든 것은 최근 1년 동안의 일이다. 아침에 일어나면 우선 송사리부터 확인하고, 이어서 식물을 살핀다. "오늘 컨디션 어때? 어디 불편한 곳은 없니?" 일일이 손으로 만지고 때로는 말도 걸어가며 온 집 안의 식물을 살피고 나서야 프리델시아Fredericia의 트리니다드Trinidad 의자에 앉는다. 아침밥은 손수 만든 잼과 바게트 빵. 잼은 시민농원(市民農園, 주말농장이나 도시 텃밭-옮긴이)에서 따온 딸기로 만들었다. 누구나 한번은 따라 해보고 싶은 곤도 씨의 진중한 라이프스타일.

── 라이프스타일에서 가장 중요하게 여기는 주제는?
식물에 둘러싸여 살고 싶다.

── 휴일을 보내는 가장 좋아하는 방법은?
텃밭 → 바다 → 원예점.

── 자주 다니는 원예점이 있다면?
3개월에 한 번, 고탄다에서 열리는 다육식물 바자회에 간다. 세이부백화점 이케부쿠로 본점 옥상에 있는 원예점에도 자주 간다.

── 지금 살고 있는 토지(거주지)를 고른 이유는?
원래 살던 곳과 가깝고 바다가 옆에 있어서.

── 가장 중요하게 여기는 시간과 그 시간을 보내는 방법은?
식물과 보내는 시간.

── 인테리어에 특별한 주제나 규칙이 있다면?
특정 카테고리에 얽매이지 않고 다양한 장르의 것들을 모은다.

── 집에서 가장 좋아하는 장소와 그곳에서 시간을 보내는 방법은?
소파에서 책읽기.

── 집에서 가장 소중히 여기는 아이템은?
식물과 구제 아이템.

── 수집하거나 꼭 사는 물건이 있다면?
1940~50년대의 구제 바지(치노팬츠). 일단 맞으면 무조건 산다.

── 좋아하는 인테리어 브랜드와 가게는?
퍼시픽 퍼니처 서비스 부속 센터.

── 집 정리를 잘 못하는 사람에게 조언을 해준다면?
물건을 색깔이나 종류별로 나누면 꽤 근사하게 수납할 수 있을지도 모른다.

── 평소 옷을 입을 때 가장 아끼는 아이템이 있다면?
1940~50년대의 밀리터리 아이템. 1960년대의 데님. 구제 아이템을 걸치면 기분이 좋다.

── 자신만의 스타일을 만들어주는, 특히 좋아하는 패션 브랜드는?
미국의 구제 옷.

── 갖고 싶은 아이템은?
폭스바겐의 크로스폴로나 크로스골프.

── 센스를 키우는 방법을 한마디로 요약한다면?
나만의 멋을 추구한다.

── 빔스에 들어온 이유는?
학창 시절에 동경의 대상이었으니까.

── 빔스에서 일하면서 가장 좋았던 점은?
사람이든 물건이든 '진짜'와 만날 기회가 많았다는 것.

“걸어서 10분 위치에 시민농원이 있어요. 거기에서 딸기를 따왔는데 다 먹을 수가 없어서 잼으로 만들었죠.” 쓰지도에 있는 투엔티세븐 커피로스터스27 coffee roasters에서 산 커피와 프랑스에서 초콜릿 아티스트로 일하는 누나가 보내준 루비니Louvigny 초콜릿의 궁합이 환상적이다.

여성 파트너와 둘이서 사는 곤도 씨. 곤도 씨의 취미 생활인 식물과 아웃도어 등산용품이 방 안 가득 들어차있다. 발코니에는 파트너가 기르는 허브가 놓여있다. 자연스럽게 자리 잡은 밀리터리 의자도 멋스럽다.

1

2

3

4

1. 동그란 모양이 사랑스러운 이 식물은 수령이 무려 200년!? 마다가스카르의 어느 지역에서만 자란다는 파키포디움Pachypodium속 그락실리스gracilius. 전문 중개인을 통해 멀리 마다가스카르에서 가져왔다. 2. 곤도 씨의 취미용품이 모여 있는 방. 한쪽에는 수납 케이스와 배낭이 쌓여 있다. "여기에는 계절이 지난 옷과 처분할 용품을 넣어둬요. 빔스에서도 취급하는 오스프리OSPREY의 바퀴 달린 가방에는 당장에라도 장터에 나갈 수 있게 처분할 것들을 담아 놓았죠." 수납 케이스는 플래이노PLANO. 배낭 위에는 아주 희귀한 파타고니아Patagonia의 봉제인형이 세 개나 놓여있다. 3. 책장 위에 놓여 있는 다양한 소품과 화분. 책장에는 각종 사진집, 자연과 패션에 관한 책들이 꽂혀 있다. 애독서는 『지구백과The Last Whole Earth Catalog』. 오리와 물고기는 히다다카야마에 있는 마코토공예真工藝라는 곳에서 구입했다. 목판 염색법으로 만든 봉제인형이다. 4. 침실 수납장 위에 쌓여 있는 것은 즐겨 쓰는 모자 컬렉션.

리빙다이닝룸. 프레더리카FREDERICA의 트리니다드 의자와 프랑스 앤드 선France&Son의 소파. 세련된 덴마크제 가구에 미국의 군용제품을 적절히 섞어놓았다. 마다가스카르와 아프리카의 식물들이 한데 어우러져 어른스러우면서도 안락한 느낌을 준다.

거실에서 창밖을 내다보면 초록 세상이 눈에 들어온다. 식물을 얹은 재봉대도 멋스럽다. 거실 소파에 걸려 있는 패브릭은 펜들턴PENDLETON의 목욕수건과 파타고니아의 극세사 담요.

MY PRIVATE

WARDROBE

독특한 개성을 추구하는 곤도 씨의 애장품. 1960년대 초기에 나온 리바이스 501 더블엑스 옆에 오어슬로우의 논워시 데님이 놓여있다. 파타고니아가 문을 연 1970년대에 생산된 반바지도 보인다. 이 반바지는 마치다에 있는 구제 숍에서 발견했다. 그 옆에는 프리미엄이 붙은 1990년대의 파타고니아 카탈로그.

테마는 아웃도어와 식물. 앞쪽에는 물 끓일 때 쓰는 에버뉴EVERNEW의 티타늄 냄비주전자가 있고, 그 왼쪽에는 밥 지을 때 쓰는 냄비, 오른쪽에는 스토브가 있다. 정수기능을 갖춘 세이셸seychelle의 수통 앞에는 풍경 사진작가 안셀 애덤스ADAMS의 사진집이 놓여있다. 사진집 뒤로 요즘 들어 제일 좋아한다는 다육식물 유포르비아 오베사Euphorbia obesa가 있다. 이 정도 크기는 쉽게 찾아볼 수 없다고 한다.

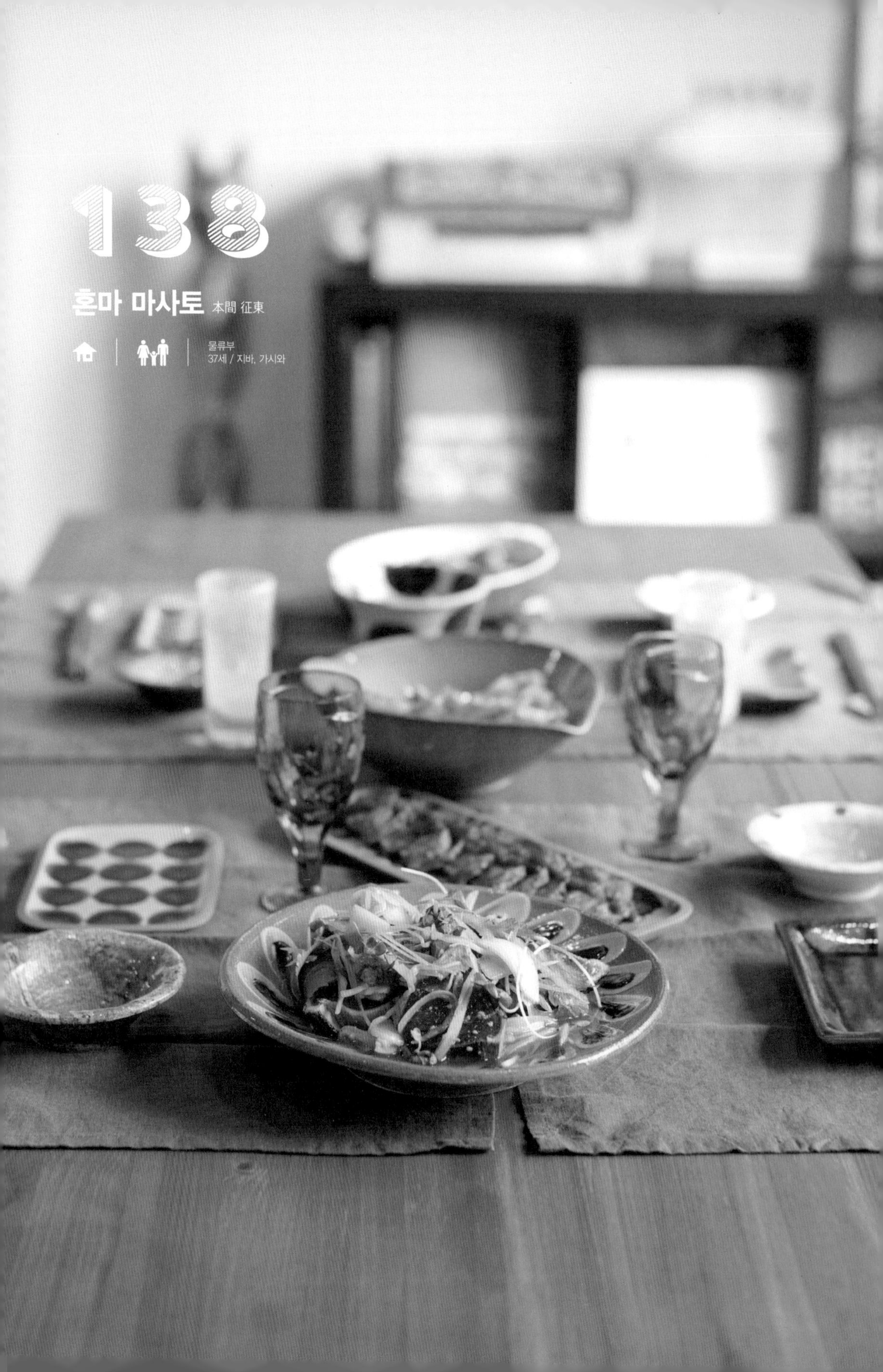

138

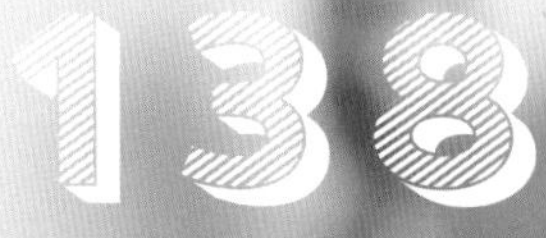

혼마 마사토 本間 征東

물류부
37세 / 지바, 가시와

작은 신사 옆, 기분 좋은 바람이 불어나가는 곳에 들어선 집 한 채. 작년 가을에 부모님과 함께 지었다는 이 집 2층에 혼마 씨의 보금자리가 있다. 휴일이면 볕 좋은 거실에 친구들이 모인다. 전문가 못지않은 솜씨를 자랑하는 아내의 맛있는 음식이 식탁에 차려지고, 혼마 씨와 친구들은 취미로 즐기는 서핑 이야기며 일상의 잡담, 업무 이야기 등을 나눈다. “집에서 지내는 시간이 정말로 행복해요.” 수줍게 이야기하는 혼마 씨의 반짝이는 얼굴이 행복을 대변하고 있다.

— 라이프스타일에서 가장 중요하게 여기는 주제는?
바다를 느낄 수 있어야 한다. 편안함.

— 휴일을 보내는 가장 좋아하는 방법은?
친구와 서핑을 즐긴 후 가족과 슈퍼에서 장을 보고, 집에서 고기를 구워먹는다.

— 지금 살고 있는 토지(거주지)를 고른 이유는?
도시와 자연을 모두 느낄 수 있는 곳이다. 바다에 나가기도 편하다.

— 주택은 사야 할까, 임대해야 할까?
나는 샀다. 좋은 곳을 찾아냈으니까.

— 가장 중요하게 여기는 시간과 그 시간을 보내는 방법은?
쉬는 날이면 오전에는 취미생활인 서핑을 하고 오후에는 가족과 지낸다.

— 스트레스 해소 방법은?
서핑!

— 인테리어에 특별한 주제나 규칙이 있다면?
바다를 느낄 수 있어야 한다.

— 집에서 가장 좋아하는 장소와 그곳에서 시간을 보내는 방법은?
소파에서 쟈가리코(스틱형 감자 과자-옮긴이)를 먹으며 텔레비전 보기.

— 집에서 가장 소중히 여기는 아이템은?
서프보드. 모두 네 개 있다. 요즘은 밀른MILNE의 보드를 가장 애용 중.

— 좋아하는 인테리어 브랜드와 가게는?
오키나와의 도자기 그릇.

— 집 정리를 잘 못하는 사람에게 조언을 해준다면?
나도 못한다. 그냥 정리 잘하는 사람과 사는 게 나을 수도.

— 좋아하는 패션 스타일은?
어딘가 유머를 느낄 수 있는 스타일. 그리고 조금이라도 날씬해 보이는 스타일.

— 평소 옷을 입을 때 가장 아끼는 아이템이 있다면?
모자와 인디언 장신구.

— 자신만의 스타일을 만들어주는, 특히 좋아하는 패션 브랜드는?
빔스. 오리지널 상품도 좋아하고 실렉트 상품도 좋아한다. 빔스에는 재미있는 아이템이 많다.

— 인테리어나 패션의 아이디어를 얻는 원천은?
프로 서퍼이면서 사진작가인 후나키 미쓰히데船木三秀의 유튜브 방송 ‘나키서프NAKISURF’.

세로방향으로 붙여달라고 했는데 가로방향으로 붙어주었다는 멀티 컬러 타일. 혼마 씨는 "뭐, 그런대로 괜찮은 것 같아요.(웃음)"라며 너그럽게 웃는다. 거실 한쪽에 놓여 있는 채널 아일랜드CHANNEL ISLANDS의 보드가 바다 냄새를 풍긴다. 빔스에 대한 사랑을 엿볼 수 있는 책장.

1. 주방 옆에 놓은 작은 선인장이 마음을 편안하게 해준다. 2. 책장 위에는 혼마 씨가 경애하는 나키서프의 포스터를 비롯하여 랜드스케이프 프로덕트Landscape Products의 쌓기 나무, 작은 화병, 발리에서 아내가 한눈에 반했다는 물고기 장식물 등이 놓여있다. 3·4. 완성된 로스트비프를 써는 아내. 솜씨가 보통이 아니다. 5. 평소 착용하는 액세서리와 소품은 나무 쟁반에. 6. 잡다한 물건을 모아둔 동쪽 방은 아이 방으로 꾸며줄 예정. 7. 거실 옆에 있는 가족 침실. 간결하면서도 모던한 분위기를 느낄 수 있다. 8. 아내의 맛있는 음식은 혼마 씨의 즐거움 중 하나. 로스트비프, 버섯과 모래집 마늘구이, 꼴뚜기와 새우튀김, 고추장 양념을 한 가다랑어 다타키 등 이날도 먹음직스러운 음식이 차려졌다. 에도키리코江戸切子라고 부르는 유리공예품, 오키나와 류큐 유리잔, 오키나와의 도자기 그릇 등 근사한 식기가 식탁을 더욱 멋스럽게 해준다.

6

7

8

식탁 옆 베란다에는 아웃도어용 의자가 놓여 있어 바람을 느끼며 휴식을 취할 수 있다. 식탁 위 조명은 조명작가 다니 도시유키谷俊幸의 작품. 식탁과 의자는 보기에도 예쁘고 사용하기에도 편할 것 같아 선택했다고.

MY PRIVATE WARDROBE

유머가 느껴지는 옷을 좋아한다는 혼마 씨의 애장품. 종합 예술인인 가세키 사이다かせきさいだぁ가 제작에 참여한 티셔츠에는 귀여운 주먹밥과 도시락 문양이 프린트되어 있다. 빔스에서 출시한 도라에몽 티셔츠와 파타PATTA의 티셔츠도 보인다. 셔츠는 빔스 플러스BEAMS PLUS의 오리지널 셔츠와 인디비주얼라이즈드 셔츠INDIBIDUALIZED SHIRTS. 신발은 컨버스와 반스의 스니커즈가 기본 아이템.

혼마 씨가 자신의 스타일을 완성하는 데 빼놓을 수 없다며 꺼내온 모자와 액세서리. 카무플라주 모자는 빔스 보이, 꽃무늬 모자는 유스케 하나이YUSUKE HANAI. 밀짚모자는 파리의 토산품과 캐피탈KAPITAL, 빔스 플러스. 열쇠고리와 은반지는 빌 월 레더BILL WALL LEATHER. 인디언 장신구와 파리에서 구입한 거북 모티브 목걸이도 날마다 착용하는 액세서리.

요시카와 모토키 吉川 基希
요시카와 토시코 吉川 俊子

빔스 바이어 / 에페 빔스EFFE BEAMS 디렉터
30세 · 37세 / 도쿄, 시부야

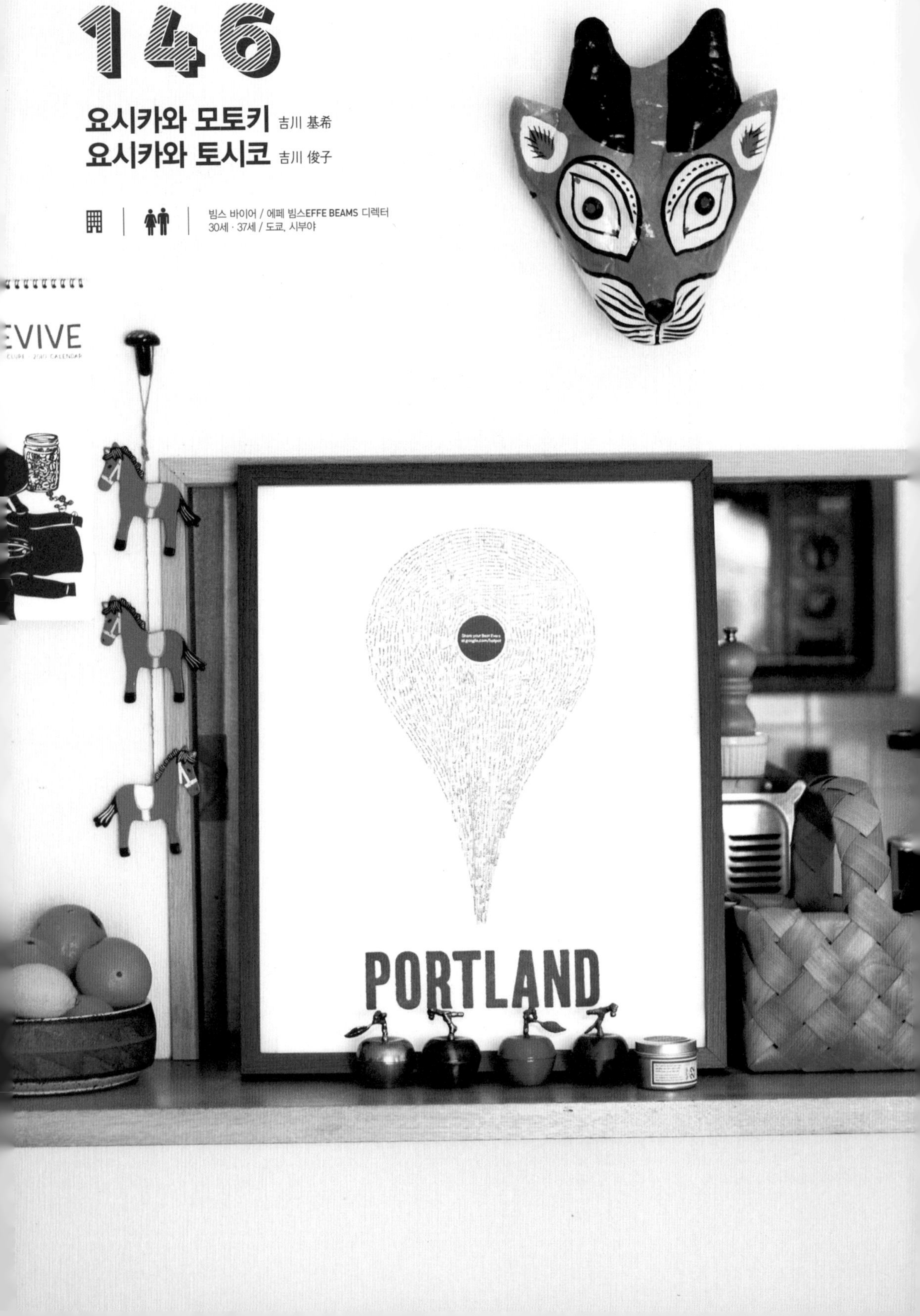

부부가 나란히 빔스에서 바이어로 일하는 요시카와 씨 부부는 여행지에서 마음에 드는 물건이 있으면 상의하지 않고 바로 사도 좋다는 규칙을 만들었다. 이탈리아에서 산 여우 탈 옆에는 오다가다 주웠다는 말 장식이 걸려 있고, 그 옆에는 마크 곤잘레스GONZALES의 사진과 덴스크Dansk의 스위스 바구니가 놓여있다. 거실에 공존하는 다양한 아이템들은 마치 부부가 나누는 대화 같다. 서로의 감각을 믿고 존중하는 부부. 이 공간은 부부의 조용한 사랑으로 채워져있다.

— 라이프스타일에서 가장 중요하게 여기는 주제는?
술과 음식. 요요기공원에서 낮부터 마신다. 우에노나 기치조지에 갈 때도 있다.

— 휴일을 보내는 가장 좋아하는 방법은?
아오야마에 있는 요가교실에 갔다가 도미가야에 있는 우동집 야시마やしま에 간다.

— 지금 살고 있는 토지(거주지)를 고른 이유는?
근무지와 가까워서. 요요기공원이 근처에 있다는 것도 한몫했다.

— 주택은 사야 할까, 임대해야 할까?
임대하는 편이다. 지금 사는 곳을 구입할 생각은 안 해봤다.

— 가장 중요하게 여기는 시간과 그 시간을 보내는 방법은?
집에서 느긋하게 술과 음식을 즐긴다.

— 스트레스 해소 방법은?
비크람 요가. 둘이서 아오야마에 있는 요가교실에 다닌다. 동작이 많이 힘들어서 땀도 많이 흘린다.

— 인테리어에 특별한 주제나 규칙이 있다면?
서로 좋아하는 것을 그냥 좋아하는 곳에 둔다.

— 집에서 가장 좋아하는 장소와 그곳에서 시간을 보내는 방법은?
창가에 둔 1인용 의자에 앉아 천천히 술을 음미한다.(모토키 씨) 소파에서 요리책을 본다.(토시코 씨)

— 수집하거나 꼭 사는 물건이 있다면?
블랭킷. 이제 그만 사라는 소리를 듣고 있다.(모토키 씨) 장식단추나 스터드(징이나 장식 단추가 박혀 있는) 아이템, 팔찌, 주방용품.(토시코 씨)

— 좋아하는 인테리어 브랜드와 가게는?
더 콘란 숍.

— 집 정리를 잘 못하는 사람에게 조언을 해준다면?
버려라!

— 갖고 싶은 아이템은?
큰 소파.

— 센스를 키우는 방법을 한마디로 요약한다면?
의식주에 충실할 것.

— 빔스에서 일하면서 가장 좋았던 점은?
부부가 같이 바이어로 일해서 좋다. 실력 있는 멋진 동료들이 있어서 좋다. 만남이 많아서 좋다.

— 지금까지 일하면서 가장 기억에 남는 에피소드가 있다면?
같은 시기에 입사해서 인생의 반려자를 만났다, 라고 할까?

JAPAN JACKET
T-SHIRT FACTORY
ロッカーズ・スタイル
NIKE CHRONICLE
IVY

부드러운 햇살이 깃든 식탁에 도시코 씨가 손수 만든 음식이 차려졌다. 책장 옆에는 파리의 벼룩시장에서 찾아낸 아프리카제 스툴과 사슴 머리뼈가 있다. 마크 곤잘레스의 사진과 덴스크 체어, 아프리카의 베개. 이런 의외의 조합이 모토키 씨의 취향.

1·6. 두 사람의 일상에서 공통의 키워드를 꼽자면 '술과 맛있는 음식'. 서로 출장이 잦아 휴일에는 될수록 둘이서 느긋하게 보내려고 한다. 이 날의 메뉴는 밀라노식 커틀릿에 숭어알을 넣은 봉골레, 감자와 문어 샐러드. 벽에 건 블랭킷은 미나 페르호넨mina perhonen. 레벨LEVEL의 자전거는 모토키 씨가 타는 것. 3. 책장 위에는 하나이 유스케의 목각인형을 비롯해서 미나 페르호넨의 유리공예품, 덴스크의 촛대와 치즈 커터, 미국에서 사온 큰 솔방울 등이 놓여있다. 4. 스케이트 퍼니처SKATE FURNITURE의 스케이트보드 스툴에는 작은 러그가 덮여 있다. 실내 분위기와 잘 어울린다. 5. 캐비닛 위에는 임스의 하우스 버드House Bird, 온타야키小鹿田焼로 불리는 히타 지역의 도자기, 이탈리아에서 구입한 별 장식품, 포푸리를 넣어 사용하는 산타 마리아 노벨라SANTA MARIA NOVELLA의 아로마 버너 등이 놓여있다. 언더커버UNDERCOVER 포스터와의 조화도 재미있다.

5

소파와 좌탁은 덴도목공. 토시코 씨는 휴일이면 이 소파에서 요리책을 보며 휴식을 취한다. 빔스의 전임자에게서 받은 민예품 가면과 나이테가 아름다운 스토미 먼데이STORMY MONDAY의 컷팅보드가 흰 벽에 생기를 준다.

MY PRIVATE WARDROBE

의자에 건 옷은 20년 전에 나온 리바이스 세컨드 재킷, 일본지도와 용이 수놓아진 화려한 스카잔.(자수가 수놓인 항공점퍼-옮긴이) 모두 모토키 씨의 간절기 의상이다. "니가타에 웨스턴 리버라는 구제 숍이 있는데 고등학생일 때 그곳에서 리바이스 501(BIG E)을 처음 샀어요. 그때부터 제 취향은 한 번도 변한 적이 없어요. 티셔츠는 잠옷으로 입어요."

토시코 씨가 즐겨 착용하는 소품들. 언제부턴가 늘기 시작했다는 스터드 아이템은 우아한 스타일에도 잘 어울려 마음에 든다고. 지갑과 신발은 발렌티노, 뱅글은 보테가 베네타. 밀짚모자는 보르살리노BORSALINO, 클러치백은 렐리야LELYA, 실버백은 팔로르니FALORNI. 분홍색 카드지갑은 제이앤엠 데이비슨J&M DAVIDSON, 반다나는 킨록KINLOCH, 귀고리는 마즈와 빌 월 레더M.A.R.S BILL WALL LEATHER.

156

사와다 리사 澤田 理沙

오피스 스태프
37세 / 도쿄, 분쿄

根津神社

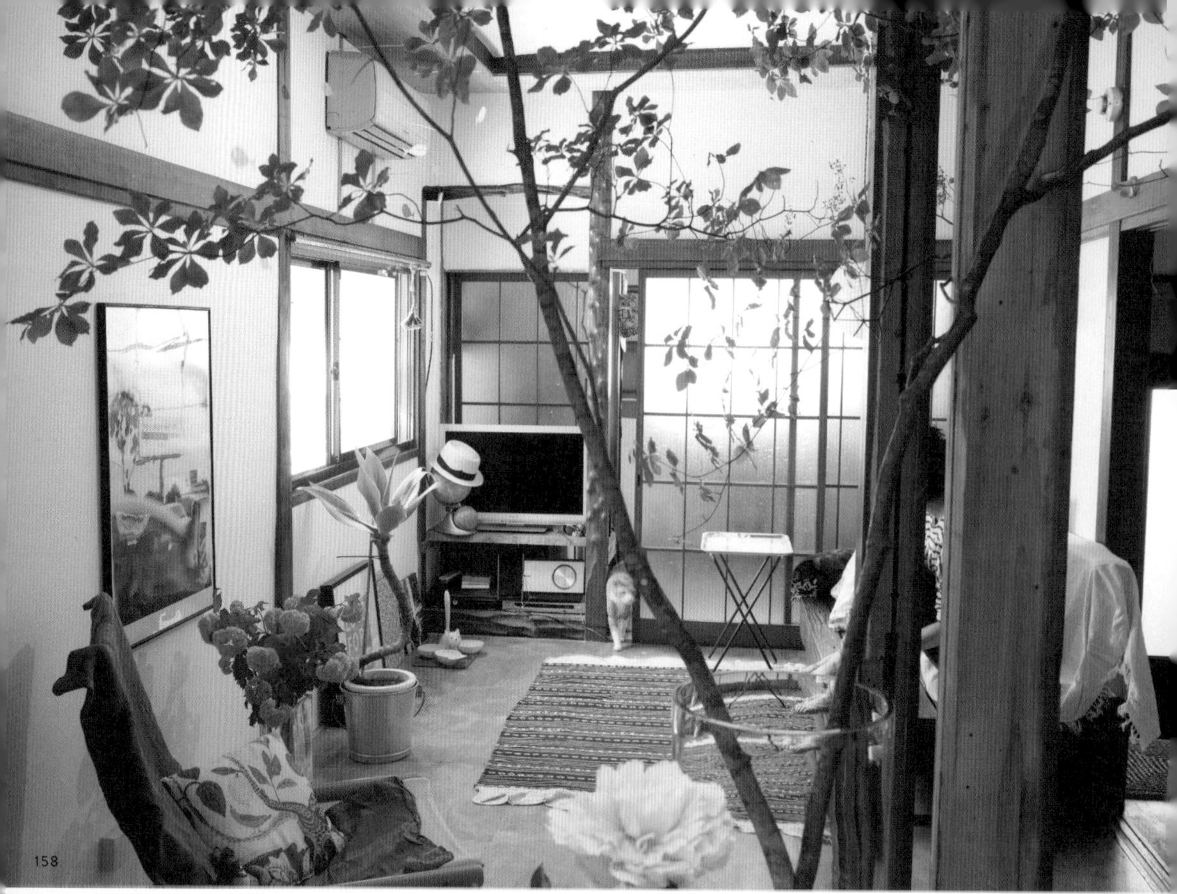

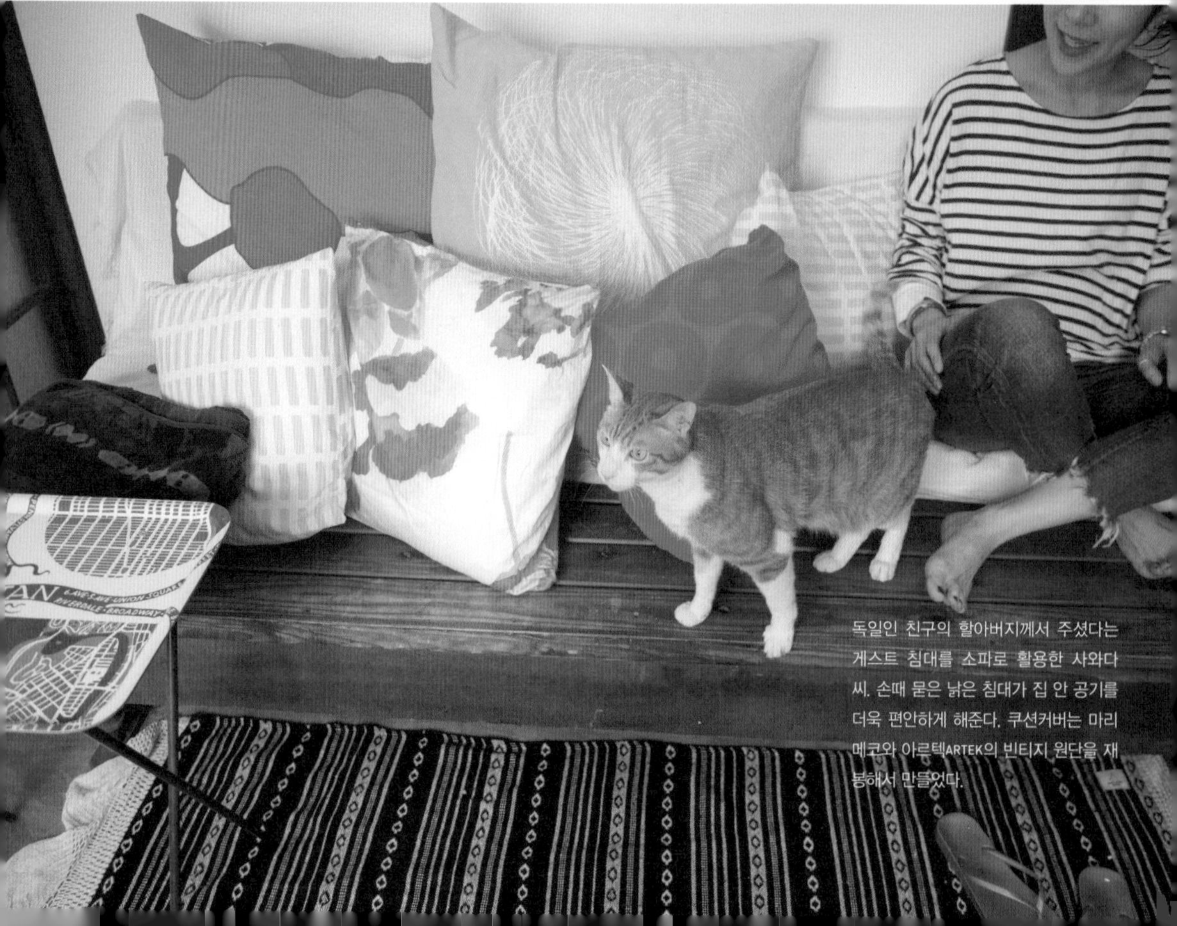

독일인 친구의 할아버지께서 주셨다는 게스트 침대를 소파로 활용한 사와다 씨. 손때 묻은 낡은 침대가 집 안 공기를 더욱 편안하게 해준다. 쿠션커버는 마리메코와 아르텍ARTEK의 빈티지 원단을 재봉해서 만들었다.

옛 골목길의 정취를 물씬 풍기는 동네에서, 지은 지 40년 된 주택을 고쳐서 사는 사와다 씨. 애완묘 고토라小虎가 집 안을 유유자적 걸어 다닌다. "딱히 고집하는 것은 없어요. 고양이와 제가 마음 편히 살 수 있는 곳이면 그것으로 족해요." 알고 지내던 인테리어가게 주인과 친한 동료들의 도움을 받아 조금씩 완성해 나갔다는 사와다 씨의 집. 요즘 같은 시대에 지난 시절의 아름다운 것들에 애착을 느끼는 그녀의 일상이 멋스럽다.

— 라이프스타일에서 가장 중요하게 여기는 주제는?
그때그때 내키는 대로 무리하지 않고 살기.

— 휴일을 보내는 가장 좋아하는 방법은?
아침 일찍 일어나서 바다에 나갔다가, 오후에 맥주를 마시며 바비큐를 먹는 것. 바다에 나갈 수 없을 때는 요가나 자전거, 달리기 같은 운동을 한 후 근처 온천에서 한 주간의 피로를 푼다.

— 지금 살고 있는 토지(거주지)를 고른 이유는?
지인이 소개해줬다. 옛 정취가 느껴지는 동네 특유의 인정과 네즈신사根津神社의 조용한 힘에 치유되는 듯한 느낌이 들었다.

— 집은 임대하는 쪽? 구입하는 쪽?
임대. 평생 도쿄에서 살지 어떨지 알 수 없기 때문에.

— 가장 중요하게 여기는 시간과 그 시간을 보내는 방법은?
스트레스를 푼다.

— 스트레스 해소 방법은?
웃기. 움직이기. 자연을 접하기. 즐겁게 술 마시기.

— 인테리어에 특별한 주제나 규칙이 있다면?
딱히 고집하는 것은 없고 나와 고양이가 편히 지낼 수 있으면 된다.

— 집에서 가장 좋아하는 장소와 그곳에서 시간을 보내는 방법은?
거실에서 고양이와 느긋하게 있거나 직접 만든 음식을 안주 삼아 술을 마시면서 늘어진다. 여름에는 날씨 좋은 날 베란다에서 맥주를 마신다.

— 집에서 가장 소중히 여기는 아이템은?
친구 할아버지 댁에 있던 게스트 침대. 다른 곳에서는 보기 힘든 물건이기도 하고 소파로도 쓸 수도 있어 매우 아낀다.

— 좋아하는 인테리어 브랜드와 가게는?
딱 꼬집어 말하긴 어렵지만, 본래 소속되어 있던 페니카(전신은 빔스 모던 리빙BEAMS MODERN LIVING)는 절대적으로 신뢰한다.

— 좋아하는 패션 스타일은?
질리지 않고 심플한, 너무 애써 꾸미지 않아도 되는 스타일. 그리고 움직이기 편한 옷을 좋아한다.

— 갖고 싶은 아이템은?
롱 보드, 자동차, 새 맥북, 큰 쿠션.

— 센스를 키우는 방법을 한마디로 요약한다면?
다양한 곳에 가서 다양한 것을 보고 다양한 사람들과 이야기를 나눈다. 스스로 선을 긋지는 말자.

— 빔스에 들어온 이유는?
직장을 알아보면서 면접을 봤는데 가장 나다운 면을 잘 드러낼 수 있었고 최고로 재밌었다.

— 지금까지 일하면서 가장 기억에 남는 에피소드가 있다면?
맨땅에서부터 시작한 빔스 타이페이 지점의 오픈.

1. 화지和紙(일본의 전통 종이—옮긴이) 공예점인 이세타쓰いせ辰에서 구입한 물고기 모빌이 거실 창가에서 살랑살랑 흔들린다. 2. 고토라가 올라 다니며 놀 수 있게 꾸민 실내. 사료 그릇은 알레시ALESSI. 3. 친구 할아버지께서 주셨다는 화지 조명. 빨간 들장미 열매가 운치 있다. 4. 직접 설치한 선반에는 'Kiss me I'm a prin'이라는 태그가 달린 개구리 봉제인형을 올려놓았다. "그냥 좋아서 어릴 때부터 갖고 있던 거예요. 구슬은 사실 고토라의 장난감이에요.(웃음) 데굴데굴 굴리며 노는데 여기에 다 모여 있네요." 5. 실내 식물은 센다기에 있는 히라사와고 생화점平澤剛生花店에서 사왔다. 식탁에 놓은 큰 나뭇가지가 실내를 더욱 싱그럽게 해준다. 6. 2층 침실로 올라가면 페인트 칠을 했다는 코발트블루 색상의 벽이 시선을 사로잡는다. 그 옆에는 추억이 깃든 사진 몇 점. 7. 창을 열면 맑은 공기와 함께 좋은 기운이 집 안으로 흘러들어오는 것만 같다.

5

6

7

캔버스지로 만든 니체어Nychair에서 여유로운 한때를 보내는 사와다 씨와 고토라. 새끼 때부터 키운 고토라가 올해로 벌써 열두 살이 되었다. 고토라에게는 엄마나 다름없는 사와다 씨. 집에 있을 때는 둘이 늘 붙어있다. 의자에 걸어둔 자주색 빈티지 리넨이 부드러워 보인다.

MY PRIVATE

WARDROBE

쉬는 날에는 바다에 나가 보디보드bodyboard를 탄다는 사와다 씨. 애장품은 단연 비치용품이다. 캘리포니아에서 들어온 시아SEEA의 래시가드는 도쿄 컬처아트 바이 빔스Tokyo CULTUART by BEAMS에서 구입했다. 샌프란시스코 본점에서 산 말러스크의 반바지, 하와이 브랜드 로컬스Locals의 비치샌들, 보드 전문점에서 전문가의 권유로 구입했다는 모레이MOREY의 보드.

테마는 여행. 사와다 씨는 여행갈 때 챙기고 싶은 아이템을 꺼내왔다. 비 지루시 요시다B JIRUSHI YOSHIDA에서 구입한 와코 마리아WACKO MARIA의 모자. 레이 빔스에서 판매하는 아디다스×화이트 마운티니어링White mountaineering의 스니커즈. 아버지의 영향으로 어린 시절부터 익숙해진 〈내셔널 지오그래픽〉과 친구가 생일 선물로 준 『더 호텔 북The Hotel Book』. "여행하고 싶을 때는 이것들을 보면서 기분 좋은 상상을 해요."

164

기무라 쇼지 木村 昌二

빔스 나고야 지점
44세 / 아이치, 나가쿠테

간결하고 개방적인 공간을 주제로 집을 꾸몄다는 기무라 씨. 외관과 실내 인테리어에 관한 전반적인 아이디어는 전前 동료이기도 한 아내가 담당했다고 한다. 회반죽을 바른 벽과 천연 원목으로 마감한 바닥은 창에서 들어온 햇빛을 받아 매우 따뜻하고 쾌적해 보인다. 거실과 이어진 넉넉한 발코니와 통층 구조로 연결된 2층은 시각적으로나 정서적으로 월등한 개방감을 자랑한다. 가족이 쉽게 교감할 수 있는, 처음에 의도했던 주제를 오롯이 느낄 수 있는 공간이다.

— 라이프스타일에서 가장 중요하게 여기는 주제는?
독서. 체력 단련.

— 휴일을 보내는 가장 좋아하는 방법은?
헌책방 돌아다니기. 아들과 둘이 인공암장에 가서 볼더링 Bouldering**을 하거나 축구를 한다.**

— 지금 살고 있는 토지(거주지)를 고른 이유는?
자연이 많아서. 집 앞에 공원이 있다.

— 집은 임대하는 쪽? 구입하는 쪽?
구입한다. 자산이 늘기를 바라는 마음에서.

— 가장 중요하게 여기는 시간과 그 시간을 보내는 방법은?
책을 읽는다.

— 스트레스 해소 방법은?
독서.

— 인테리어에 특별한 주제나 규칙이 있다면?
선배나 친구들 집의 좋은 점을 흉내 냈다. 지금도 공부하는 중이다.

— 집에서 가장 좋아하는 장소와 그곳에서 시간을 보내는 방법은?
1층 카운터에서 책을 읽는다. 식구들이 잠든 후에 거실 소파에서 영화를 본다.

— 집에서 가장 소중히 여기는 아이템은?
히타 지역의 온타야키 도자기. 사카모토 고지坂本浩二**의 수련 화분. 선배에게 소개받아 구입했다.**

— 수집하거나 꼭 사는 물건이 있다면?
배우 가네코 쇼지金子正次**, 서평가 요시다 고**吉田豪**, 소설가 니시무라 겐타**西村賢太**의 책들. 격투기 책. 만화가 입문서.(만화를 그리지는 않지만 읽는 건 좋아한다.)**

— 좋아하는 인테리어 브랜드와 가게는?
나고야 메이토의 '페이버 Favor**'.**

— 자신만의 스타일을 만들어주는, 특히 좋아하는 패션 브랜드는?
싸이SCYE**, 요즈요**YO's YO**, 산카**Sanca**, 빔스.**

— 인테리어나 패션의 아이디어를 얻는 원천은?
우콘 도오루右近亨**가 편집하는 잡지, 야마모토 고이치**山本康一**의 스타일링, 가지와라 요시카게**梶原由景**의 블로그와 기사, 선배인 와다 겐지로**和田健二郎**의 블로그와 인스타그램.**

— 갖고 싶은 아이템은?
아이템은 아니고, 개가 있었으면 좋겠다. 플랫 코티드 리트리버 Flat Coated Retriever**라는 사냥개다. 그리고 웨이트 트레이닝 기구인 케틀벨**kettlebell**.**

— 센스를 키우는 방법을 한마디로 요약한다면?
센스가 좋은 사람을 흉내 낸다. 나도 지금 공부 중이다.

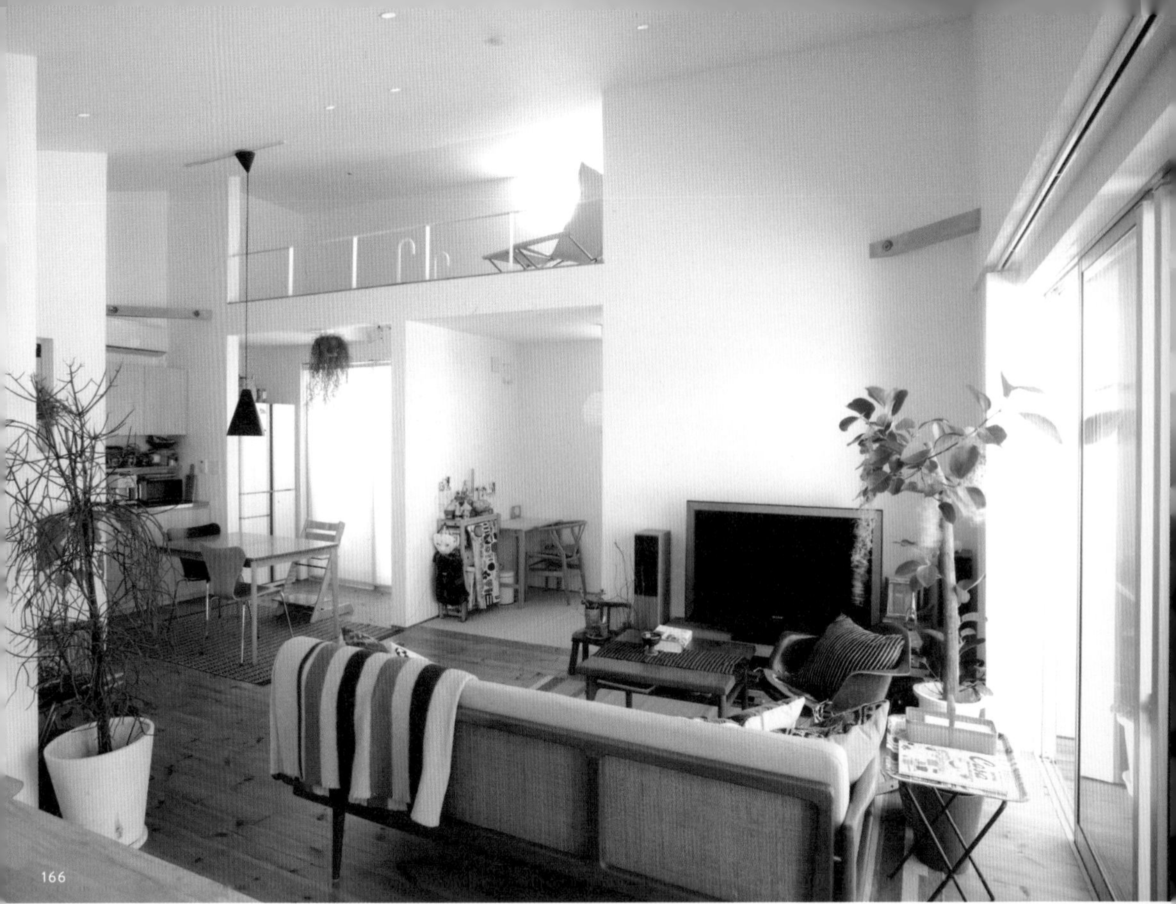

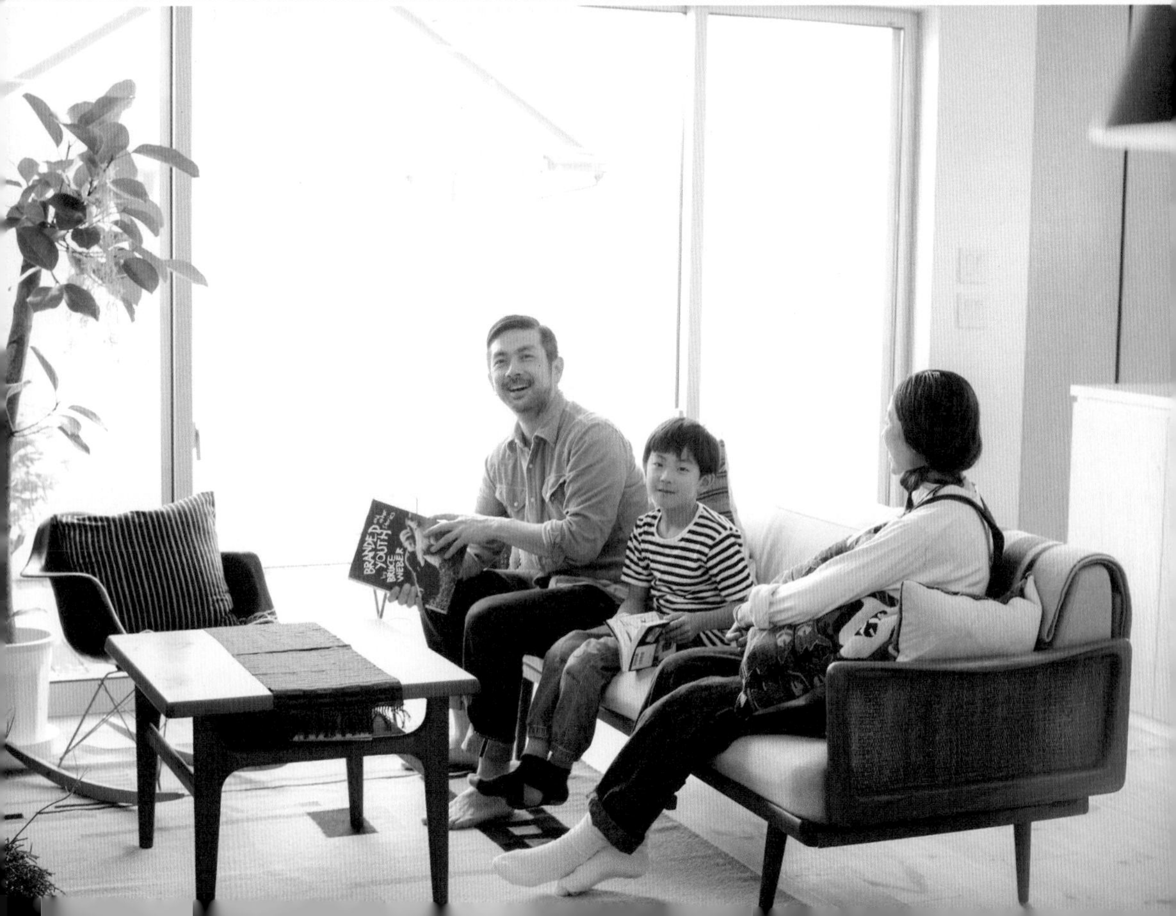
BRANDED YOUTH
BRUCE WEBER

2층으로 올라가는 계단에서 내려다본 모습. 벽에 기대어놓은 브루스 웨버BRUCE WEBER의 사진전 포스터가 강한 존재감을 드러낸다. 기무라 씨가 18년 전에 런던의 '국립 초상화 미술관National Portrait Gallery'에서 구입했다고 한다.

1. "선배가 권해서 구입한 것들이 많아요. 구입 당시보다는 시간이 지나고 나서 그 진가를 알게 되어 감동할 때도 있죠." 현관 정면에 설치한 선반에는 그런 깨달음을 얻게 해준 덴스크와 임스, 야나기 소리柳宗理의 대표작들이 놓여있다. 2. 생활에 녹아 있는 민속 공예 그릇. 3. 작은 창에서 따사로운 빛이 들어오는 다다미 공간. 잠시 동안 아이 방으로 쓰고 있다. 4. 테라스로 나오면 아이보다 키가 조금 큰 전나무가 있다. 겨울에는 크리스마스 트리로 쓴다. 5. 서아프리카의 단족Dan 가면을 중심으로, 슛사이가마出西窯, 우에즈가마上江洲窯, 데루야가마照屋窯에서 구입한 도자기들, 스웨덴의 도예 디자이너 리사 라손LISA LARSON의 도자기 작품 등이 커다란 신발장 위에 보기 좋게 배치되어 있다. 6. 선물로 받아 아낀다는 아프리카 쿠바족Kuba의 매트와 앤티크 바구니. 폴 캐야홀름POUL KJAERHOLM의 의자에 살포시 놓인 사랑스러운 에어플랜트. 7. 주방 조명은 폴 헤닝센POUL HENNINGSEN, 회반죽을 바른 벽에 온다야키 도자기가 같은 간격으로 늘어서 있다.

5

6

7

벽면 가득 책장을 매립한 책을 위한 공간. 안쪽에는 서재 책상으로 쓰는 선반이 달려 있고, 위에는 선인장들을 놓았다. 빛이 쏟아져 들어오는 창 너머에는 무성한 물푸레나무와 꽃아카시아나무를 볼 수 있는 안뜰이 있다. 흰색을 바탕으로 한 실내 공간에 초록 식물이 효과적으로 공간을 더욱 아름답게 만든다.

MY PRIVATE
WARDROBE

"만든 이나 판매하는 이의 생각이 깃들어 있는 옷을 사는 편이에요." 소파에 걸쳐놓은 웃옷은 오른쪽부터 페니카의 별주 상품인 오어슬로우와 싸이의 재킷, 요즈요의 재킷과 조끼. 아래쪽에는 빔스의 별주 상품인 챔피온CHAMPION의 티셔츠. 기무라 씨는 주로 심플하면서도 소재가 좋고 바느질이 잘 된 옷을 구입한다.

38년 동안 가라테를 해왔다는 기무라 씨의 도복. 최근 구입한 건강기구. 브루스 웨버의 사진집들. 특히 좋아하는 사진집은 《오 리오 데 자네이루O Rio de Janeiro》. 스터드 지갑은 메탈크래프트metalcraft. 카드지갑과 벨트는 할리우드 트레이딩 컴퍼니HTCHollywood Trading Company. 시계는 엠티엠 페트리어트MTM PATRIOT. 강인해 보이는 아이템을 좋아한다는 기무라 씨의 애장품답다.

172
172
렌신 주 ランシン・ジュウ
빔스 타이페이 지점
26세 / 타이완, 신주

넓찍한 현관을 지나면 타이완 특유의 디자인에 디테일이 섬세한 노송나무 가구가 놓여 있는 거실이 보인다. "이곳에서 식구들과 차를 마시며 잡담을 주고받을 때가 제일 좋아요."

타이페이에서 동쪽으로 한 시간 정도 달리면 미펀米粉이라는 쌀국수로 유명한 바람의 도시 '신주'가 나온다. 렌신 씨는 이곳의 4층짜리 맨션에서 가족(부모님과 남동생)과 함께 산다. 맨션의 각 층에는 친척들이 산다고 한다. 중후한 노송나무 가구와 가족사진이 놓여 있는 넓은 거실은 그야말로 온 가족의 휴식처. 개개인의 취향이 절묘하게 섞여 있고 일상의 편안함이 녹아 있는 이 공간에는 그리우면서도 따뜻한 공기가 흐르고 있다.

── 라이프스타일에서 가장 중요하게 여기는 주제는?
한 달에 한 번은 기분 전환을 위해 꼭 여행을 떠난다.

── 휴일을 보내는 가장 좋아하는 방법은?
친구와 카페나 바에서 시간을 보낼 때가 많다. 맛있는 커피와 칵테일이 있으면 기분이 좋아진다!

── 가장 중요하게 여기는 시간과 그 시간을 보내는 방법은?
아무리 피곤해도 나 자신과 마주 대하는 시간을 가지려고 한다. 일기를 쓴다.

── 스트레스 해소 방법은?
여행과 운동. 도시에서 벗어나면 어쩐지 새로 충전되는 기분이 든다.

── 인테리어에 특별한 주제나 규칙이 있다면?
특별한 테마는 없지만 노란색을 좋아해서 벽을 노란색으로 칠하기는 했다. 편안한 공간이 좋다. 이건 우리 집 규칙인데, 밖에서 들어오면 손을 씻고 옷을 갈아입어야만 침대에 올라갈 수 있다.

── 집에서 가장 좋아하는 장소와 그곳에서 시간을 보내는 방법은?
거실. 식구끼리 텔레비전을 보면서 일상의 이야기를 나눈다.

── 집에서 가장 소중히 여기는 아이템은?
집 분위기. 부모님이 좋아하시는 클래식이 흐르고, 동생은 그림을 그리고, 어머니는 청소, 나는 게임을 한다. 이것이 우리 집의 평소 모습이다.

── 수집하거나 꼭 사는 물건이 있다면?
향수. 자주 쓰는 것은 코치COACH의 퍼피 블로섬POPPY BLOSSOM.

── 좋아하는 인테리어 브랜드와 가게는?
아버지가 인테리어 디자이너셨다. 아버지가 만드는 가구를 좋아한다.

── 평소 옷을 입을 때 가장 아끼는 아이템이 있다면?
오버올.

── 자신만의 스타일을 만들어주는, 특히 좋아하는 패션 브랜드는?
그거야 당연히 빔스!

── 센스를 키우는 방법을 한마디로 요약한다면?
여러 장르의 이벤트에 적극적으로 참가해서 많은 것을 직접 봐야 한다.

── 빔스에 들어온 이유는?
본래는 빈티지 느낌의 옷이 좋아서 입사했다. 일하면서 패션에는 다양한 가능성이 존재한다는 사실을 알게 됐고, 보람을 느끼며 일하고 있다.

── 지금까지 일하면서 가장 기억에 남는 에피소드가 있다면?
예전에 고객 두 분이 소셜 네트워크 서비스SNS에 올린 내 사진을 보고 내가 착용한 아이템들을 그대로 사 가신 적이 있다. 정말이지 감동적이었다.

1. 무희가 그려진 태피스트리는 부모님이 일본을 여행하실 때 구입한 토산품. 동양적인 분위기가 목제 가구와 잘 어울린다. 2. 방 한쪽 벽에는 키를 재기 위한 포스터가 붙어 있다. "어릴 때 붙인 거예요."라며 웃는 렌신 씨. 3. 그동안 모은 향수들. 향이나 용기 디자인이 마음에 들면 구입한다. 4. 학창시절에 직접 찍은 친구들 사진. 공책이나 교과서가 꽂혀 있는, 추억이 담긴 책장. 5. 중학생 때부터 키운 애견 피피PIPI는 오랫동안 함께한 가족과 같은 존재. 6. 아버지가 수집하시는 목각 장식품. 수제품 특유의 따뜻함을 느낄 수 있다. 깊이 있는 색감을 보여주는 여러 목제 가구와 어우러져 차분하면서도 자연친화적인 분위기를 자아낸다. 7. 현관에 장식된 수묵화는 개인전을 연 적도 있다는 숙모께서 선물해주셨다. 멋스러운 신발장 위에 놓인 화분이 묵직한 존재감을 뿜어낸다.

5

6

7

바람이 많이 불기로 유명한 신주. 렌신 씨는 옥상에 올라가 바람을 맞으며 멍하니 풍경을 내다볼 때가 많다고 한다. "일하면서 쌓인 스트레스나 고민을 날려버릴 수 있거든요. 내 자신을 '리셋'할 수 있는 소중한 시간이죠."

MY PRIVATE

WARDROBE

"아웃도어 쪽의 컬러풀한 옷을 상당히 좋아해요." 최근에는 파타고니아의 배낭을 메고 오어슬로우의 오버올을 즐겨 입는다. 모자도 날마다 빼놓지 않고 챙기는 아이템. 다음 날 입을 옷은 캐비닛 위에 가지런히 개어 놓는다. "입을 옷을 전날에 미리 준비하면 아침에 10분 정도는 더 잘 수 있거든요.(웃음)"

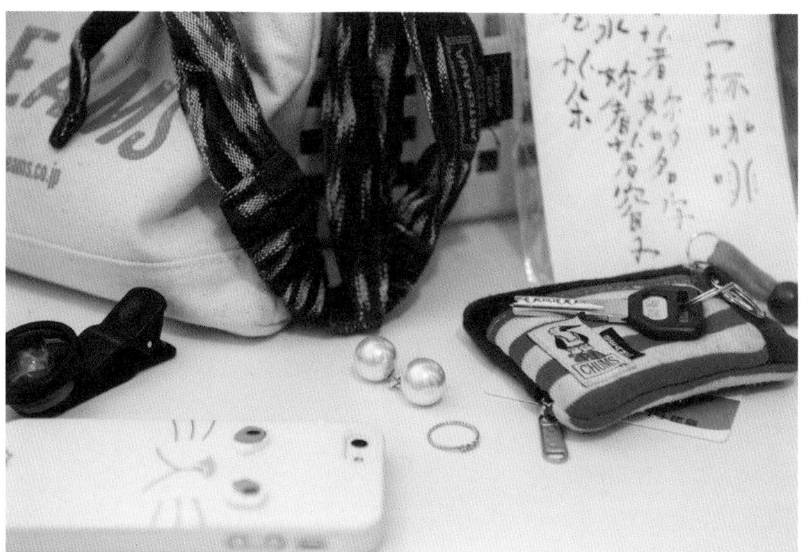

발랄하고 경쾌한 렌신 씨의 애용품들. 빔스에서 구입한, 빨간 줄무늬가 매력적인 첨스CHUMS의 열쇠지갑은 카드만 한 작은 크기가 마음에 들어 출근할 때마다 가지고 다닌다. 빔스에서 구입한 파우치에는 헤어밴드와 스마트폰용 망원렌즈를 넣어 다닌다. 귀고리는 빔스에 입사하고서 구입했는데 아직까지도 마음에 들어 계속 착용하는 추억의 아이템.

180

에구치 히로시 江口 裕

빔스 히로시마 지점
39세 / 히로시마, 히로시마

선인장, 하와이, 약간의 서프가 섞인 인테리어. 도처에 놓여 있는 선인장들, 와이키키해변이 생각나는 소품과 동물 박제들. 비록 맨션의 1층이지만 넓은 바다와 대지를 느낄 수 있는 곳이다. 편안한 분위기가 감도는 거실은 창 너머로 베란다와 이어져 있어 개방감이 우수하다. "쉬는 날에는 정원에 물을 주는 일부터 시작해요." 이날도 에구치 씨는 익숙한 손놀림으로 식물에 물을 주고 있었다.

— 라이프스타일에서 가장 중요하게 여기는 주제는?
애써 꾸미지 않고, 좋아하는 물건과 식물에 둘러싸여 살아가기.

— 휴일을 보내는 가장 좋아하는 방법은?
홈센터를 둘러보거나 손수 무언가를 만든다. 식물들도 돌보고 필요하면 분갈이도 한다.

— 집은 임대하는 쪽? 구입하는 쪽?
이 집은 구입했다. 1층이라 정원을 가꿀 수 있어 망설임 없이 결정했다.

— 가장 중요하게 여기는 시간과 그 시간을 보내는 방법은?
가족과 보내는 시간. 밥도 먹고, 쇼핑도 하고, 딸아이 행사에도 참석한다.

— 인테리어에 특별한 주제나 규칙이 있다면?
식물을 중심으로 벽이나 방마다 테마를 정해서 꾸몄다.

— 집에서 가장 좋아하는 장소와 그곳에서 시간을 보내는 방법은?
베란다에서 고양이와 볕을 쬘 때가 좋다. 식물에 물을 줄 때도 좋다.

— 집에서 가장 소중히 여기는 아이템은?
고양이. 우리 집 고양이는 표범 무늬가 멋진 벵갈고양이다.

— 수집하거나 꼭 사는 물건이 있다면?
선인장, 반다나, 선글라스, 하와이풍 잡화.

— 선인장에 관한 에피소드가 있다면?
히로시마 산사태 피해 현장에 지원을 나갔을 때 한 선인장 수집가를 알게 됐다. 산사태로 더는 선인장을 키울 수 없게 되어 내가 그분의 선인장을 양도받아 소중히 키우고 있다.

— 좋아하는 인테리어 브랜드와 가게는?
숏사이가마, 온타야키, 홈센터.

— 좋아하는 패션 스타일은?
유치하지 않은 서퍼 스타일.

— 자신만의 스타일을 만들어주는, 특히 좋아하는 패션 브랜드는?
레미 릴리프REMI RELIEF**, 반스, 니들스**NEEDLES**, 파타고니아.**

— 갖고 싶은 아이템은?
토템 폴(totem pole**, 토템의 상像을 그리거나 조각한 기둥─옮긴이), 아프리카 민예품, 폴리네시안 잡화.**

— 센스를 키우는 방법을 한마디로 요약한다면?
다양한 것을 보고 경험하라.

— 빔스에서 일하면서 가장 좋았던 점은?
다양한 고객과 친구가 늘어난 것.

— 지금까지 일하면서 가장 기억에 남는 에피소드가 있다면?
히로시마 지점이 이전해서 문을 열 때 사장님과 둘이서 구레 시에 있는 냉면을 먹으러 갔던 일이 생각난다.

사이좋은 트리오 같은 에구치 씨의 가족. 즐겁게 이야기하는 모습이 마치 시트콤을 보는 듯하다. 에구치 씨 오른쪽 옆으로 보이는 것은 낡은 스케이트보드 데크. 식물 뿌리를 안착시켜 화분으로 재활용했다.

씨앗을 심어 키우는 선인장들. 어느 정도 자라면 따로 분갈이를 해준다. 아래 사진의 대형 선인장들은 대부분 양도받은 것들이다. "저보다 나이가 훨씬 많은 선인장도 있어요." 그래서 꽃을 피우는 일은 아주 드물다고.

1. 집 안에서나 밖에서나 초록색 식물을 쉽게 볼 수 있는 에구치 씨의 집. 아내가 3년 전부터 배우기 시작했다는 우쿨렐레를 빔스에서 구입한 훌라 인형과 함께 두었다. 2. 애완묘 마할로. 하와이어로 감사하다는 뜻이다. 3. 약 1천 년 전에 폴리네시아에서 전해져 하와이의 신으로 숭배받고 있는 티키Tiki 조각상. 4. 오클리의 선글라스는 주로 자전거로 통근할 때 쓴다. 5. 크리에이터이자 서퍼, 스케이터로 유명한 토머스 캠벨CAMPBELL의 서프 영화 〈스프라우트sprout〉의 포스터와 해질녘의 아름다운 바닷가가 담긴 사진 한 장이 나란히 걸려 있다. 6. 다소 묵직해 보이는 식탁은 친구가 운영하는 인테리어 숍에서 구입했다. 의자는 임스. 빔스에서 구입한 조명은 루이스 폴센LOUIS POULSEN의 PH4/3. 7. 가끔씩 커피를 내려서 가족에게 건넨다는 에구치 씨.

6

7

하와이안 코너에는 빙수로 유명한 마쓰모토 쉐이브 아이스 MATSUMOTO SHAVE ICE의 그림과 하와이 풍경을 주로 그리는 여성 아티스트 헤더 브라운Brown의 하와이 주 지도 그림이 걸려 있다. 선명한 색감에 과감한 터치가 시선을 잡아끈다. 에구치 씨가 좋아하는 아티스트 중 한 명.

MY PRIVATE

WARDROBE

1964년에 발행된 『선인장シャボテン』. 샌들은 아일랜드 슬리퍼ISLAND SLIPPER, 딸을 위해 구입했던 잠수복은 빌라봉BILLABONG. 선인장 무늬가 들어간 브릭스톤BRIXTON의 셔츠와 엔지니어드 가먼츠의 반바지는 빔스에서 구입했다. 리바이스는 벌써 15년도 더 된 애용품이다. 프립츠 앤드 도벨스FRIPTS&DOBBELS와 레미 릴리프의 티셔츠는 착용감이 좋아서 즐겨 입는다.

빔스에서도 판매했던 은 뱅글은 에구치 씨의 서프 스타일에 잘 어울리는 액세서리. "그냥, 보면 사게 되더라고요."라고 설명한 반다나는 대략 200장 정도 모았다고 한다. 고등학교 때 받았다는 롤렉스시계는 아버지의 유품이다. 하와이에서 구입한 목걸이도 아끼는 아이템 중 하나.

188

무라사키 토모노리 紫崎 智典

빔스 바이어 · 머천다이저
34세 / 사이타마, 오케가와

무라사키 씨는 지은 지 30년이나 된 공단 주택을 랜드스케이프 프로덕트Landscape products에 의뢰하여 레노베이션했다. 실내 공간을 새롭게 구획했고, 그 덕에 누릴 수 있게 된 넓은 거실은 무라사키 씨의 자랑거리다. "가족이니까 한 공간에 모여 편히 쉬면 좋겠다고 생각했죠. 그래서 예전보다 넓어진 거실을 보면 어쩐지 마음이 편안하고 뿌듯해지더라고요." 수많은 창에서 볕이 들어오는 밝은 실내는 웃는 얼굴이 잘 어울리는 무라사키 씨의 인품을 말해주는 듯하다.

— 라이프스타일에서 가장 중요하게 여기는 주제는?
시간에 쫓기지 않고 애착을 느끼는 물건들에 둘러싸여 살아가는 것.

— 휴일을 보내는 가장 좋아하는 방법은?
가족이나 친구들과 함께 밥도 먹고 술도 마시기.

— 지금 살고 있는 토지(거주지)를 고른 이유는?
양쪽 본가가 가까워 모이기 쉽기 때문에.

— 집은 임대하는 쪽? 구입하는 쪽?
구입. 내가 원하는 공간에서 지내고 싶으니까.

— 가장 중요하게 여기는 시간과 그 시간을 보내는 방법은?
가족과 함께 지내는 시간이 좋다.

— 인테리어에 특별한 주제나 규칙이 있다면?
나와 아내가 같이 좋아해서 평생 쓸 수 있는, 오랫동안 간직할 수 있는 물건을 고르려고 한다.

— 집에서 가장 좋아하는 장소와 그곳에서 시간을 보내는 방법은?
거실. 창을 완전히 열어 놓고 하늘과 녹음을 내다보다가 아들과 낮잠을 잔다.

— 집에서 가장 소중히 여기는 아이템은?
전부 다 소중한데, 그래도 하나를 꼽으라면 맛토 가타야마マット片山가 만들어준, 우리 가족의 그래픽.

— 수집하거나 꼭 사는 물건이 있다면?
투명한 물건, 디자인에 군더더기가 없는 물건.

— 집 정리를 잘 못하는 사람에게 조언을 해준다면?
청소에 소질이 있는 아내를 만나라.(웃음)

— 평소 옷을 입을 때 가장 아끼는 아이템이 있다면?
엔지니어드 가먼츠의 19세기 버튼다운 셔츠.

— 자신만의 스타일을 만들어주는, 특히 좋아하는 패션 브랜드는?
빔스 플러스와 엔지니어드 가먼츠.

— 인테리어나 패션의 아이디어를 얻는 원천은?
책이나 잡지를 보기도 하지만, 빔스의 선배나 동료들에게서 정보를 얻을 때가 더 많다.

— 갖고 싶은 아이템은?
오랫동안 들여다봐도 질리지 않는 큰 그림.

— 빔스에서 일하면서 가장 좋았던 점은?
열정을 다해서 같이 일할 수 있는 동료들을 만난 것.

— 지금까지 일하면서 가장 기억에 남는 에피소드가 있다면?
좋은 일도, 괴로운 일도 아주 많아서 딱 꼬집어 말하기 어렵다.(웃음) 지난 9년간 그런 수많은 일을 겪으며 성장해왔다. 어쩌면 그것이 가장 큰 에피소드일지도 모르겠다.

매우 편리하면서도 개방적인 주방. 자석판과 고리를 이용한 조리 기구 수납 방법은 단골 레스토랑을 보고 따라했다. 레노베이션에 활용할 만한 아이디어는 도처에 널렸다.

20대 후반부터 디자인 그룹 랜드 스케이프 프로덕트를 매우 좋아 했다는 무라사키 씨. '집 안 어디에 있든 가족의 모습을 살필 수 있는 집'이 레노베이션의 테마였다. 휴일에는 네 살 된 아들과 느긋하게 시간을 보낸다.

낮에는 수많은 창에서 빛이 들어와 조명을 켤 필요가 없다. 날씨가 좋은 날에는 특히 더 쾌적해진다. 밤에는 제이콥슨 램프 JAKOBSSON LAMP의 부드러운 빛이 거실을 비춰 낮과는 다른 분위기를 느낄 수 있다.

1
2
3
5

1. 뉴욕의 그랜드센트럴 역 지하에 있는 유명한 굴 요리점GRAND CENTRAL OYSTER BAR&RESTAURANT의 차림표. 무라사키 씨가 처음으로 뉴욕에 갔던 2011년 9월 24일을 기념하기 위해 가지고 왔다. 폰트와 디자인이 마음에 들어서 여행도 추억할 겸 주방에 걸어두었다. 2. 거실, 아이 방, 침실 등 집 안의 거의 모든 바닥을 폭이 넓은 원목 마루로 마감했다. 3. 가장 신경을 많이 썼다는 천연 원목 마루. "집에서는 슬리퍼도 벗고 맨발로 다니고 싶었어요." 느낌이 따뜻한, 자랑할 만한 바닥이다. 4. 책장에는 레노베이션 때 참고로 했던 패션잡지와 인테리어잡지가 꽂혀 있다. 5. 무라사키 씨는 허쉘HERSCHEL 매입도 담당하고 있는데, 그곳 디자이너 케빈 버틀러KEVIN BUTLER가 아버지의 애마 체로키CHEROKEE를 그려주었다고 한다. 만남을 중요시하는 무라사키 씨는 일하다 알게 된 아티스트의 작품을 소중하게 보관하고 있다.

맨션을 지었을 때 사용했던 오래된 소재와 레노베이션 때 더해진 새로운 소재가 조화롭게 뒤섞어 있는 세면실. 옛 정취를 느끼게 하는 바닥과 기하학적인 모양의 타일, 새하얀 벽이 차분한 분위기를 자아낸다. 초록색 식물이 이 공간에 생기를 불어넣고 있다.

MY PRIVATE
WARDROBE

무라사키 씨의 애장품. 시어서커 원단으로 만든 네이비 색상 줄무늬 재킷은 사이토 히사오斉藤久夫가 만든 브랜드인 튜브TUBE의 재킷이다. 빔스 플러스에서는 매 시즌마다 튜브의 새 아이템을 내놓는다. 블레이저와 줄무늬 넥타이는 빔스 플러스에서 구입했다. 안에 있는 셔츠는 인디비주얼라이즈드 셔츠.

한 해에 네다섯 번은 해외로 출장을 간다는 무라사키 씨. 출장지에서 미팅을 할 때는 알든의 구두를 신고 정장을 차려입는다. 보스턴 출장 때는 그곳에 본사가 있는 뉴발란스나 엘엘빈L.L. Bean을 신는다. 컨버스의 잭 퍼셀은 착용감이 편해서 출장 갈 때마다 챙기는 아이템.

196

나카쓰카 아쓰시 長塚 淳
나카쓰카 리사 長塚 理紗

빔스 재팬 / 레이 빔스 바이어
34세 · 28세 / 도쿄, 스기나미

대면형 주방이라 답답해 보이지 않는 실내. 벽에는 블랙민즈blackmeans의 옷들이 줄지어 걸려있다. "좋아하는 물건을 잘 보이는 곳에 두면 그걸 보면서 기분도 좋아지잖아요. 그래서 이렇게 꺼내놨어요." 좋아하는 아이템들이 집 안 곳곳에 녹아 있고, 이 공간에서 직접 만든 요리를 먹는다는 나카쓰카 씨 부부. 이들의 얼굴에는 웃음이 떠나지 않는다. 둘이서 보내는 소중한 한때가 오늘도 이어지고 있다.

— 라이프스타일에서 가장 중요하게 여기는 주제는?
편히 쉴 수 있는 공간.

— 휴일을 보내는 가장 좋아하는 방법은?
둘이서 만든 음식을 먹으며 집에서 느긋하게 쉰다.

— 지금 살고 있는 토지(서주시)를 고른 이유는?
직장이 가깝고 조용한 주택가여서 한가롭게 살 수 있을 것 같았다.

— 가장 중요하게 여기는 시간과 그 시간을 보내는 방법은?
거실에서 둘이 보내는 시간.

— 스트레스 해소 방법은?
라디오 듣기, 게임하기, 독서, 친구들 초대하기.

— 인테리어에 특별한 주제나 규칙이 있다면?
각자 자기가 좋아하는 물건을 자유롭게 둔다.

— 수집하거나 꼭 사는 물건이 있다면?
옷, 꽃, 과자. 좋아하는 과자를 병에 넣어놓고 먹는다.

— 좋아하는 인테리어 브랜드와 가게는?
둘이서 산책을 하다가 마음에 드는 가게가 보이면 들어간다. 오키나와의 가구점 거리에서 구입한 가구는 모두 다 마음에 든다.

— 집 정리를 잘 못하는 사람에게 조언을 해준다면?
그날 쓴 물건은 그날 안에 다 치운다.

— 좋아하는 패션 스타일은?
펑크, 하드코어, 1990년대, 누더기, 루즈핏 등 다양한 스타일을 좋아한다.(캐주얼+여성스러운 아이템, 하드+여성스러운 아이템)

— 평소 옷을 입을 때 가장 아끼는 아이템이 있다면?
라이더 룩, 스카잔, 빈티지 아이템.

— 자신만의 스타일을 만들어주는, 특히 좋아하는 패션 브랜드는?
블랙민즈, 위니치 앤드 코 Winiche&co**, 토가**TOGA**, 장티크**JANTIQUES**.**

— 갖고 싶은 아이템은?
골드 액세서리, 프린지 아이템, 하이브랜드의 빈티지 아이템.

— 센스를 키우는 방법을 한마디로 요약한다면?
남이 뭐라던 내가 좋아하는 것을 입겠다는 생각으로 타인의 시선을 의식하지 않아야 한다. 여러 스타일에 도전해서 자신에게 어울리는 것을 찾아야 한다.

— 빔스에 들어온 이유는?
학창시절부터 동경하던 편집매장이었으니까.

— 빔스에서 일하면서 가장 좋았던 점은?
다양한 사람들과 만난 것.

집 안 곳곳에 장식된 드라이플라워는 공간에 기분 좋은 리듬을 더한다. 계절에 따라 공간 분위기에 어울리는 꽃을 놓는다. 한 해 동안 다양한 색채를 즐길 수 있어 좋다.

1. "집 안에 선반을 많이 놓고 싶지는 않아요."라는 나카쓰카 씨 부부의 옷장이자 침실에 설치한 유일한 선반. 티셔츠를 좋아한다는 아쓰시 씨의 아이템을 비롯해 부부의 옷이 알아보기 쉽고 꺼내기 편리하게 정리되어 있다. 2. 펑크, 모터사이클, 에스닉을 콘셉트로 다양한 아이템을 발표하는 블랙민즈는 아쓰시 씨가 좋아하는 브랜드. 인조가죽 지퍼 팬츠는 섬세한 디테일이 포인트. 3. 우연히 발견한 빈티지 카트. 한눈에 반해서 바로 구입했다고 한다. 인테리어 아이템은 마음에 들면 바로 구입하는 편이라고. 4. 앉아 있으면 정말 편한 소파. 거실에서는 항상 이 소파에 앉는다. 할머니께서 결혼할 때 구입해 약 50년간이나 애용하셨던 소파라서 특별히 더 아끼는 아이템이다. 펜들턴의 큰 목욕수건을 재봉하여 만든 쿠션 커버가 악센트.

선명한 노란색이 눈에 확 띄는 빈티지 아이템 박스. 부부의 액세서리 수납함이다. 은을 좋아하는 리사 씨의 요즘 스타일은 90년대에 유행했던 카르티에의 러브링에 인디안 장신구를 착용하는 것.

"통일감은 없지만 저희가 좋아하는 것들을 그냥 모아두었어요." 집 안으로 들어서면 가장 먼저 눈에 들어오는 것이 다육 식물과 선인장. 나카쓰카 씨 부부가 애착을 느끼는 물건들은 신기하게도 서로 조화를 이루는 능력이 탁월해 보인다.

MY PRIVATE

WARDROBE

부부의 애장품. 오른쪽은 인조가죽 재킷과 데님 등 아쓰시 씨가 자신의 스타일을 연출할 때 꼭 필요하다고 했던 블랙민즈의 아이템들. 왼쪽은 모던한 스타일에도 잘 어울리는 프린지 아이템을 좋아한다고 했던 리사 씨의 애장품들. 맨 앞에 걸린 조끼는 나카메구로에 있는 장티크라는 구제 숍에서 구입했다. 안쪽에 있는 블랙민즈의 인조가죽 재킷도 프린지가 매력적이다.

오른쪽에 있는 토가의 샌들은 금속장식이 포인트. 가운데에 있는 아디다스의 스케이트보딩SKATEBOARDING 스니커즈는 카림 캠벨Kareem Campbell 슈퍼스타 모델. 그 뒤에 있는 빈티지 샤넬은 리사 씨가 애용하는 핸드백. 위니치 앤드 코의 캡은 아쓰시 씨가 아끼는 모자.

204

이누카이 요헤이 犬飼 洋平

빔스 히로시마 지점
37세 / 히로시마, 히로시마

자연을 사랑하는 이누카이 씨. 맨션의 창을 열면 바람의 냄새가 계절을 말해준다. 실내에는 예전부터 모았다는 도자기와 유리 공예품, 최근에 늘기 시작했다는 민예품이 보기 좋게 진열되어 있다. 흙이나 식물에는 자꾸만 마음이 간다는 이누카이 씨. 쉬는 날에는 느지막이 일어나 찻잔을 고르고 한때 빔스에서 일했던 아내와 함께 커피를 마시는 것이 정해진 일과다. 그러고는 그동안 수집한 그릇에 제철 재료로 만든 음식을 담아 먹는다. 오감을 모두 사용하여 자신의 일상을 즐기는 것이 이누카이 씨의 스타일이다.

— 라이프스타일에서 가장 중요하게 여기는 주제는?
사계절을 느끼며 살기.

— 휴일을 보내는 가장 좋아하는 방법은?
여유롭게 저녁 준비를 하고 조금 이른 시간부터 식사를 즐긴다.

— 지금 살고 있는 토지(거주지)를 고른 이유는?
직장과 가깝고 주변에 자연이 많아서.

— 스트레스 해소 방법은?
요리와 여행. 음식을 만들 때는 제철 식재료를 쓴다. 자연을 접하거나 식도락과 온천을 즐기기 위해 여행을 간다.

— 집에서 가장 소중히 여기는 아이템은?
온갖 추억이 담긴 네거티브 · 포지티브 필름과 화상 데이터.

— 수집하거나 꼭 사는 물건이 있다면?
북유럽이나 일본의 유리공예품, 도자기, 아라비아의 디자이너 울라 프로코페 Ulla Procopé**가 디자인한 찻잔세트, 에릭 허그룬드**Erik Höglund**의 유리공예품, 구라시키**倉敷 **유리공예품.**

— 좋아하는 패션 스타일은?
ON : 드레스 스타일, OFF : 모드 스타일.

— 자신만의 스타일을 만들어주는, 특히 좋아하는 패션 브랜드는?
아크네 스튜디오ACNE STUDIOS**, 나이키, 에밀리아노 리날디**Emiliano Rinaldi**, 스틸레 라티노**STILE LATINO**, 엔조 보나페**ENZO BONAFE**, 프라텔리 쟈코메티**F.LLI GIACOMETTI**.**

— 인테리어나 패션의 아이디어를 얻는 원천은?
웹 매거진 〈익사이트 이즘 Excite ism**〉, 잡지 〈서틴스 플로어**13th floor**〉, 〈아임 홈**I'm home**〉, 갤러리 〈갤러리 펠트**GALLERI FELDT**〉.**

— 갖고 싶은 아이템은?
하이메 아욘JAIME HAYON**의 로 체어**Ro**.**

— 센스를 키우는 방법을 한마디로 요약한다면?
보더리스Borderless**, 즉 경계를 두지 않을 것.**

— 빔스에서 일하면서 가장 좋았던 점은?
늘 자극을 받아서 일에 대한 동기가 샘솟는다는 것.

— 지금까지 일하면서 가장 기억에 남는 에피소드가 있다면?
일하고는 상관없는데, 고등학교 다닐 때 사진집을 예약해서 구매할 정도로 미우라 가즈요시三浦知良 **선수를 좋아했다. 빔스에서 입사 연수를 받을 때 정말 큰맘 먹고 사장님께 미우라 가즈요시 선수의 사인을 받고 싶다고 말씀드렸다. 그러자 사장님이 "그럼, 집에 돌아가서 내게 그 사진집을 보내게."라고 말씀하셨다.**

— 그 후에 어떻게 되었는지?
반신반의하며 보냈는데 몇 주 후에 약속대로 사인이 들어간 사진집을 보내주셨다. 사장님 앞으로 보낸 미우라 미사코りサ子夫人 **(미우라 가즈요시의 아내) 씨의 편지까지 들어있었다. 벌써 10년이나 지난 일이지만 아직도 기억에 생생하다.**

1. 식기 선반에는 울라 프로코페의 찻잔세트가 놓여있다. 선반 하단에는 스웨덴의 도예 디자이너 리사 라손의 도자기와 꽃병이 진열되어 있다. 2. 프라텔리 자코메티와 엔조 보나페의 신발들. 소재와 색감이 다양하다. 3. 수집품 중 하나인 바구니. 그중에서도 조릿대 세공 바구니를 가장 좋아한다. 4. 이탈리아에서 구입한 베네치안 유리공예 접시. 결혼 기념으로 선물 받은 파란 꽃병은 구라사키의 유리공예 작가 고타니 신조小谷眞三의 작품. 그 옆의 유리공예품은 같은 작가의 전시회에 전시되었던 작품. 5. 『민예 교과서民藝の教科書』라는 시리즈 책을 보며 민예품을 공부하는 이누카이 씨. 벽에는 큰 꽃병들이 늘어서 있다. 6. 빔스에서 행사할 때 구입한 다육 식물들. 7. 프랑스의 벼룩시장에서 구입한 고양이 판화. 90대 할머니께서 직접 만든 작품이라고 한다. 8. 아버지께 물려받은 올림푸스OLYMPUS의 필름카메라 OM1. 필름과 화상 데이터는 보물 중의 하나.

6

7

8

요리를 좋아하는 이누카이 씨가 아버지께 만들어달라고 부탁해서 받은 은행나무 도마. 그 위에는 온타야키의 찻사발과 구라사키의 유리공예품, 이녹스INOX의 칼 등이 놓여있다. 일상을 더욱 즐겁게 해주는 소중한 아이템들.

MY PRIVATE
WARDROBE

재킷과 줄무늬 셔츠는 빔스의 오리지널 아이템. 앤티크 원단에 금테가 둘러져 있는 엠스브라크m'braque의 검정색 셔츠는 무늬와 레이온 원단의 느낌이 좋아서 구입했다고. 왼쪽 위에 있는 아크네 스튜디오의 셔츠와 제이엠 웨스턴J.M.WESTON의 로퍼는 프랑스에서 구입했다. 하얀 옷깃이 달린 셔츠는 빔스 플러스에서. 마찬가지로 빔스에서 구입한 손수건은 지 잉글레세G.INGLESE와 문가이MUNGAI.

좋아하는 모델을 하나씩 사 모은 시계 컬렉션. 오른쪽부터 스와치, 립LIP, 해밀턴, 노모스NOMOS. 숫자판이 네모난 시계는 예거 르쿨트르JAEGER LECOULTRE. 그 옆에는 에르메스, 가장 앞에 있는 시계는 롤렉스. 업무상 정장을 자주 입는 이누카이 씨는 정장을 입을 때나 휴일에 캐주얼 복장일 때나 늘 시계를 찬다고 한다. 그날의 시계는 그날의 기분에 따라 고른다.

210

구로다 아야노 黑田 彩乃

빔스 보이 하라주쿠 지점
23세 / 지바, 나가레야마

구로다 씨의 인테리어 신조는 '돌아가고 싶은 집'이다. 보면 자꾸 사게 되는 잡동사니들, 오랫동안 지낸 본가에서 가져온 아메리칸 레트로풍 잡화, 어딘지 모르게 화려하고 재미있는, 그러면서도 아련한 느낌의 물건들. 그리고 소중히 아끼는 책. "아직은 많이 부족한데, 좋아하는 것들을 옆에 두고 살고 싶어요." 말은 이렇게 하지만 이미 구로다 씨의 집에는 가슴 뛰는 매혹적인 세계가 펼쳐져 있다.

— 라이프스타일에서 가장 중요하게 여기는 주제는?
집 안을 한 바퀴 빙 둘러보았을 때 어디에든 무엇인가가 있어야 한다. 즉 물건이 많은 집.

— 휴일을 보내는 가장 좋아하는 방법은?
독서. 서점에 가기.

— 가장 중요하게 여기는 시간과 그 시간을 보내는 방법은?
혼자 있는 시간이 좋다. 혼자 있는 것을 아주 좋아한다…고 말하면 쓸쓸해 보이려나(웃음)?

— 스트레스 해소 방법은?
독서. 가수 유키YUKI를 좋아해서 노래방에서 유키 노래를 부른다. 그리고 온천여행.

— 독서를 좋아하게 된 계기는?
독서를 좋아한 지는 5년 정도밖에 되지 않았다. 그 전에는 책읽기를 싫어했는데, 대학교 강의에서 나쓰메 소세키夏目漱石의 『마음』을 읽었을 때 뭔가 가슴에 쿡 박히는 게 있었다. 문학의 재미를 그때 느꼈다. 지금은 한 달에 서너 권 정도 읽는다.

— 좋아하는 책은?
시게마쓰 기요시重松清의 『유성왜건』과 『고갯마루 우동집 이야기』. 호리카와 나미堀川波의 『날마다 파워』.

— 인테리어에 특별한 주제나 규칙이 있다면?
파김치가 되어서 돌아와도 힘이 솟는 집.

— 집에서 가장 좋아하는 장소와 그곳에서 시간을 보내는 방법은?
소파에 앉아서 책읽기.

— 집에서 가장 소중히 여기는 아이템은?
책.

— 수집하거나 꼭 사는 물건이 있다면?
잡동사니.

— 좋아하는 패션 스타일은?
구제.

— 평소 옷을 입을 때 가장 아끼는 아이템이 있다면?
와이드팬츠, 레이스가 달린 아이템.

— 자신만의 스타일을 만들어주는, 특히 좋아하는 패션 브랜드는?
트리코 꼼 데 가르송tricot COMME des Garçons, 에이Ä.

— 인테리어나 패션의 아이디어를 얻는 원천은?
잡지 〈패션 뉴스FASHION NEWS〉와 〈쿼테이션QUOTATION〉.

— 센스를 키우는 방법을 한마디로 요약한다면?
다양한 옷을 입어보고, 흥미 있는 분야를 탐구해보고, 잘 아는 사람에게 물어보라.

— 빔스에서 일하면서 가장 좋았던 점은?
직원들과 고객들을 다 포함해서, 멋진 사람들을 많이 만난 것.

벽에 건 체커 자동차 플래그가 시선을 사로잡는다. 빨간색과 남색의 귀여운 페이즐리 문양 가방은 평소 즐겨 사용하는 아이템. "캐롤리나 CAROLINA의 제품인데 저렴한 가격에 비해 쓸모가 많은, 제가 아끼는 가방이에요."

213

1. 주방 카운터 옆에 장식한 예스러운 스티커들. 고베의 잡화점에서 구입했다. 세계 여러 호텔이 그려져 있다. 2. 옷이나 구제 옷을 리폼하려고 구입한 미니 재봉틀. 바느질 도구를 수납하기에 안성맞춤인 작은 선반. 본래 향신료를 수납하는 선반이었다. 3. 책을 꽂을 공간은 앞으로 더 늘릴 생각이라고. "이 책장은 아오모리에 있는 사과 농가의 사과상자를 사서 제가 직접 만들었어요. 상자마다 크기나 모양이 조금씩 달라요. 처음 받았을 때는 잎사귀도 들어있었죠.(웃음) 그래도 기성품보다 제 손으로 만든 것이 더 좋아요. 색깔은 차분한 느낌의 다크브라운으로 칠했어요. 이렇게 만들면 돈도 덜 들고 필요하면 늘릴 수도 있어 좋아요. 할 수만 있다면 이 방을 전부 책으로 채우고 싶어요." 문고본 커버를 일부러 벗겨 더욱 멋스럽다. 4. 침대 머리맡에는 고엔지의 구제 숍에서 디자인이 마음에 들어 샀다는 레코드 재킷이 장식되어 있다.

독특하고 복고적인 느낌의 미국 잡화를 매우 좋아하는 구로다 씨. 대부분의 장식품은 본가의 어머니께서 물려주신 아이템이라고 한다. 앤티크한 양철 간판과 엽서, 예스러운 깡통, 알루미늄 통, 양철 장난감 등.

MY PRIVATE
WARDROBE

특히 좋아한다는 구제 옷에서부터 최근의 스타일까지 다양한 애장품을 고른 구로다 씨. 왼쪽의 점퍼는 고베의 구제 숍인 정크 숍JUNK SHOP에서 구입한 것으로, 처음 산 야구점퍼다. 소재의 느낌과 디자인이 마음에 쏙 든다는 하버색HAVERSACK의 리넨 와이드팬츠는 빔스 보이에서 구입했다. 디테일이 섬세한 캡틴 션샤인의 재킷과 고베의 녹아웃Knock out에서 구입한 군용 점퍼도 정말 좋아하는 아이템.

날마다 착용하는 실버 액세서리. 페이즐리 문양의 반지는 빔스. 뱅글은 미국의 토산품. 둥근 판이 달린 반지는 기타센주에 있는 인디언 주얼리 매장에서 구입했다. 인도산 천을 꼬아 만든 목걸이는 여름에 포인트로 활용하기 좋고, 이솝Aēsop의 핸드크림은 날마다 가방에 넣어 다닌다. 둘 다 빔스에서 구입했다.

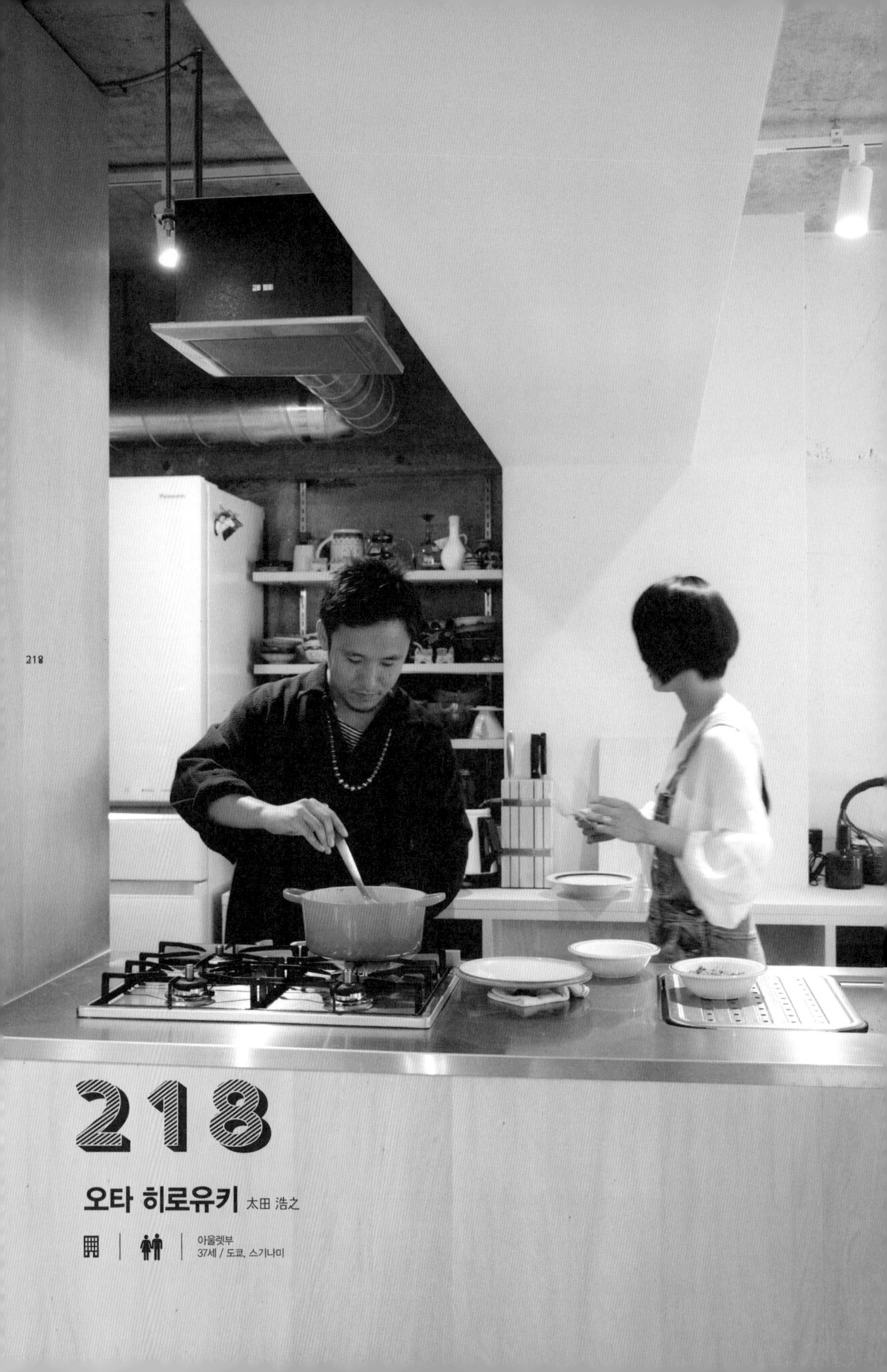

오타 히로유키 太田 浩之

아울렛부
37세 / 도쿄, 스기나미

밝은 나무 바닥재와 밝은 벽, 그리고 거친 콘크리트가 한데 어우러진 오타 씨의 집은 따뜻하면서도 어딘지 모르게 현대적이다. 현관에서 거실까지 공간을 가로막는 벽이 없고 창 너머로 정원까지 내다보여 탁 트인 느낌이 정말로 기분 좋은 곳이다. 마음에 들어서 산 가구와 직접 만든 가구, 식물들. 자신의 취향에 딱 맞는 물건을 신중히 골라 공간과 일상에 녹아들게 하면 아늑함과 편안함은 저절로 생겨나는 모양이다.

— 라이프스타일에서 가장 중요하게 여기는 주제는?
볕을 쬐는 것.

— 휴일을 보내는 가장 좋아하는 방법은?
정원 가꾸기와 산책.

— 지금 살고 있는 토지(거주지)를 고른 이유는?
도심과 가깝고 한적해서.

— 집은 임대하는 쪽? 구입하는 쪽?
구입했다. 마땅한 집을 찾지 못해서 그럼 그냥 짓자고 생각했다.

— 가장 중요하게 여기는 시간과 그 시간을 보내는 방법은?
아침이 좋아서 일찍 일어난다.

— 스트레스 해소 방법은?
만화책을 본다.

— 집에서 가장 좋아하는 장소와 그곳에서 시간을 보내는 방법은?
좋아하는 의자에 앉아 빙글빙글 돌기도 하고, 커피도 마시고, 담배도 피우고, 만화책도 본다.

— 집에서 가장 소중히 여기는 아이템은?
식물.(생명을 최우선 순위에 둔다.)

— 수집하거나 꼭 사는 물건이 있다면?
DIY 도구나 요리도구.

— 좋아하는 인테리어 브랜드와 가게는?
무디스Moody's**(메구로), 가마아사상점**釜浅商店**(가파바시 거리).**

— 집 정리를 잘 못하는 사람에게 조언을 해준다면?
나도 잘 못한다. 나는 그냥 감춘다.

— 좋아하는 패션 스타일은?
반바지에 티셔츠.

— 자신만의 스타일을 만들어주는, 특히 좋아하는 패션 브랜드는?
브랜드를 좋아한 적은 없다. 최선을 다해 만든 건 다 좋다.

— 인테리어나 패션의 아이디어를 얻는 원천은?
매체에서 정보를 얻지는 않는다. 그 글을 누가 썼는지 알 수 없으므로. 거리를 걷는 것이 가장 좋은 방법 같다. 참고가 될 만한 것이나 얻는 게 있다.

— 갖고 싶은 아이템은?
집에 오두막이 있었으면 좋겠다.

— 센스를 키우는 방법을 한마디로 요약한다면?
정열! 노력! 남을 기쁘게 하려는 마음!

— 빔스에 들어온 이유는?
인기가 많았으면 해서.

— 빔스에서 일하면서 가장 좋았던 점은?
다양한 사람을 만났다는 것.

"어찌되었든 간에 빛과 바람이 느껴지는 쾌적한 공간을 만들고 싶었어요." 따뜻한 햇살을 최대한 끌어들이려고 커튼은 달지 않았다. 거실 구석에 놓은 키 큰 마닐라 타마린드Manila Tamarind가 실내 분위기를 부드럽고 따뜻하게 한다.

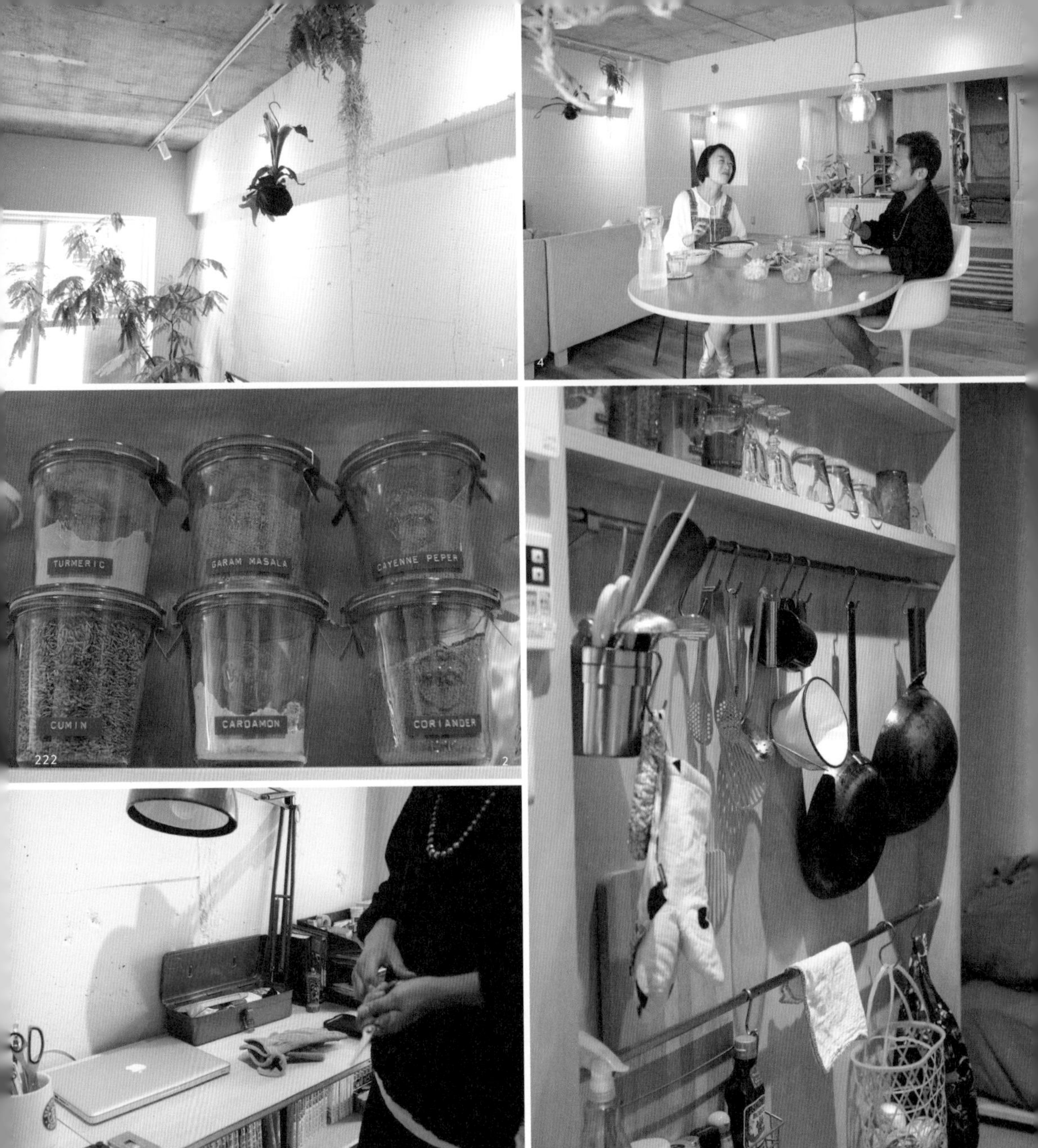

1. 레일에 매다는 등 감각적으로 배치한 식물이 공간을 입체적으로 장식하고 있다. 2. "한 선배의 영향으로 요즘에는 커리 만드는 데 빠져 있어요." 매주 구입한다는 향신료. 3. 목제 책장은 미대 출신인 아내와 함께 만들었다. 도구 하나도 꼼꼼히 따져서 구입하는 오타 씨. 4. 오타 씨가 정말 좋아하는 건축가이자 디자이너인 에로 사리넨SAARINEN의 튤립 의자. 이 집에 이사 올 때 구입했다. 5. 주방용품은 벽에 걸어서 수납. 잘 정리해서 꺼내놓으면 인테리어의 일부가 된다. 6. 침실 창에는 커튼 대신 야드 사사프라스YARD×SASSAFRAS의 포웨이 캔버스4WAY CANVAS를 달았다. 7. 해골장식과 타일 등 멕시칸 아이템이 장식되어 있다. 목제 스툴은 아내의 친구가 대학교 다닐 때 만든 것이다. 8. "저희들이 손수 꾸미고는 있는데 아직 이 정도밖에 되지 않았어요."라고 설명한 잔디 정원. 나무들의 조화를 생각하는 것도 즐거운 시간 중의 하나.

6

7

8

부드러운 색감의 목제와 연한 회색 타일이 전체적으로 따듯해 보이는 현관. 낮은 색조로 통일하여 차분해 보인다. 수납장 위에 놓은 소품과 풍성한 식물이 공간을 더욱 싱그럽게 한다.

MY PRIVATE
WARDROBE

축구를 꽤 오래 했다는 오타 씨의 애장품. 역시나 반바지가 많다. "아주 적당하게 짧아서 마음에 들어요."라고 설명한 줄무늬 반바지는 파타고니아. 미국 방출품과 세이브 카키SAVE KHAKI의 반바지도 즐겨 입는다. 고등학교 시절에 구입한 리바이스 501 반바지는 오타 씨의 첫 번째 반바지로 추억이 깃든 소중한 애장품. 오타 씨는 여행갈 때 편히 가져갈 수 있느냐를 기준으로 이 애장품들을 골랐다.

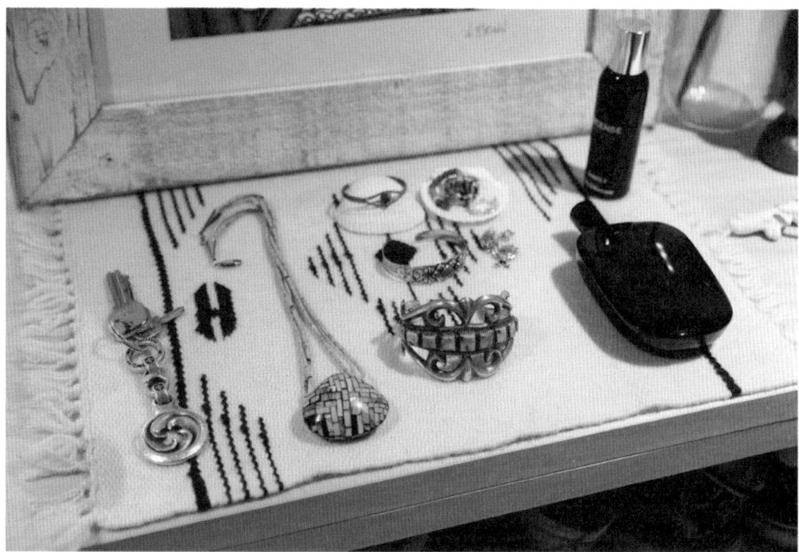

멕시칸 러그 위에 올려놓은 소품들. 선배가 선물해준 빌 월 레더의 열쇠고리, 산토도밍고족Santo Domingo의 목걸이 등 장르가 다양하다. 가장 마음에 드는 액세서리는 7년 전에 빔스에서 구입한 큼직한 디자인의 앤티크 뱅글. 꼼 데 가르송 향수는 부부가 함께 애용하고 있다.

226

고지마 아이 小島 藍

비지루시 요시다 다이칸야마 지점
29세 / 도쿄, 시부야

MilK
OBSCURA

고지마 씨의 방은 다양한 천으로 장식되어 있다. 벼룩시장에서 샀다는 에도시대 때의 천, 원단을 찢어서 만든 커튼, 여행지에서 사온 대폭 원단, 바구니에 넣어 매단 자투리 천들. 손수 만든 선반이며 아무렇게나 쌓아둔 책들에서도 고지마 씨의 감성이 빛나고 있다. 9월에 태어날 예정이라는 아기에게 이야기를 하며 요가도 하고 수도 놓는 것이 요즘 고지마 씨가 좋아하는 일이다. 따뜻한 방에 오늘도 풍요로운 시간이 흐른다.

— 라이프스타일에서 가장 중요하게 여기는 주제는?
꽃이나 오래된 천 등 자연에 둘러싸인 공간.

— 집은 임대하는 쪽? 구입하는 쪽?
다양한 곳에서 살고 싶기에 지금은 임대를 선호한다. 그렇지만 언젠가는 구입해서 오래 살고 싶다.

— 가장 중요하게 여기는 시간과 그 시간을 보내는 방법은?
남편과 대화하는 시간. 아침밥은 꼭 함께 먹는다.

— 스트레스 해소 방법은?
임신 중이어서 태동을 느끼며 명상을 한다.

— 인테리어에 특별한 주제나 규칙이 있다면?
기성품으로는 만족이 되지 않는다. 아무리 값이 싸도 정말 필요한지 여러 번 생각한 후에 구입한다.

— 집에서 가장 소중히 여기는 아이템은?
벼룩시장에서 산, 깔개로 쓰고 있는 에도시대 때의 천.

— 수집하거나 꼭 사는 물건이 있다면?
오래된 천과 유럽의 천, 공병, 계절 꽃.

— 집에서 가장 수가 많은 아이템은?
남편의 스니커즈. 남편은 스니커즈 매장에서 일한 적도 있다. 아마 300켤레가 넘을 것이다. 스니커즈를 수납하려고 방 하나를 통째로 쓴다. 대신 나머지 공간은 내 마음대로 인테리어를 할 수 있어 그런대로 만족한다.(웃음)

— 좋아하는 인테리어 브랜드와 가게는?
마키에MAKIÉ, **피브완**pivoine, **라 비아 라 캄파뉴**La vie a la Campagne, **너티**naughty.

— 좋아하는 패션 스타일은?
애써 꾸미지 않고 자신의 체형에 맞는 옷을 제대로 입는 스타일.

— 자신만의 스타일을 만들어주는, 특히 좋아하는 패션 브랜드는?
오마스 핸데 Omas Hände, **메종 마르지엘라**MAISON MARGIELA, **르 베이스티에 드 잔느**LE VESTIAIRE DE JEANNE, **도사**dosa, **욜리 앤드 오티스**yoli&otis, **에미오와스**えみおわす **그리고 유럽의 구제 옷.**

— 인테리어나 패션의 아이디어를 얻는 원천은?
인테리어 관련 책. martinathornhill.com, kurasukoto.com, yoga-gene.com 등의 웹사이트.

— 센스를 키우는 방법을 한마디로 요약한다면?
들은 얘기인데, 아이디어와 이동거리는 비례한다고 한다. 나도 다양한 곳에 가서 많은 사람과 교류하고 싶다.

— 지금까지 일하면서 가장 기억에 남는 에피소드가 있다면?
옛날부터 동경하던 분이자 같은 여자로서 존경하는 요네다 아키米田有希 **씨와 만난 일이 생각난다. 그분과 함께 가방을 제작하는 프로젝트에 참여해서 정말 기뻤다.**

편안한 소파에 앉아 아기의 배냇저고리에 수를 놓는다. 벵갈라(bengala. 황토를 구워서 만든 염료-옮긴이)로 염색한 원단에서도, 귀여운 자수에서도 고지마 씨의 사랑을 느낄 수 있다. 소파 옆 수납장에는 그동안 모은 천들이 들어 있다. 고지마 씨의 취미를 엿볼 수 있는 코너.

1. 고지마 씨가 입은 옷도 벵갈라로 염색한 것. 자연스러운 색감이 특징이다. **2.** 직접 만들어 주방에 놓은 수납장에는 유리 케이스에 넣은 약혼반지를 비롯해 계절 꽃과 친구에게서 받은 아스티에 드 빌라트ASTIER DE VILLATTE의 도자기 볼이 놓여있다. “제 이름이 파란색을 뜻하는 ‘아이藍’여서 그런지, 파란색 아이템만 보면 끌리더라고요.” **3.** 각종 자투리 천은 화분걸이에. 이렇게 걸어놓으니 독특한 인테리어 소품 같다. **4.** 에도시대 때 만들어진 깔개는 고지마 씨의 보물. “옛날 천 특유의 차분한 색감과 디자인, 멋, 감촉이 좋아요.” **5.** 사과 상자, 다이칸야마의 인테리어 매장에서 산 접시 수납장, 디앤드디파트먼트D&DEPARTMENT에서 구입한 블록을 차곡차곡 쌓아서 만든 수납장. 조합 방법이 거친 듯 하면서도 감각적이다. **6.** 책과 잡지를 쌓아놓고 공병을 얹었을 뿐인데, 어쩐지 멋스럽다. **7.** 좋아하는 인테리어 매장 메모memo에서 구입한 꽃병에 드라이플라워를 꽂았다.

5

6 7

거실 한쪽. 드라이플라워와 벽에 건 지구색 천 등 내추럴한 소재가 인상적이다. 책장에는 양초와 향, 그동안 모은 천, 남편의 카탈로그 등이 놓여있다. 고지마 씨의 세계관을 짐작하게 하는 공간이다.

WARDROBE

전통의상, 아동복, 잠옷 등 장르를 가리지 않고 다양하게 매치해서 옷을 입는다는 고지마 씨. 왼쪽부터, 티셔츠와 바지에 잘 어울린다는 전통의상 합피法被, 구제 옷가게 메이Mei에서 구입한 아동용 튜닉, 고도모 빔스kodomo BEAMS에서도 판매하는 르 베이스티에 드 잔느의 카슈쾨르(cache-coeur, 앞을 교차해서 여미는 여성용 상의–옮긴이), 마음에 쏙 든다는 잠옷, 비즈빔VISVIM의 꽃무늬 셔츠. 맨 끝에 있는, 나카메구로의 앤티크 매장에서 구입한 가운은 특별한 날에 입기 좋다.

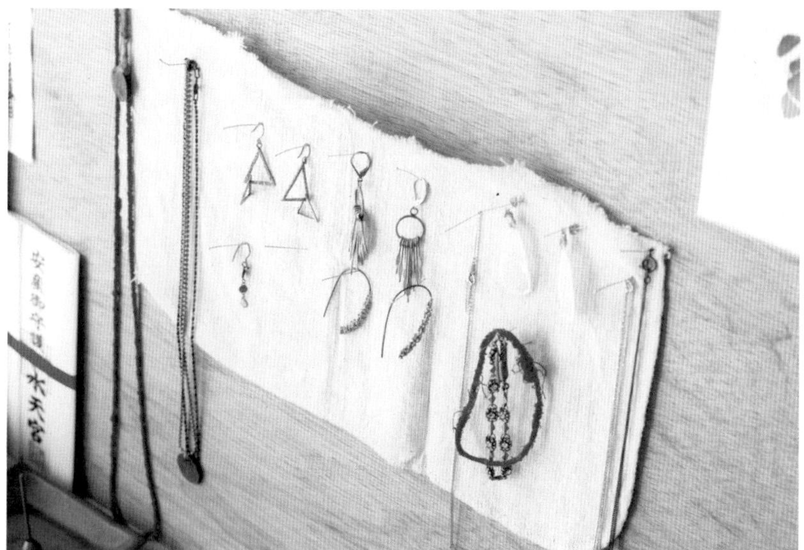

베니어판에 천과 핀으로 장식하듯 정리한 액세서리. 은은한 금 장신구가 많다. 왼쪽부터, 비즈빔의 비즈목걸이, 로스앤젤레스에서 구입한 두 줄 목걸이, 피브완에서 구입한 삼각 모티브 귀걸이, 빔스에서 구입한 귀걸이, 아카AHKAH의 목걸이. 하얀 장신구가 달린 귀걸이는 디자이너의 작품. 빔스 오리지널 팔찌와 고지마 씨가 직접 만든 팔찌도 보인다.

234

이토 유이치로 伊藤 雄一郎
이토 유코 伊藤 ゆう子

슈퍼바이저 / 오피스 스태프
41세 · 38세 / 도쿄, 스기나미

녹음이 짙은 중정이 있고 공용시설이 잘 구비된 대규모 분양 맨션에 이토 씨 가족의 보금자리가 있다. 전용 정원으로 이어지는 거실에는 덴마크의 가구 디자이너 한스 웨그너의 소파와 스웨덴의 가구 디자이너 브루노 맛손BRUNO MATHSSON의 의자, 북유럽 앤티크 캐비닛 등이 보기 좋게 놓여있다. 계절 꽃과 관엽식물은 이곳에 싱그러움을 더한다. 정원에서 취재를 하고 있으려니, 사이좋은 윗집 이웃이 빼꼼 얼굴을 내민다. 이웃과 돈독히 지내는 것 또한 이토 씨 가족의 매력이라는 생각을 했다.

— 라이프스타일에서 가장 중요하게 여기는 주제는?
신 나게 놀고 열심히 일하기. 일도 중요하고 노는 것도 중요하다.

— 휴일을 보내는 가장 좋아하는 방법은?
가족여행. 자메이카, 바하마, 모로코, 포르투갈, 이탈리아, 미국, 푸껫, 싱가포르, 세부 등 일 년에 한 번은 해외여행을 간다. 봄과 여름에는 캠핑이나 해수욕을, 겨울에는 스키를 즐긴다. 온천여행은 계절에 상관없이 자주 간다.

— 집은 임대하는 쪽? 구입하는 쪽?
구입했다. 지금 이 맨션이 마음에 들어서. 녹음이 많아 좋다.

— 지금 살고 있는 곳을 구입해서 좋았던 점은?
맨션 안에 새 친구들이 생겼다. 아이들의 나이가 같은 집도 있고 취미가 같은 집도 있다. 나이를 떠나서 자유롭게 교류할 수 있는 곳이라 무척이나 편하고 좋다.

— 중요하게 생각하는 시간은?
아무 생각 없이 시간을 보내지는 않는다. 늘어져 있을 때도 의식적으로 늘어져 있다.

— 스트레스 해소 방법은?
조깅. 화원에 나가 식물을 본다. 가족과 이야기한다. 집에서 맛있는 밥을 먹는다. 맛있는 술을 마신다.

— 집에서 가장 좋아하는 장소와 그곳에서 시간을 보내는 방법은?
정원. 식물에 물도 주고 그곳에서 책도 본다.

— 집에서 가장 소중히 여기는 아이템은?
해마다 연말에 찍은 가족사진.

— 좋아하는 인테리어 브랜드와 가게는?
타로talo**, 룽타, 오자키 플라워 파크.**

— 좋아하는 패션 스타일은?
사이즈 밸런스가 좋은 패션. 센스 있네 하는 생각을 하게 하는 패션.

— 평소 옷을 입을 때 가장 아끼는 아이템이 있다면?
아낀다기보다는 중요한 아이템이 있는데, 바로 신발이다. 어떤 신발이든 한 번 신으면 꼭 솔질을 한다. 같은 신발을 이틀 연속으로 신지는 않는다.

— 자신만의 스타일을 만들어주는, 특히 좋아하는 패션 브랜드는?
고집하는 브랜드는 없다. 오히려 줏대 없이 여러 브랜드에 도전한다.

— 갖고 싶은 아이템은?
알바 알토의 책장, 정원용 탁자, 아이작 바스퀘즈ISAAC VASQUEZ**의 러그, 스키 헬멧, 가와사키**KAWASAKI**의 오토바이 'Z-1'.**

— 센스를 키우는 방법을 한마디로 요약한다면?
늘 안테나를 세워라. 다양한 사람을 만나고, 다양한 것들을 경험하라. 투자를 아끼지 말고 여러 가지 것들을 배워라.

또 하나의 거실 같은 정원. 거친 듯 자유롭게 자란 식물들 옆에서 라푸마LAFUMA의 의자에 앉아 책 읽기를 좋아한다는 유이치로 씨. 특별히 주문 제작한 자전거를 손질하는 유이치로 씨 옆에서 딸아이가 한가로이 자전거를 타며 놀고 있다.

1. 바울레족Baule이 만든 축제용 가면 '프레프레'는 히다타카야마 마을에서 받아온 액막이 부적과 함께 현관에. 2. 교도에 있는 룽타에서 구입한 나파나족Nafana의 베두bedu 가면. 유이치로 씨가 최근 들어 가장 마음에 들어 하는 물건이다. 3. 딸이 태어나고 나서 사진작가이자 친구인 노리요noriyo에게 부탁해 매년 찍는다는 가족사진. 장식해 놓은 사진은 맨션이 완공되어 이사 왔을 당시의 사진으로, 어린 나무들이 이제는 무성하게 자라 그동안 맨션이 얼마나 변했는지를 느낄 수 있다. 4. 알바 알토와 미국의 로즈볼 플리마켓에서 구입한 북유럽 스툴을 손님용 의자로 준비한 유이치로 씨. 유이치로 씨의 의자는 유코 씨에게서 생일선물로 받은 한스 웨그너. 5. 17년 전에 빔스에서 구입한 야나기 소리의 나비 의자 위에 오키나와의 고사리 바구니를 얹어 놓았다. 6. 눕거나 앉기에 매우 편안 한스 웨그너의 3인용 소파에 모인 가족. 7. 그라피티 화가 베리 맥기BARRY MCGEE의 쿠션. 핀란드 디자이너 일마리 타피오바라ILMARI TAPIOVAARA의 스툴과 아프리카 누바족Nuba의 스툴.

타로에서 구입한, 덴마크의 작자미상 캐비닛. 세계를 여행하는 친구에서 받은 얼룩말 인형과 숫사이가마의 꽃병, 민예 작가의 접시, 파이어킹Fire king의 그릇, 덴마크 홀메고드Holmegaard의 유리 꽃병. 이외에도 평소 쓰는 유리그릇을 이 캐비닛에 넣어 둔다.

MY PRIVATE
WARDROBE

유코 씨의 액세서리인 진주 아이템과 꽃무늬 목걸이 등은 빔스의 오리지널 제품. 앤티크 롤렉스는 유이치로 씨가 유코 씨에게 결혼 10주년에 선물한 손목시계. 그 밖의 아이템은 모두 유이치로 씨의 소품들. 데님 파우치는 오어슬로우, 명함 지갑은 고야드, 카드지갑은 꼼 데 가르송, 필통과 지갑은 포터PORTER, 선글라스는 오클리.

단순한 디자인에 질 좋은 아이템을 사랑하는 유이치로 씨의 애장품들. 스웨트 셔츠는 버즈 릭슨BUZZ RICKSON'S, 티셔츠는 더 화이트 브리프THE WHITE BRIEFS, 오어슬로우나 리바이스의 빈티지 데님 팬츠에 슈거 캐인SUGAR CANE이나 산카의 데님 셔츠를 매치한 데님 온 데님이 유이치로 씨의 최근 스타일. 신발도 워크오버WALK-OVER와 컨버스의 심플한 흰색 신발로 통일.

242

온다 료헤이 恩田 亮平

빔스 아울렛BEAMS OUTLET 아미 지점
29세 / 이바라키, 이나시키

이전에 근무했던 사이타마 지점에서 전근 올 때 동료들에게서 선물 받은 고무나무. 처음에는 10센티미터밖에 되지 않았던 나무가 7년 새에 1미터로 자랐다. 이를 계기로 식물을 좋아하게 되었다는 온다 씨는 이 고무나무가 집 안에 놔둘 수 없을 정도로 자랐으면 좋겠다고 한다.

꽃가지, 선인장, 민트, 다육 식물, 식충 식물…. 식물이 정말 많은 온다 씨의 집은 그야말로 식물원을 방불케 한다. 꽃이 피는 시기나 날씨에 따라 화분의 자리를 자주 바꾸어 실내 분위기가 매번 새롭다. "작은 싹이 자라서 꽃도 피우고 키도 커가는 모습을 지켜보는 것이 참 좋아요."라며 식물에 대한 애정을 가감 없이 드러내는 온다 씨. 좋아하는 것들에 둘러싸여 살아가니 그 하루하루가 얼마나 행복할까?

— 라이프스타일에서 가장 중요하게 여기는 주제는?
가족과 식물.

— 휴일을 보내는 가장 좋아하는 방법은?
아침에 일어나면 식물 돌보기 → 꽃병에 물 갈아주기 → 가족과 밥 먹기 → 식물 채집 → 꽃 사기 → 가족과 밥 먹기 → 일찍 잠들기.

— 지금 살고 있는 토지(거주지)를 고른 이유는?
바람이 잘 통하고 빛이 잘 든다. 인정 많은 이웃을 사귈 수 있을 것만 같은 동네 분위기가 좋았다.

— 집은 임대하는 쪽? 구입하는 쪽?
구입하는 편이다. 역사가 느껴지는 민가를 구입해서 레노베이션하는 것이 꿈이다. 그리고 그 집에서 나이를 먹고 싶다!

— 스트레스 해소 방법은?
그다지 스트레스를 많이 느끼는 편은 아니지만 기분 전환 삼아 스타일은 자주 바꾼다.

— 인테리어에 특별한 주제나 규칙이 있다면?
거실은 정글과 앤티크, 옷장은 누더기와 중국풍 등 공간마다 분위기가 다르다.(직업병일 수도 있지만 차분하기만 한 실내보다 저마다 개성 있는 공간이 더 자극적이고 활기차 보인다.)

— 집에서 가장 좋아하는 장소와 그곳에서 시간을 보내는 방법은?
여러 가지가 있지만 어쨌든 가족이 있고, 가족이 웃고 있으면 그때가 가장 좋다.

— 수집하거나 꼭 사는 물건이 있다면?
벼룩시장 등에서 앤티크나 빈티지 등 역사가 느껴지는 아이템을 보면 나도 모르게 자꾸 사게 된다.

— 좋아하는 식물은?
딸의 탄생을 기념하여 친구가 선물한 귤나무.

— 좋아하는 패션 스타일은?
신주쿠 거리의 '자신이 직접 룰을 만들어가는' 스타일!

— 인테리어나 패션의 아이디어를 얻는 원천은?
인스타그램! 꽃 가게는 빼놓지 않고 확인하는 편이다!

— 센스를 키우는 방법을 한마디로 요약한다면?
우선은 자신을 좋아할 것. 그런 다음에는 정보의 양이 관건이라고 생각한다.

— 빔스에서 일하면서 가장 좋았던 점은?
고객은 물론이고 직원 역시 라이프스타일에 관한 감각을 키울 수 있다는 것. 자신의 생활을 소중히 여겨야 한다는 것을 배웠다!

— 지금까지 일하면서 가장 기억에 남는 에피소드가 있다면?
2013년, 2014년의 고객 앙케트에서 '좋다good**'는 평가를 받았다. 그것도 전국에서 1등으로. 나 같은 사람도 1등을 하는데 다른 수많은 사람에게는 얼마나 더 많은 장점이 숨어있겠는가! 이건 정말 행복한 일이 아닐 수 없다!**

1. 아내와의 추억이 담긴 사진으로 계단을 장식했다. 2. 아내의 선글라스도 가지런하게. 3. "틈이 날 때마다 들여다봐요." 온다 씨는 휴일에도 아침 일찍 일어나 식물을 관리한다. 4. 올해 태어난 사랑스러운 딸. 새 식구가 늘어난 온다 씨 가족의 얼굴에는 웃음이 끊이지 않는다. 5. 앤티크 매장과 벼룩시장에서 구입한 화분과 꽃병. 디자인이 좋으면 식품용 도자기를 식물용 화분으로 활용하기도 한다. 기능보다는 디자인을 중시해서 고른다. 6. 거실은 식물과 앤티크 가구가 조화를 이루어 아늑하고 편안하다. 소파는 본가에 있을 때부터 쓰던 애장품 중 하나. 7. "여성용이라도 디자인이 마음에 들면 사게 되더라고요. 특히 진주는 여성스러워서 좋아요." 8. 꽃집을 운영하는 친구가 자주 보내주는 신선한 꽃가지. 도착한 꽃은 바로 꽂아서 실내에 장식한다.

6

7

8

248

'클로젯closet'이라고 부르는 2층은 방 하나를 전부 옷 방으로 쓴다. 옷과 액세서리가 가지런히 걸려 있는, 온다 씨의 애장품으로 가득 찬 공간. 직접 말린 꽃과 앤티크 가구가 멋스럽다. 거실과는 다른 편안함이 느껴진다.

MY PRIVATE WARDROBE

'클로젯'에 모여 있는 온다 씨의 애장품. 셔츠는 퀴스 데 그레누이CUISSE DE GRENOUILL을 좋아한다. 도요 엔터프라이즈의 스카잔, 수비×제레미 스캇ksubl×JEREMY SCOTT의 바지, 번스톡 스피어스BERNSTOCK SPEIRS와 보르살리노BORSALINO, 빔스의 모자는 스타일링에 빼놓을 수 없는 아이템. 가방은 디올 빈티지와 샤넬을 애용한다.

앤티크 그릇에 모아둔 액세서리들. "아내의 아이템인데 오히려 제가 더 좋아해요."라며 온다 씨가 고른 아내의 액세서리들. 하얀 도자기에는 부모님께서 주신 핸드메이드 헤어밴드와 비녀가 들어 있다. 반지는 이엠e.m.과 이오셀리아니IOSSELLIANI. 앞쪽에 있는, 프랑스 액세서리 브랜드 엔투N2의 귀걸이는 가장 좋아하는 액세서리라고 한다.

250

구보타 히로시 窪 浩志

크리에이티브 디렉터
52세 / 가나가와, 요코하마

바이어, 빔스 보이의 디렉터, 아티스트 마키하라 노리유키槇原敬之의 콘서트 투어 의상 디자인 등 빔스를 대표하는 수많은 프로젝트를 이끌어 온 구보타 씨. "이 뒤섞인 느낌이 마음에 들어요." 구보타 씨의 집에는 규조토를 바른 벽, 야구용품, 세상에 딱 하나밖에 없는 캣 타워, 서프 아이템 등 다양한 장르가 뒤섞여 있다. 이곳에서 구보타 씨는 혁신적인 아이디어를 떠올린다. 있는 그대로의 나 자신을 표현한 구보타 씨의 집. 마치 빔스의 정신을 그대로 체현한 공간 같다.

── 라이프스타일에서 가장 중요하게 여기는 주제는?
고양이와 편히 지낼 수 있는 라운지 같은 공간이 있어야 한다.

── 휴일을 보내는 가장 좋아하는 방법은?
집에서 운동한다. 노게 지역 산책. 노게야마산에서 조깅하기. 요코하마 디에누에 베이스타즈 시합 관전.

── 인테리어에 특별한 주제나 규칙이 있다면?
30년 동안 빔스에 있으면서 알게 된 좋은 물건, 좋아하는 물건, 좋아하는 분위기를 내 나름으로 그냥 섞어놓은 나만의 스타일이다. 가구작가 아라니시 히로토荒西浩人에게 부탁해서 만든 캣 타워를 실내의 상징물로 삼고 싶었다.

── 집에서 가장 좋아하는 장소와 그곳에서 시간을 보내는 방법은?
높게 트인 라운지에 놓은 소파. 이곳에 앉아 아주 좋아하는 음악을 들으며 고양이와 지내는 시간이 좋다.

── 집에서 가장 소중히 여기는 아이템은?
위에서도 말했던 캣 타워를 포함해서 식탁, 거실의 커피탁자, 일할 때 쓰는 책상 등 천연 원목 가구를 아낀다.

── 좋아하는 인테리어 브랜드와 가게는?
인터내셔널 갤러리 빔스에 속한 페니카. 포틀랜드에 있는 인테리어 편집숍 스쿨하우스 일렉트릭 서플라이 컴퍼니SCHOOLHOUSE ELECTRIC SUPPLY CO**. 트럭 퍼니처**TRUCK FURNITURE**, 아라니시의 공방 식스락**6rock **.**

── 좋아하는 패션 스타일은?
기본적으로는 아메리칸 트래디셔널 스타일을 좋아한다. 여기에 유행하는 요소나 스케이터적인 요소를 가미한다.

── 센스를 키우는 방법을 한마디로 요약한다면?
마음에 들거나 갖고 싶은 것이 생기면 실제로 소유해서 직접 느껴봐야 센스를 키울 수 있다고 생각한다. 즉, 경험이 중요하다.

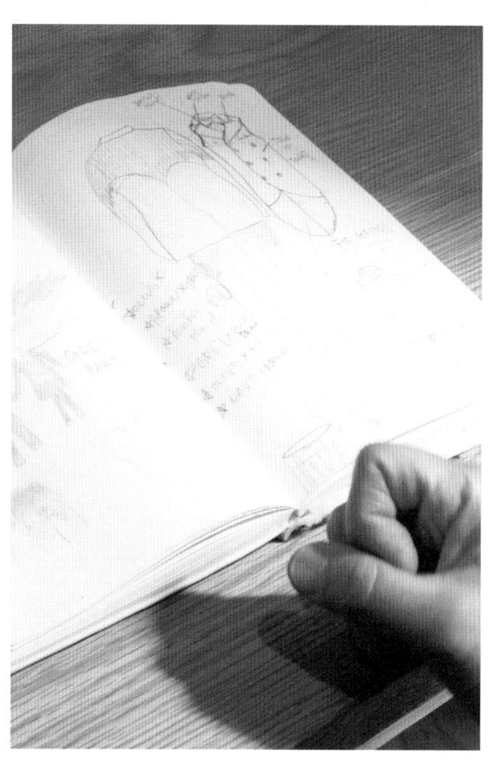

── 빔스에 들어온 이유는?
누나 친구가 빔스 직원이었는데 그 영향으로 빔스의 팬이 되었고, 대학 입학과 동시에 빔스에서 아르바이트를 시작했다. 대학을 졸업하면서 그대로 정사원이 된 것이 지금까지 이어졌다. 뭐랄까, 빔스에 미쳐있었다.

── 빔스에서 일하면서 가장 좋았던 점은?
아주 좋아하는 옷과 상품을 늘 옆에서 볼 수 있고, 이를 고객과 공유할 수 있고, 그럼으로써 느끼는 행복을 다시 동료들과, 고객과 나눌 수 있다는 점.

── 지금까지 일하면서 가장 기억에 남는 에피소드가 있다면?
회사에 제안해서 빔스 보이라는 라벨을 만들었다. 도쿄 디즈니시 Tokyo DisneySea**에서 빔스의 팝업 스토어도 두 번에 걸쳐 오픈했다. 아티스트 마키하라 노리유키의 콘서트 투어 의상을 오랫동안 담당했던 것도 기억에 남는다.**

요코하마 베이스타즈의 골수팬으로서 셀 수 없을 정도로 많은 응원 도구를 가지고 있는 구보타 씨. 현재는 '베이스타즈 위드 빔스BAYSTARS with BEAMS'라는 프로젝트의 디렉터를 맡아 다양한 패션 상품을 만들고 있다.

현관문을 열면 가장 먼저 눈에 들어오는 신발장. 방 하나를 통째로 신발 수납에 할애했다. 벽 가득 진열되어 있는 로퍼와 스니커즈가 압권이다. 하루에 한 번은 이 신발장 앞에 서서 신발들을 바라본다고 한다.

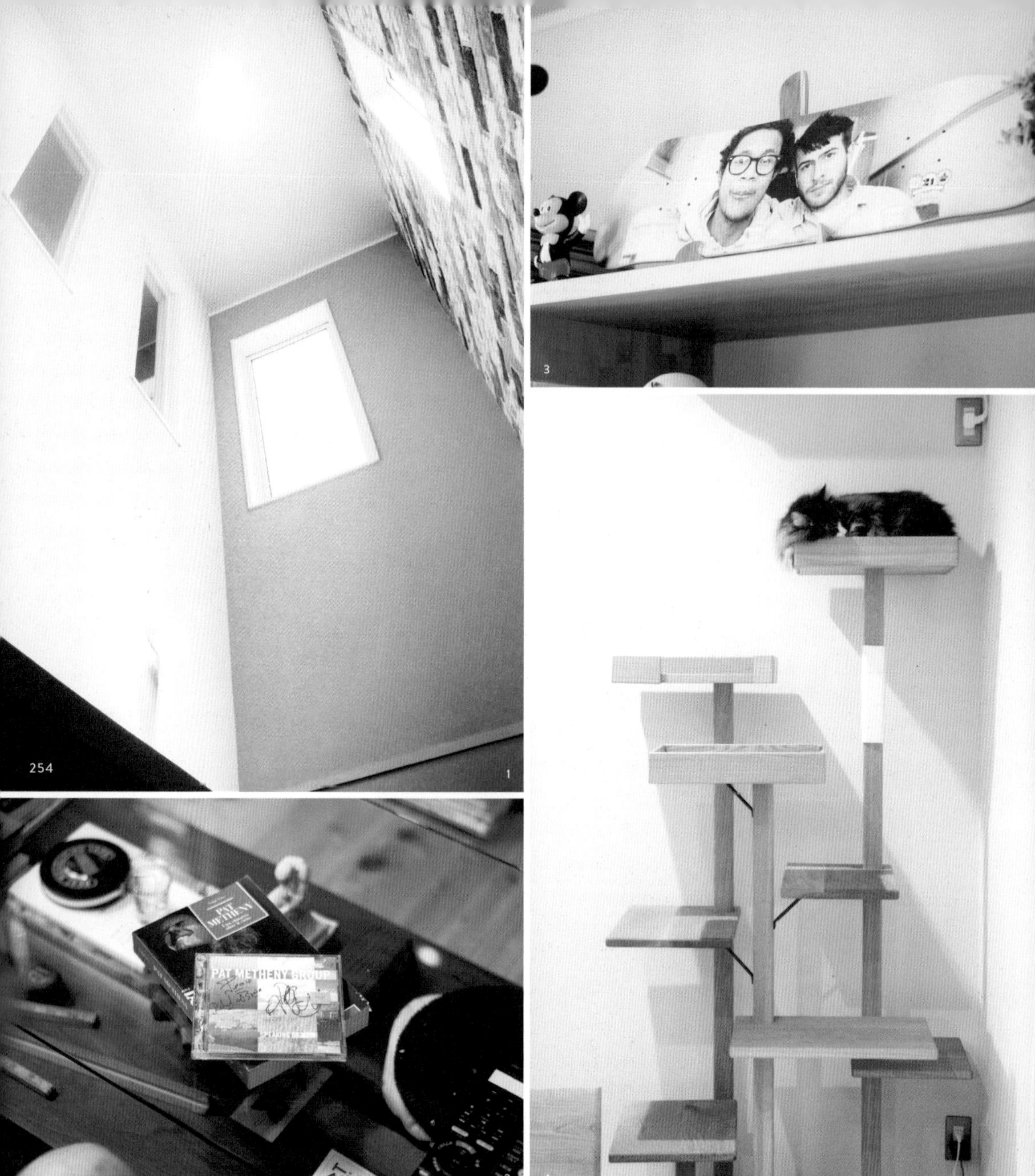

1. 실내로 들어서면 통층구조의 라운지가 보인다. 이탈리안블루로 페인트 칠을 한 벽에 반사된 빛이 상쾌하게 느껴진다. 2. 구보타 씨가 매우 좋아하는 아티스트 팻 매스니METHENY. 사인이 들어간 CD는 샌프란시스코의 아메바 뮤직Amoeba Music에서 우연히 발견했다. 3. 라운지 선반에는 제이슨 리LEE와 크리스 파스트라스PASTRAS가 만든 스테레오STEREO에서 출시한 스케이트보드 데크가 놓여있다. 4. 공적으로나 사적으로나 친분이 두터운 가구디자이너 아라니시 히로토에게 부탁해서 만든 캣 타워. 화이트 오크로 만든 따뜻한 느낌의 작품으로 애완묘가 좋아하는 장소다. 5. 라운지는 구보타 씨가 가장 편히 쉴 수 있는 공간. 여러 요소가 뒤섞인 책장을 바라보며 생각에 잠기면 다양한 아이디어가 떠오른다고. 6. 르 코르뷔지에Le Corbusier의 소파에 앉아 여유롭게 음악을 듣는 것을 좋아하는 구보타 씨.

ONE DAY
One Life
See's
SONY
BEAMS AT HOME
nest
KILIM
rockfashion
MUJI

5

6

책상도 아라니시 히로토의 디자인. 책장에는 일본의 대표적인 아방가르드 화가 오카모토 타로岡本太郎, 일본 영화의 거장으로 불리는 오즈 야스지로小津安二郎, 〈시네마 천국〉의 감독 주세페 토르나토레TORNATORE 등 다방면에 걸친 서적이 꽂혀 있어 구보타 씨의 세계관을 엿볼 수 있다. 책상 옆에 둔 도요다 코지豊田弘治의 작품도 근사하다.

MY PRIVATE WARDROBE

구보타 씨의 애장품들. 빔스 플러스의 세트업 슈트. 옥스퍼드 셔츠도 빔스 플러스 오리지널. 버튼다운 재킷은 브룩스 브라더스BROOKS BROTHERS의 블랙 플리스BLACK FLEECE 라인. 안쪽에 있는 모자는 키지마 타카유키KIJIMA TAKAYUKI. 반스의 스케이트하이SK8-HI와 알든의 인조가죽 신발은 구보타 씨의 머스트 해브 아이템.

가방은 루이비통 모토마치 매장이 개장할 때 구입했다. 이동시간이 긴 구보타 씨는 소니의 워크맨이나 킨들을 가지고 다니며 시간을 보내는 데에 활용한다고 한다. 중앙의 손목시계는 대학 때 구입한 롤렉스의 Gmt-master. 수리를 해가며 오랫동안 사용하고 있는 애용품이다. 앞쪽의 안경은 이펙터 바이 니고EFFECTOR by NIGO.

258

사토 요시노리 佐藤 嘉紀
사토 나미 佐藤 奈美

비밍 라이프스토어 바이어 / 오피스 스태프
32세 · 32세 / 도쿄 세타가야

아키타와 오키나와. 풍요로운 자연 속에서 자란 부부의 일상에는 고향 사람들이 만든 민예품이 녹아있다. 합리적이고 기능적이며 유행에 좌우되지 않아 '실용적이면서도 아름답다'는 말의 진수를 보여주는 민예품. 사토 씨 부부의 진중한 태도와 사람을 감싸 안는 따뜻한 분위기는 태어난 곳은 달라도 조화를 이루며 사람의 인생에서 오랫동안 사랑받은 민예품과 많이 닮아 있다.

— 라이프스타일에서 가장 중요하게 여기는 주제는?
건강한 습관을 기르려고 노력한다.(식사 · 운동 · 수면의 질을 따지는 편이다.)

— 휴일을 보내는 가장 좋아하는 방법은?
도시락을 싸서 공원에 나가 친구와 수다도 떨고, 캐치볼이나 요가를 하면서 몸을 움직이기도 한다. 독서 역시 활력을 되찾는 데 도움이 된다.

— 지금 살고 있는 토지(거주지)를 고른 이유는?
근처에 많은 지인과 공원이 있어서.

— 가장 중요하게 여기는 시간과 그 시간을 보내는 방법은?
일 끝내고 집에 돌아와 잠들기까지의 '오프 타임off-time'.

— 스트레스 해소 방법은?
암반욕(암반이나 돌을 이용한 찜질)과 술.

— 인테리어에 특별한 주제나 규칙이 있다면?
지역, 나라, 연대별로 나누어 정리한다.

— 집에서 가장 소중히 여기는 아이템은?
핀란드 디자이너 일마리 타피오바라의 대표작 피르카PIRKKA 테이블. 선배가 물려준 콩고 송게족Songye의 가면.

— 수집하거나 꼭 사는 물건이 있다면?
식물과 가면. 시라유키후킨白雪ふきん에서 만든 행주.

— 좋아하는 인테리어 브랜드와 가게는?
교도에 있는 룽타와 가미마치에 있는 편집매장 프리지Fridge.

— 집 정리를 잘 못하는 사람에게 조언을 해준다면?
좋아하는 물건을 꺼낸다 → 꺼내놓고 싶지 않은 물건은 불필요한 물건이다.

— 평소 옷을 입을 때 가장 아끼는 아이템이 있다면?
포켓 티셔츠. 무릎 아래로 내려오는 치마.

— 인테리어나 패션의 아이디어를 얻는 원천은?
잡지 〈트랜싯TRANSIT〉과 웹 매거진 〈디아 스탠다드dia STANDARD〉.

— 갖고 싶은 아이템은?
집과 가면. 괘종시계.

— 센스를 키우는 방법을 한마디로 요약한다면?
많이 사고, 많은 사람과 놀기. 나 자신과 마주하기. 많은 사람과 이야기하기.

— 빔스에 들어온 이유는?
고객의 신분으로 빔스 매장에 들어가면 항상 갖고 싶은 물건이 눈에 띄어 마치 보물찾기를 하는 듯한 흥분을 느꼈다. 나뿐만 아니라 관계된 모든 사람이 재미있어하겠다는 생각이 들어 빔스에 들어왔다.

— 빔스에서 일하면서 가장 좋았던 점은?
늘 새롭고 즐거워서 좋다. 여러 매장이 새로 문을 여는 데 일조했다는 점도 기억에 남는다. 사적인 일까지 포함하면 전국에 있는 빔스 매장에 한 번씩은 다 가보았다.

나미 씨의 고향인 오키나와와 요시노리 씨의 고향인 아키타의 민예품들. 다이닝룸의 장식장에 정리되어 있다. 그동안 수집한 반다나도 덴스크의 그릇에 가지런히 담겨 있다. 일본과 세계 각지의 민예품이 오묘한 통일감을 자아낸다.

1. 빔스 선배가 직접 그려서 선물해 준 수묵화. 웰컴 보드로 쓴다. 2. 인디언 장신구는 요시노리 씨의 애장품. 요시노리 씨가 취미로 구입한 다국적 민예품들은 인테리어 소품으로 쓰일 때가 많다. 3. 나미 씨가 모으는 행주. 빔스에서 구입했다. "쓰기 편하고 색깔이나 무늬도 다양해서 자꾸 사게 돼요." 4. 아키타에서 만든 바구니에 에어플랜트와 드라이플라워를 담았다. 한 번쯤 따라하고 싶은 인테리어. 5. 현대적 디자인의 아프리칸 천과 말린 안데스 옥수수가 매우 잘 어울린다. 6. 거실 수납장 위에는 요시노리 씨가 선배에게 받았다는 송게족의 제례용 가면이 놓여있다. 7. "한가로이 책을 읽는 시간을 정말 좋아해요." 독서를 좋아하는 요시노리 씨의 책은 거실 한쪽에 무심한 듯 멋스럽게 쌓여 있다. 8. 식탁 위에도 민예품이. "제가 오키나와를 정말 좋아하거든요. 집에서도 오키나와를 느끼고 싶어 하다 보니 이렇게 많아졌어요."라는 나미 씨.

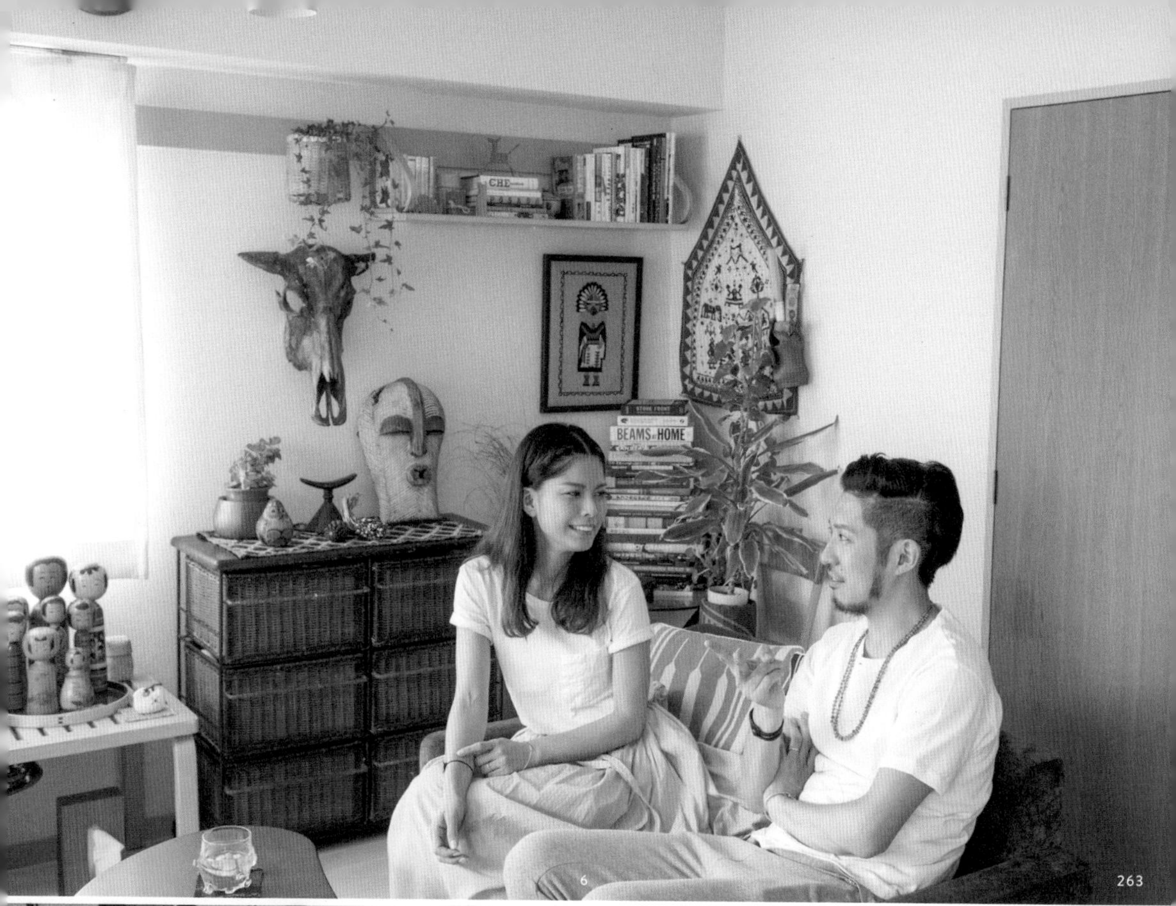

6

7

STORE FRONT
THE DISAPPEARING FACE OF NEW YORK
SNEAKERS THE COMPLETE COLLECTORS' GUIDE
BEAMS AT HOME
LAND OF ALOHA
プラド美術館ガイドブック
TAKE IVY
STORIES OF SOLE FROM VANS ORIGINALS
DOUG PALLADINI
HANDCRAFTED MODERN
HANDMADE HOME
アフリカのかたち
YOSEMITE IN THE SIXTIES GLEN DENNY
AUDREY 100
LEROY GRANNIS
Jeans of the Old West: A History
Schiffer
DER ATLAS FÜR DEN WELTREISENDEN

8

뿔 달린 토끼라는 뜻의 재카로프 Jackalope 박제 피규어와 미국에서 만든 오래된 장난감들이 거실 한쪽 벽에 장식되어 있다. 거실의 다른 쪽 벽에 걸린 소뼈와의 대비가 재미있다.

264

MY PRIVATE

WARDROBE

평소에도 캐주얼하게 입는다는 요시노리 씨의 휴일 스타일. 비밍 라이프스토어의 별주 상품인 버디buddy 토드백은 크기가 넉넉해서 대단히 편하다. 스니커즈는 최근 구입했다. 하와이에서 산 파타고니아의 접이식 토트백은 토산품이기도 해서 애지중지 아끼고 있다. 이밖에 색깔만 다른 파타고니아 반바지들, 빔스 플래닛의 한정품 가방이 눈에 띈다.

"바다를 좋아해서 그런지 주로 파란색 아이템을 고르는 편이에요."라는 나미 씨의 애장품들. 열여덟 살에 빔스 오사카 지점에서 산 데님은 지금도 아끼는 옷이라고 한다. 세인트 제임스SAINT JAMES의 줄무늬 티셔츠는 시즌마다 한 벌씩은 꼭 사는 아이템. 데님 재킷은 오어슬로우와 페니카의 협업 아이템. 체크무늬 치마도 페니카에서 구입했다.

266

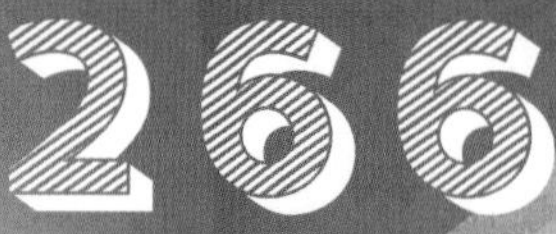

푸앙촘푸 삽모 プアンチョンプー　サップモ

빔스 방콕 지점
26세 / 태국, 방콕

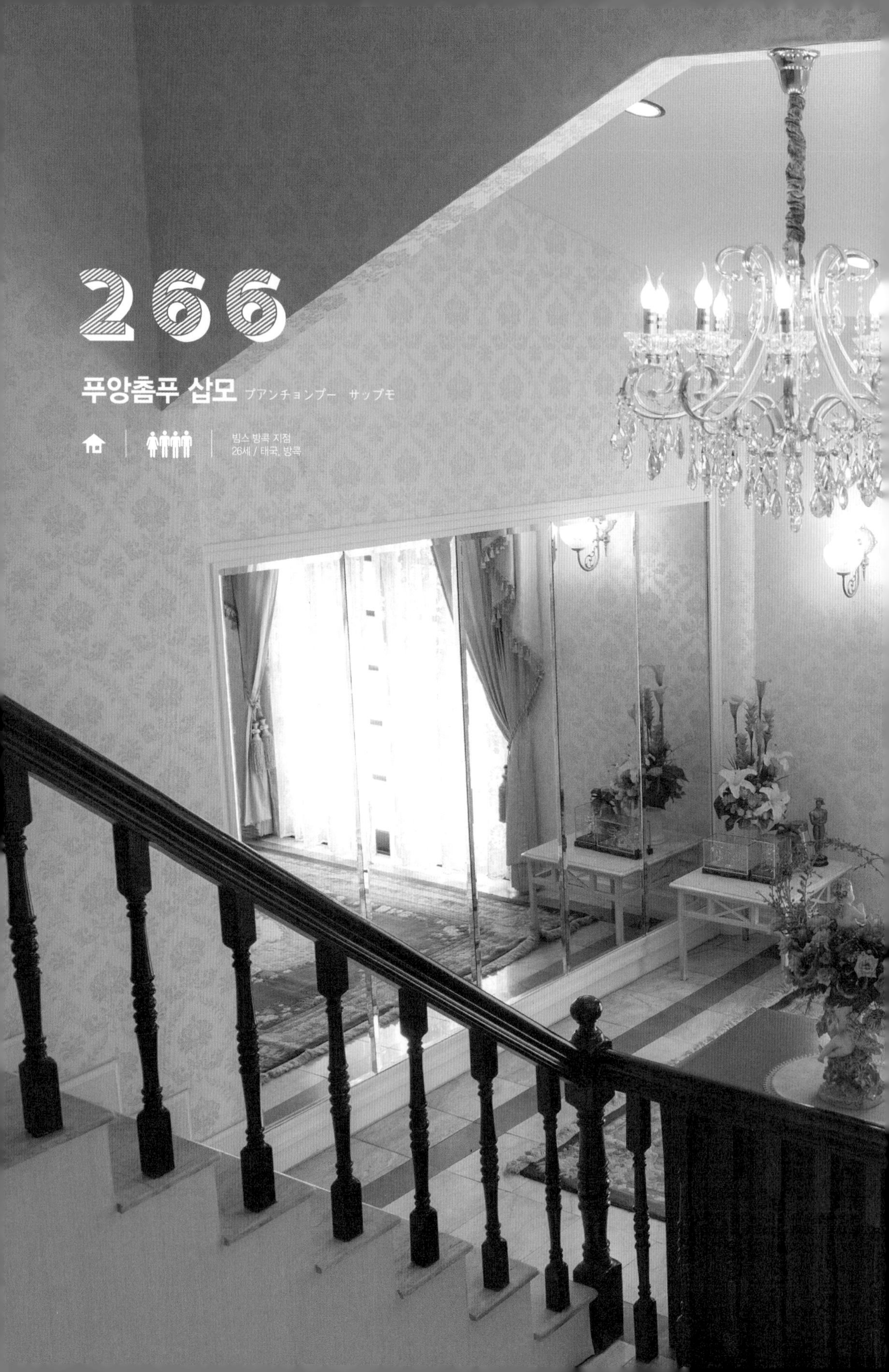

방콕 교외의 한적한 주택가에 있는, 마치 성처럼 아름다운 하얀 집. 바람이 들어오는 거실에서는 활짝 열린 큰 창 너머로 푸른 잔디가 내다보인다. 거실 장식장에는 식구들의 취향을 알 수 있는 베네치아의 유리공예품과 북유럽의 도자기가 놓여있고, 천장에는 햇빛으로 반짝이는 샹들리에가 달려있다. 맨발의 삽모 씨는 집 안을 어슬렁대다가 느긋하게 앉아 노트북을 켠다. 유럽의 피서지가 따로 없다. 호화로우면서도 청량감이 넘치는 신비로운 공간이다.

— 라이프스타일에서 가장 중요하게 여기는 주제는?
책과 커피와 여행.

— 휴일을 보내는 가장 좋아하는 방법은?
편한 카페에서 느긋하고 여유롭게 있기. 엄마와 정원 가꾸기.

— 스트레스 해소 방법은?
소설책을 읽는다. 평소와 다른 다소 호화로운 식사를 즐긴다.

— 인테리어에 특별한 주제나 규칙이 있다면?
봉제인형이나 마스코트로 꾸미는 것을 좋아한다. 어린 시절을 간직하기 위한 인테리어랄까?

— 수집하거나 꼭 사는 물건이 있다면?
레고LEGO **블록과 마스코트.**

— 좋아하는 인테리어 브랜드와 가게는?
어나더 스토리 Another Story**, 방콕 엠쿼티어 몰**EMQUARTIER MALL**에 입점한 편집매장.**

— 집 정리를 잘 못하는 사람에게 조언을 해준다면?
날마다 쓰는 것들은 한곳에 모아둔다. 용기에 신경을 쓰면 그 자체로 장식 효과가 있다.

— 평소 옷을 입을 때 가장 아끼는 아이템이 있다면?
반지.

— 자신만의 스타일을 만들어주는, 특히 좋아하는 패션 브랜드는?
레이 빔스, 3.1 필립림3.1 Phillip Lim**, 랙앤본**rag&bone**, 제이브랜드**J BRAND**.**

— 인테리어나 패션의 아이디어를 얻는 원천은?
여행과 라이프스타일을 주제로 한 영국 잡지 〈시리얼CEREAL**〉에서 힌트를 얻는다.**

— 갖고 싶은 아이템은?
나만의 도서관! 만약 결혼해서 새 집을 짓게 되면 방 하나는 꼭 책으로 채우리라.(웃음)

— 센스를 키우는 방법을 한마디로 요약한다면?
일단 패션 잡지나 라이프스타일 잡지를 보면 좋다. 그리고 자신과 어울리지 않을 것 같은 아이템에도 도전한다. 이것도 내 스타일이다 하고 믿어야 한다. 역시 자신감이 제일 중요하다.

— 빔스에서 일하면서 가장 좋았던 점은?
빔스의 일원이라는 데 자부심을 느끼는 사람들과 같이 일한다는 것.

— 지금까지 일하면서 가장 기억에 남는 에피소드가 있다면?
엠쿼티에에 입점한 빔스 매장을 열기 위해 일본인과 태국인이 하나로 뭉쳐서 물건을 들여오고 디스플레이를 했던 일이 기억에 남는다.

1. 수납도 되고 장식도 되는 액세서리 행어와 주얼리 박스. 브랜드를 고집하기보다는 첫눈에 마음에 들면 구입하는 편이다. 이 아이템들도 즉석에서 구입했다. 2. 영국 유학 시절에 책의 재미에 빠졌다는 삽모 씨. 세계 역사소설과 아동문학, 판타지 소설이 꽂혀 있다. 특히 좋아하는 책은 『해리포터』 시리즈. 3. 여행이나 출장을 가면 캐릭터 매장에 들러 하나씩 사 모은다는 마스코트들. 4. 흰색, 남색, 모스그린 등 한색 계열의 면 소재 옷을 좋아한다. 5. 일할 때나 쉴 때나 내추럴한 매스큘린 masculine 스타일을 즐긴다. 6. 삽모 씨가 태어나기 전에 부모님이 준비하셨다는 분홍색 침실. 패션 스타일과는 좀 다른 동화적인 공간. "내 안의 동심을 소중히 여기고 싶어서 가족사진과 아끼는 인형들로 장식했어요." 7. 거실 카운터. 외출 전이나 귀가 후에 이곳에 앉아 잠시 숨을 고르는데, 그 시간이 참 좋다는 삽모 씨.

5

6

7

난초, 드라세나Dracaena, 부겐빌레아Bougainvillea 등 열대식물이 흰 벽을 채색하듯 놓여 있는 정원. 어머니가 정원을 가꾸실 때 거들다보니 어느새 삼모 씨도 정원 디자인이 좋아졌다고. 쉬는 날에는 화원에 나가 묘목이나 화분, 비료 등을 사온다.

MY PRIVATE
WARDROBE

다른 옷과 매치하기 쉬운 편안 옷을 좋아한다는 삽모 씨. 그녀가 즐겨 입는 옷들은 정말로 촉감이 좋다. 쉬는 날 입기 좋다는 자라ZARA의 에스닉 페이즐리 문양 반바지와 영국 유학 시절에 산 코스COS의 줄무늬 니트는 삽모 씨가 특히 자주 입는 옷이다. 얇은 데님 재킷과 광택이 있는 부드러운 티셔츠들은 레이 빔스에서 구입했다.

시간 · 장소 · 상황에 따라 골라 신을 수 있는 신발이 50켤레 가까이 된다. 이 가운데 플랫 슈즈는 다소 남성적인 매스큘린 스타일에 잘 어울려서 좋다. 에이치앤엠H&M의 애니멀 프린트 신발, 오니쓰카 타이거Onitsuka Tiger와 플라이 나우FLY NOW의 광택 슈즈는 심플한 패션에 포인트를 줄 수 있다. 왼쪽 위에 있는 아더 스토리즈Other Stories의 힐처럼 디자인에 치중한 신발은 특별한 날이나 리조트 스타일에 안성맞춤.

274

기쿠치 유리 菊地 優里

빔스 재팬
28세 / 도쿄, 스기나미

오래된 맨션을 레노베이션한 집. 사는 사람, 입은 옷, 놓인 물건, 그 모든 것이 절묘한 톤으로 조화를 이루어 온화한 공기를 뿜어내고 있다. 피아노가 내는 아름다운 음색 역시 한 치의 어긋남도 없이 자연스럽게 공간에 녹아든다. 『당신의 집을 편집해드립니다BEAMS AT HOME』에서 소개한 페니카의 디렉터 기타무라 게이코北村恵子 씨와 테리 에리스テリ・エリス 씨 밑에서 일하는 기쿠치 씨. 그녀 특유의 감각이 빛나는 일상을 들여다보았다.

— 지금 살고 있는 토지(거주지)를 고른 이유는?
고엔지를 좋아해서. 구제 숍과 음식점도 많고 늦은 시간까지 활력이 넘치는 점도 마음에 들었다.

— 휴일을 보내는 가장 좋아하는 방법은?
일단 밖으로 나간다. 전람회나 영화는 보고 싶은 것이 생기면 챙겨본다.

— 가장 중요하게 여기는 시간과 그 시간을 보내는 방법은?
논다. 자는 시간이 아깝다.

— 스트레스 해소 방법은?
딱히 없다. 가끔 피아노를 친다.

— 인테리어에 특별한 주제나 규칙이 있다면?
기분 내키는 대로 싹 바꾼다. 벽에 건 장식들의 자리도 바꾼다. 규칙은 없다. 그냥 자유롭고 편하게.

— 집에서 가장 좋아하는 장소와 그곳에서 시간을 보내는 방법은?
창가에서 아침 먹기. 볕을 쬐면서 고양이나 꽃을 본다.

— 집에서 가장 소중히 여기는 아이템은?
전부.

— 수집하거나 꼭 사는 물건이 있다면?
접시와 책. 오키나와의 도자기, 시마네 현에 있는 슛샤이가마와 유마치가마湯町窯, 도치기 현에 있는 마시코야키 하마다가마益子焼濱田窯를 특히 좋아한다.

— 좋아하는 인테리어 브랜드와 가게는?
스벤스크 텐. 몬젠나카초에 있는 와타리watari

— 좋아하는 패션 스타일은?
블루.(쪽 염색, 인디고)

— 평소 옷을 입을 때 가장 아끼는 아이템이 있다면?
흰 가방.

— 자신만의 스타일을 만들어주는, 특히 좋아하는 패션 브랜드는?
페니카의 오리지널 아이템. 디자이너 모모코 스즈키モモコスズキ가 디자인한 블랙 크레인BLACK CRANE. 내추럴하면서도 재단이 아름다워 좋아한다.

— 갖고 싶은 아이템은?
책장을 가득 놓을 수 있는 단독 주택.

— 센스를 키우는 방법을 한마디로 요약한다면?
좋은 것도 보고 나쁜 것도 봐야 하지 않을까?

— 빔스에 들어온 이유는?
〈페니카 스타일 북fennica style book〉을 읽고 동경하기 시작했다.

— 지금까지 일하면서 가장 기억에 남는 에피소드가 있다면?
다른 회사에 들어갔다면 만나지 못했을 재미있는 사람을 정말 많이 만났다.

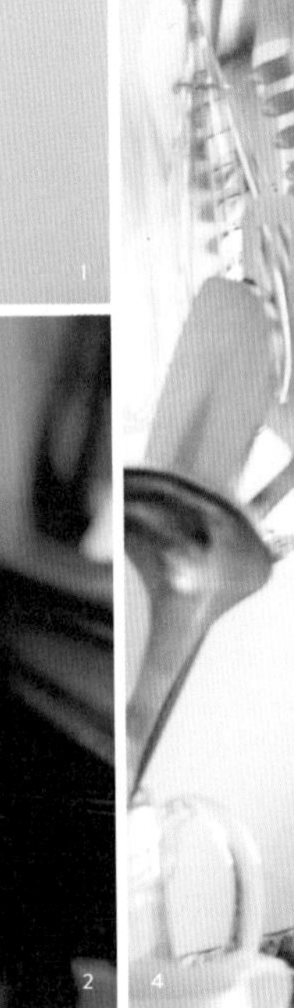

1. 스벤스크 텐이나 알바 알토, 요한나 글릭센GULLICHSEN 같은 북유럽 특유의 직물이 매혹적인 따뜻한 공간. 2. 사회인이 되고 나서 다시 시작했다는 피아노. 드뷔시나 쇼팽의 클래식 이외에 최근에는 재즈에도 도전 중이라고. 3. 날마다 도시락을 싼다는 기쿠치 씨의 주방. 향신료 병과 칼리타KALITA의 핸드밀, 커피원두를 넣은 파란 병 등 아이템 하나하나가 모두 멋스럽다. 4. 산포도나무 껍질로 짠 바구니와 스벤스크 텐의 냄비받침. 오키나와 기타가마北窯의 마쓰다 요네시松田米司가 만든 꽃병. 어느 하나 그림 같지 않은 것이 없다. 5. 벽에는 아티스트 믹 이타야MIC*ITAYA의 그림과 연습용 재즈 코드표가 붙어 있다. 6. 염색작가인 유노키 사미로柚木沙弥郎의 작품 '무화과나무와 작은 새'. 7. 움직일 때마다 하늘하늘 흔들리는 블랙 크레인의 쪽빛 드레스가 이 공간에서 특별한 존재감을 드러내고 있다.

5

6 7

창가 코너는 기쿠치 씨가 가장 좋아하는 장소. 최근 빔스에서 구입했다는 멕시코 전통 가구는 돼지 가죽으로 만들어서 앉으면 앉을수록 색이 달라진다고. 기쿠치 씨는 이곳에서 밥도 먹고 책도 읽는 등 편안하게 휴식을 취한다.

MY PRIVATE WARDROBE

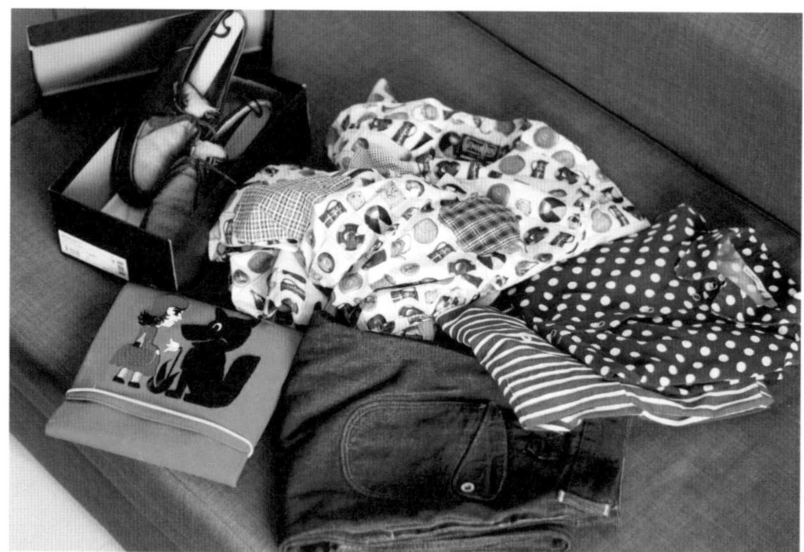

기쿠치 씨가 고른 애장품은 집 안 분위기와도 잘 어울리는 프린트 셔츠. 물방울무늬와 줄무늬 셔츠는 모두 마리 메코. 오어슬로우와 페니카가 공동제작한 데님. 가운데는 깃먼 브라더스GITMAN BROTHERS와 페니카가 공동제작한 원피스. 그림이 독특한 레오LEO의 가방은 옛날 우표를 모티브로 만들어졌다.

수집하는 그릇과 책. 접시는 돗토리에 있는 나카이가마中井窯. 소품은 오키나와 도예가 야마다 신만山田真萬, 기타가마의 미야기공방宮城工房, 하마다가마 등. 구리가미 가즈미操上和美의 사진집 『자화상SELF PORTRAIT』은 최근 비 갤러리의 전시를 보고 멋있다는 생각이 들어 표지 색깔만 달리해 두 권을 구입했다. 그 밑에는 노무라 사키코野村佐紀子의 사진집 『꽃Flower』가 놓여있다. 이 역시 비 갤러리에서 구입했다.

282

곤도 료코 権藤 良子

데미럭스 빔스Demi-Luxe BEAMS 우메다 지점
39세 / 오사카, 오사카

오래 전에 지어진 커다란 일본식 가옥. 도마(土間, 흙마루–옮긴이)에 올라서면 문짝을 떼어낸 널찍한 공간에 부는 기분 좋은 바람이 느껴진다. 언제든 벌렁 뒹굴 수 있는 매력적인 다다미 공간이 있어 어른이고 아이고 할 것 없이 많이 사람이 찾아온다는 곤도 씨의 집. 남편이 직접 칠한 벽과 직접 만들어 단 선반, 서로가 좋아하는 것들을 모아두었을 뿐이라는 실내 소품들. 곤도 씨 부부의 개성과 온기가 공간을 가득 채우고 있다.

— 라이프스타일에서 가장 중요하게 여기는 주제는?
딱히 정하지는 않았다. 우리가 마음에 들어 하는 물건도 놓고, 친구의 작품도 진열했다.

— 휴일을 보내는 가장 좋아하는 방법은?
연휴에는 산에 올라가고, 평소에는 미술관 나들이를 많이 한다.

— 집은 임대하는 쪽? 구입하는 쪽?
지금은 임대했지만 어느 한쪽을 고집하지는 않는다.

— 가장 중요하게 여기는 시간과 그 시간을 보내는 방법은?
둘이서 여유롭게 저녁을 먹으며 술잔을 기울인다.

— 스트레스 해소 방법은?
요가를 한다.

— 집에서 가장 좋아하는 장소와 그곳에서 시간을 보내는 방법은?
주방에서 천천히 커피를 내리는 시간이 좋다. 침실에서 느긋하게 요가를 하는 것도 좋다.

— 집에서 가장 소중히 여기는 아이템은?
금줄. 앞으로도 계속 늘려나갈 생각이다.

— 수집하거나 꼭 사는 물건이 있다면?
그릇. 게이주샤桂樹舎에서 만든 화지공예품. 보면 사게 된다.

— 좋아하는 인테리어 브랜드와 가게는?
고베에 있는 후쿠기도フクぎドウ라는 잡화점.

— 집 정리를 잘 못하는 사람에게 조언을 해준다면?
감추지 말고 보이게 수납하라.

— 좋아하는 패션 스타일은?
어느 한쪽으로 치우치지 않은 균형 잡힌 스타일.

— 평소 옷을 입을 때 가장 아끼는 아이템이 있다면?
팔찌. 안 차면 어쩐지 어색하다.

— 자신만의 스타일을 만들어주는, 특히 좋아하는 패션 브랜드는?
마리아 루드만.

— 인테리어나 패션의 아이디어를 얻는 원천은?
잡지 〈앤드 프리미엄&Premium〉은 빼놓지 않고 본다.

— 갖고 싶은 아이템은?
금줄. 큼직한 항아리.

— 센스를 키우는 방법을 한마디로 요약한다면?
장르를 가리지 않고 '좋은 것'을 많이 보고, 만지고, 쓰고…. 그리고 실패도 해보고.

— 빔스에 들어온 이유는?
페니카의 전신인 '빔스 모던 리빙'에서 일하고 싶어서.

— 빔스에서 일하면서 가장 좋았던 점은?
공적으로나 사적으로, 사이좋은 동기를 만난 것.

부부가 이야기를 나누는 공간. 아르텍에서 나온 영국 한정판 스툴과 요한나 글릭센의 쿠션 등이 일본의 전통 가옥과 조화를 이루었다. 벽에는 일러스트레이터인 친구의 작품이 걸려 있다.

1. 곤도 씨가 요즘 푹 빠져있다는 금줄. 현관을 열면 바로 보이는 자리에 걸어두었다. 그 아래에는 계절을 느낄 수 있는 소품을 두었다. 2. 아르텍의 한정판 스툴 위에 화지로 만든 전등을 두어 동양과 서양이 조화를 이룬다. 3. 신발이 매우 많은 곤도 씨를 위해 남편이 손수 만든 큼직한 신발장. 곤도 씨가 좋아하는 컨버스가 가지런히 진열되어 있다. 4. 남편이 칠했다는 벽이 인테리어의 포인트. 곤도 씨가 놓고 싶어 하는 물건에 맞춰서 남편이 만들었다는 선반. 이런 선반이 집 안 곳곳에 있다. 5. 대들보를 드러낸 침실. 해먹의자에 앉아 이리저리 몸을 흔드는 여유로운 시간. 6. 현관의 둥근 창이 멋지다. 구라시키에서 파는 양탄자 위에 화지로 만든 전등이 놓여있다. 그 아래에 있는 것은 곤도 씨가 좋아하는 화지공예품. 7. 오키나와의 바구니에 담은 초록 식물. 바구니 받침대로 쓴 아르텍의 스툴은 빔스 30주년을 기념해서 나온 한정판 모델.

5

6

7

발을 건 큰 창에서 기분 좋은 볕과 바람이 들어온다. 60년이 되었다는 집. 그 세월의 흔적 위에 무심하게 올려놓은 화분. 있는 그대로의 모습을 사랑하는 부부의 개성을 집 안 곳곳에서 느낄 수 있다.

MY PRIVATE
WARDROBE

곤도 씨가 하루라도 안 하면 이상하다고 말했던 팔찌들. 특히 좋아하는 팔찌는 마리아 루드만의 것으로 일상의 필수품이다. 서로 다른 개성의 팔찌를 여러 개 가지고 있다. 이 팔찌를 기본으로 가는 골드 뱅글 등 그날의 기분이나 옷차림에 따라 두세 개 정도를 매치한다고. "키가 작아서 가는 팔찌가 잘 어울려요."

편한 옷이 좋다는 곤도 씨. 너무 편하거나 너무 격식을 차린 차림은 균형이 맞지 않아 싫다고 한다. 원피스와 탑은 주로 곤도 씨가 사랑하는 페니카에서 구입한다. 오어슬로우의 데님은 상당히 즐겨 입는 아이템으로 이 데님을 입을 때는 주로 컨버스를 신는다. 코스믹 원더COSMIC WONDER의 상의도 애장품으로 골랐다.

290

290

세키네 요스케 関根 陽介

인터내셔널 갤러리 빔스 바이어
41세 / 도쿄, 시나가와

유럽도 아니고 미국도 아니다. 남성적이지도 않고 여성적이지도 않다. "딸들에게 편한 집이었으면 해서 너무 어른에게만 맞추기보다는 중립을 지키고 싶었어요."라고 이야기하는 세키네 씨. 천연 오일을 바른 오크 바닥재, 세월과 함께 변해가는 앤티크하고 빈티지한 가구. 여기에 조명과 소품. 세키네 씨 부부가 가장 소중히 여기는 것은 성장하는 딸들과 함께 천천히 시간의 변화를 즐기는 삶이다.

— 라이프스타일에서 가장 중요하게 여기는 주제는?
기족이 편안하고 기분 좋게 지내기를 바란다. 내 취미는 그 속에 조금 집어넣는 정도.

— 지금 살고 있는 토지(거주지)를 고른 이유는?
태어나서 자란 곳이라 애착을 느낀다.

— 가장 중요하게 여기는 시간과 그 시간을 보내는 방법은?
가족과 함께 보내는 시간.

— 스트레스 해소 방법은?
아이들과 놀기.

— 인테리어에 특별한 주제나 규칙이 있다면?
주제나 규칙은 딱히 없다. 아니, 아예 정하지 않았다. 그냥 그때의 기분에 따라 행동한다. 시간의 흐름에 따른 변화가 좋아서 앤티크나 빈티지 아이템이 많기는 하다.

— 집에서 가장 소중히 여기는 아이템은?
굳이 말하자면 가족의 추억이 깃든 물건이나 아이들에게서 받은 선물.(물건은 언제든 살 수 있으니까.)

— 수집하거나 꼭 사는 물건이 있다면?
커트 코베인과 관련된 것.

— 좋아하는 인테리어 브랜드와 가게는?
메구로 가구거리에 있는 인테리어 매장들이나 미슈쿠에 있는 시소SEASAW**.**

— 좋아하는 패션 스타일은?
시간이 갈수록 멋스러워지는 스타일이 좋다. 유행하는 옷에서 구제 옷까지 폭이 넓다.

— 자신만의 스타일을 만들어주는, 특히 좋아하는 패션 브랜드는?
특정 브랜드는 없지만 구제 옷을 자주 믹스해서 입는 편이다.

— 인테리어나 패션의 아이디어를 얻는 원천은?
온라인 편집매장 제너럴 뷰GENERAL VIEW**.**

— 빔스에 들어온 이유는?
내 눈에는 빔스가 제일 멋있었다. 운 좋게 합격했다!

— 빔스에서 일하면서 가장 좋았던 점은?
내가 좋아하는 인터내셔널 갤러리 빔스에서 일하게 되어 더없이 만족하고 있다.

— 지금까지 일하면서 가장 기억에 남는 에피소드가 있다면?
많이 있는데, 특히 베이파라이즈 브랜드 쪽을 맡아 제임스 이하와 같이 일하는 건 언제 생각해도 굉장하다.

식사 시간을 소중히 여기고 싶은 생각에서 집을 레노베이션할 때 주방 안에 식사 공간을 넣었다고 한다. 마치 거실과 분리된 식당 같은 느낌이다. 식탁에서 가족과 이야기하는 시간이 늘어나는 등 시간을 더욱 효율적으로 쓰게 되었다고.

흰색을 바탕으로 한 주방. 세세한 곳에까지 신경을 많이 쓴 곳이다. 스테인리스 소재에 군더더기 없는 디자인의 가스 오븐은 유리 커버가 달려 있어 기능적으로도 뛰어나다. 프랑스 로제르Rosieres의 제품으로 아내의 지인이 물려주었다.

1. 록커치브 닷컴rockarchive.com에서 나온 커트 코베인의 사진. 빔스에서 판매하기 시작할 때부터 모았다고 한다. 가족이 있는 지금은 계단 층계참(p.290)에 갤러리 느낌으로. 2. 천연 원목을 깔아 바닥에서 뒹굴어도 아무런 걱정이 없다. 천연 오크 원목에 독일 오스모 컬러OSMO COLOR의 친환경 식물성 오일을 발랐다. 3. 〈도라에몽〉에 나오는 '시즈카'(주인공의 친구. 한국어판에는 '이슬이'–옮긴이)를 좋아하는 둘째. 4. 아이들 방은 여자아이들 방답게. 레고로 만든 신데렐라 성은 첫째가 만들면 둘째가 부수는…. 스크랩 앤드 빌드(scrap and build, 낡은 것을 정리하고 새 것을 만드는 경영법이나 정책–옮긴이)를 반복하고 있다. 5. 가족사진의 테두리를 검은색으로 통일했다. 실내 분위기와 무척 잘 어울린다. 6. 책장은 레노베이션 때 따로 주문 제작했다. 발레를 잘하는 첫째. 7. 대부분의 가구는 빈티지. 너무 어른스럽지도, 너무 유치하지도 않아 가족 모두가 좋아할 수 있게 신경을 쓴 거실.

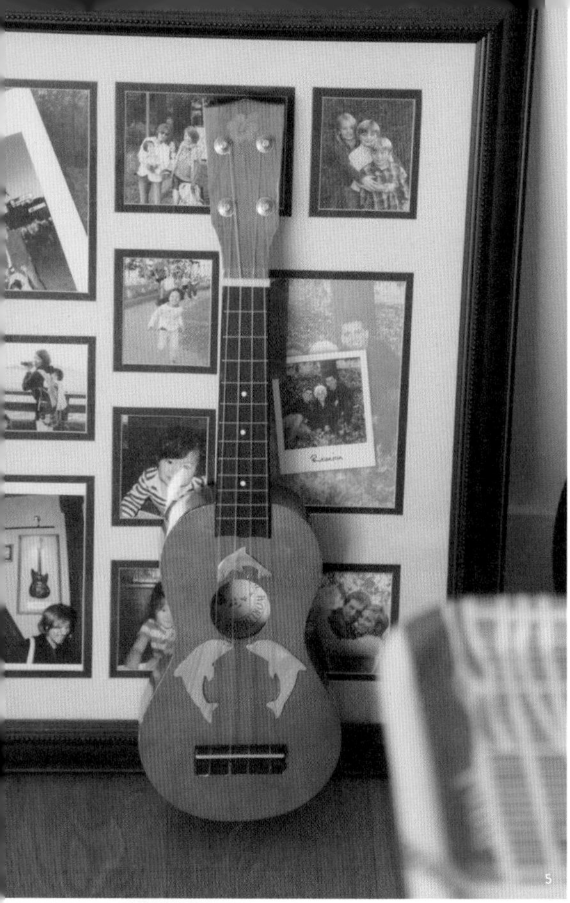

5

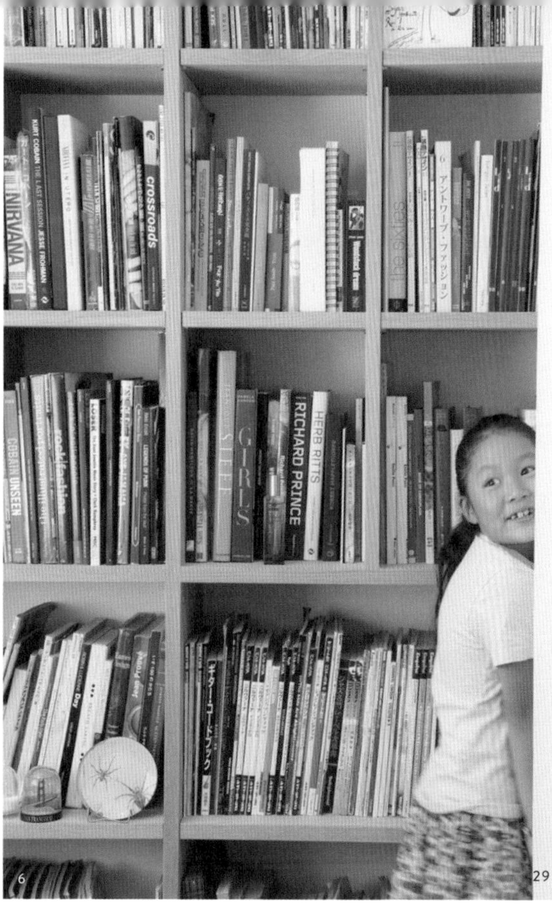

6

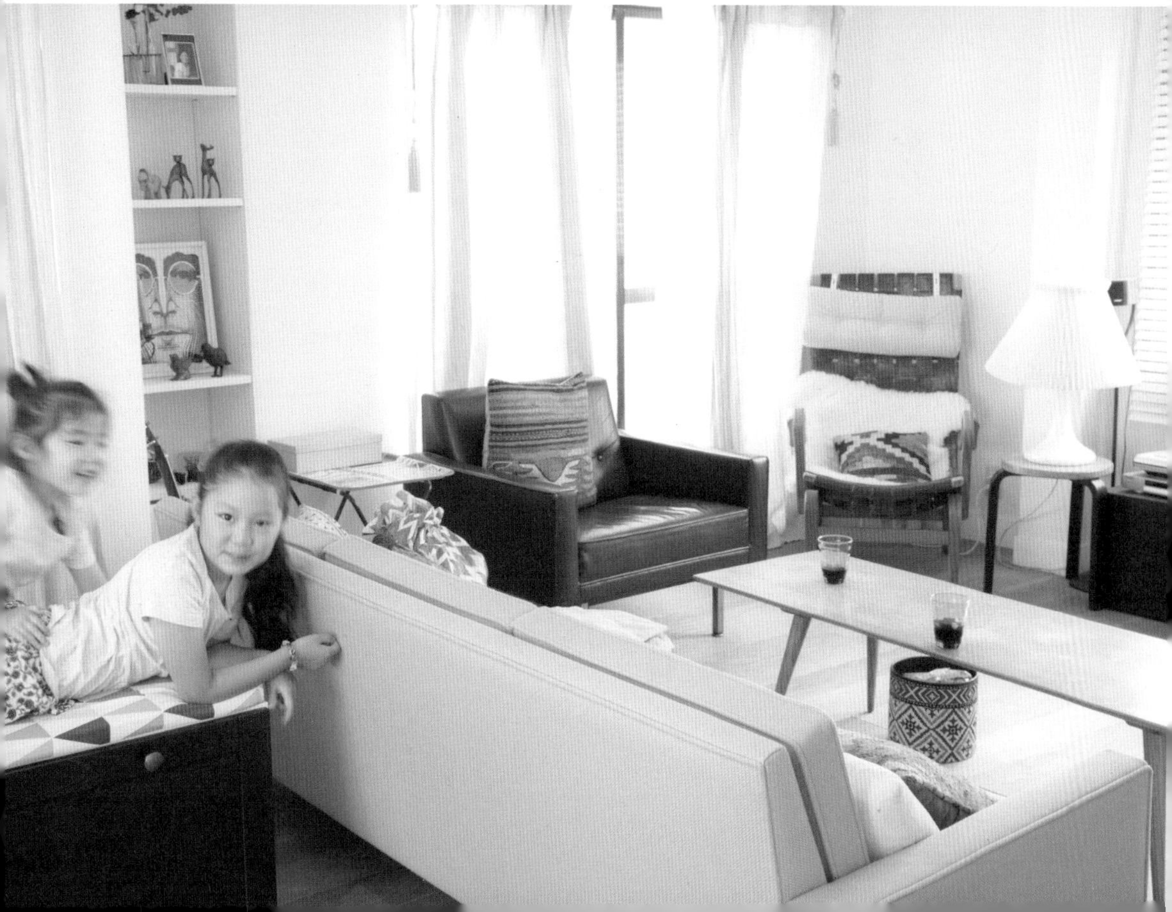

일렉트로닉 기타와 어쿠스틱 기타는 세키네 씨의 정체성을 일깨워주는 취미 중 하나. 딸들의 편안함을 우선으로 하는 생활 속에 세키네 씨의 취미가 아주 자연스럽게 녹아 있다. 인테리어에서는 장르를 따지지 않는다는 세키네 씨다운 라이프스타일.

MY PRIVATE
WARDROBE

선글라스와 안경, 액세서리 등은 신상품과 빈티지를 가리지 않고 마음에 들면 산다. 바이어라는 직업 특성 상 해외출장지에서 구입하는 경우가 많다. "전통적인 정장 차림에 빈티지 선글라스를 매치하기도 해요. 팔찌는 주렁주렁 차든지 아예 안 하든지 하죠." 오른쪽 위의 손목시계는 커트 코베인이 착용했던 것과 같은 모델.

세키네 씨가 기획에 참여하기도 했고 즐겨 입기도 하는 옷들. 오른쪽 셔츠 두 장은 빔스에서 판매하는 베이파라이즈, 데님 셔츠와 양가죽 코트는 타카시TACASI. 양가죽은 영국의 오랜 가죽 브랜드 오웬 배리OWEN BARRY에 특별 주문한 상품. 패치워크 팬츠는 칠드런 오브 더 디스코던스Children of the discordance. 이 역시 별주 상품으로 한 벌 한 벌 핸드메이드로 제작했다고 한다.

298

아다치 아키히로 足立 章紘

빔스 고베 지점
35세 / 오사카, 오사카

현관을 열자 귀여운 웃음소리가 들려온다. 쌍둥이 겐타로弦多朗 군과 오타로桜多朗 군이 웃고 떠들고 싸우고 울고…, 참으로 시끌벅적하다. "아이들이 태어나고 나서 위험한 물건은 치우고 원색 물건은 늘리고, 여러 가지가 바뀌었어요."라고 이야기하는 아다치 씨 부부의 얼굴에는 행복이 가득하다. 따뜻한 느낌의 자연주의 인테리어와 세계 각지에서 모은 소품들에 둘러싸인 쌍둥이들은 분명 구김살 없이 무럭무럭 자라리라.

— 라이프스타일에서 가장 중요하게 여기는 주제는?
좋아하는 것들에 둘러싸여 가족과 웃으면서 지내기.

— 휴일을 보내는 가장 좋아하는 방법은?
근처에 있는 큰 공원에서 아이들과 실컷 논다. 그러고 나서도 혼자만의 시간이 허락된다면 고물상이나 화원에 간다.(웃음)

— 지금 살고 있는 토지(거주지)를 고른 이유는?
시내에 있으면서도 밤에는 조용하고 공기도 맑은 편이라 마음에 들었다.

— 중요하게 생각하는 시간은?
가족과 보내는 시간을 제일 중요하게 여긴다.

— 스트레스 해소 방법은?
푹 자고 나면 대개는 풀린다.

— 인테리어에 특별한 주제나 규칙이 있다면?
이거다 하고 정해놓지 않고 좋아하는 것을 그때그때의 기분에 따라 꾸민다.

— 집에서 가장 소중히 여기는 아이템은?
세상을 떠난 애완견과의 추억이 있는 소파.

— 좋아하는 인테리어 브랜드와 가게는?
라이크 라이크 Like Like**(고베), 트럭 퍼니처(오사카), 러스트**RUST**(오사카), 에센셜 스토어**Essential Store**(오사카).**

— 집 정리를 잘 못하는 사람에게 조언을 해준다면?
정기적으로 손님을 초대하는 등 자기 자신을 몰아붙여라.(웃음)

— 인테리어나 패션의 아이디어를 얻는 원천은?
주변에 센스 있는 친구가 많아서 장르를 불문하고 이런저런 것들을 배우고 있다.

— 센스를 키우는 방법을 한마디로 요약한다면?
누군가를 흉내 내도 좋으니 멋지다고 생각되면 일단 무엇이든 해라.

— 빔스에 들어온 이유는?
좋은 의미에서, 평범하지 않은 사람이 많아 재미있을 것 같았다.

— 빔스에서 일하면서 가장 좋았던 점은?
여러 사람과 물건을 통해 많은 것을 배웠고, 그래서 시야가 넓어졌다.

— 지금까지 일하면서 가장 기억에 남는 에피소드가 있다면?
존경하는 페니카의 디렉터 테리 에리스 씨, 기타무라 게이코 씨와 상품을 기획했던 일이 생각난다. 디자인에 관한 아이디어를 찾아 구제 숍을 돌았는데 참 재미있었다. 이렇게까지 열심히 하시는구나 하고 많이 배우기도 했고, 나 자신을 되돌아보는 계기도 되었다.

OTAKAR HANUS
Surprise!

1. 친구의 아이가 그려준, 겐타로 군과 오타로 군의 초상화. 2. 거실 한 가운데에 있는 스툴은 멕시코의 전통가구인 에퀴팔equipale 스툴. 지금은 아이들의 놀이 탁자로 쓴다. 3. 벽에 장식한 두 장의 그림은 화가였던 할아버지의 그림을 추억하면서 아다치 씨가 직접 캔버스에 그린 것이다. 4. 골동품 시장에서 쪽으로 염색한 천을 보면 자꾸 사 모으게 된다는 아다치 씨. 그 천으로 커튼을 만들었는데 조각을 배치한 모습이 섬세하지는 않아도 애착이 간다고. 5. 아다치 씨는 해외 제품은 물론이고 일본의 전통적인 물건에도 흥미를 느낀다고 한다. 염색작가인 유노키 사미로의 염색 그림과 구라시키 양탄자가 벽에 걸려 있다. 6. 단란한 가족의 한때. 높이 올려준다는 뜻으로 "피융 해줄까?" 하고 물으면 쌍둥이들이 아주 좋아한다. 7. 친구의 아이가 출산을 앞둔 아내에게 쓴 편지. 보물처럼 아끼며 집 안에 장식해두었다.

304

아다치 씨가 좋아하는, 거실과 베란다의 초록 식물들. 이 화분을 어디에 어떻게 둘까 하고 느긋하게 고민하는 시간이 즐겁기만 하다고.

특별히 주문해서 받은 것이라 매우 아끼는 화분. 그 아래에는 모양이 특이하고 재미있어서 좋아하는 식물 열매. 누군가가 체코의 플리마켓에서 사온 것을 구입했다는 곰 장식품. 소박한 분위기가 좋아서 모으고 있는 도자기 그릇. 라오스의 란텐족Lanten이 만든 찻잔 받침. 페니카의 다포. 보면 자극을 받는다는 작품집과 집에 관한 사진. 손에서 잘 놓지 않는다는 무라카미 하루키村上春樹의 소설.

빔스 플러스의 빨간 체크무늬 셔츠, 오어슬로우의 데님, 멕시코의 러그 베스트, 미국산 오리 원단으로 만든 앞치마, 여기에 미군 모자까지. 캐주얼한 아이템이 많다. 오랫동안 신은 워커 부츠, 부부가 함께 애용하는 오로라 슈즈Aurora Shoe Co. 등 질이 좋아 오래 쓸 수 있는 아이템도 많다. 앞쪽의 멕시코 자수 티셔츠는 아이들 옷이다.

306

무라타 리쓰키 村田 律己

빔스 요코하마 히가시구치 지점
30세 / 도쿄, 세타가야

집 안으로 안내를 받아 들어가면 제일 먼저 벽면 가득 들어찬 레코드와 음향설비가 눈에 들어온다. "이 공간만큼은 꼭 만들고 싶었어요." 레코드 방은 음악을 좋아하는 무라타 씨 부부가 오랫동안 동경해온 꿈의 공간이다. 아내의 본가를 개축하면서 특별히 주문했던 높은 천장과 친환경 소재의 벽. 가까운 바다에서 기분 좋은 바람까지 불면 이따금 시간의 흐름을 잊기도 한다. "언제까지나 살고 싶을 만큼 이곳이 좋아요." 고향에서 사는 건 역시 좋다.

— 휴일을 보내는 가장 좋아하는 방법은?
아무것도 하지 않고 빈둥대기.

— 지금 살고 있는 토지(거주지)를 고른 이유는?
고향이 좋아서.

— 가장 중요하게 여기는 시간과 그 시간을 보내는 방법은?
빈둥거리며 레코드를 듣는다.

— 스트레스 해소 방법은?
술.

— 인테리어에 특별한 주제나 규칙이 있다면?
친환경 소재와 색깔

— 집에서 가장 좋아하는 장소와 그곳에서 시간을 보내는 방법은?
레코드 수납장 앞. 음악을 듣거나 악기를 연주한다.

— 수집하거나 꼭 사는 물건이 있다면?
레코드를 저렴하게 파는 곳에 가면 나도 모르게 왕창 산다.

— 레코드는 몇 장인지?
학창시절부터 모았기 때문에 2천 장은 된다.

— 자주 가는 레코드 가게는?
하라주쿠의 빅 러브BIG LOVE**.**

— 자신에게 특별한 레코드를 고르라면?
덴마크 밴드 갱웨이 Gangway**, 영국 밴드 페어그라운드 어트랙션**Fairground Attraction**과 오렌지 주스**Orange Juice**.**

— 기억에 남은 공연은?
프라이멀 스크림PRIMAL SCREAM**이 〈스크리머델리카**SCREAMADELICA**〉 앨범 발매 후 1991년에 했던 일본 공연.**

— 인테리어의 힌트는 어디에서 얻었는지?
레코드와 음향기기를 갖춘 실내 분위기는 스웨덴 밴드 카디건스 The cardigans**가 거점으로 삼았던 탬버린 스튜디오에서 영감을 얻었다.**

— 집 정리를 잘 못하는 사람에게 조언을 해준다면?
일단 버려라.

— 좋아하는 패션 스타일은?
청바지를 기본으로 한 아메리칸 스타일.

— 평소 옷을 입을 때 가장 아끼는 아이템이 있다면?
모자.

— 빔스에서 일하면서 가장 좋았던 점은?
옛날부터 좋아했던 빔스에 내가 연관되어 있다는 사실.

ATHLETIC

1. 바다와 가까운 무라타 씨의 집. 정원에서도 바닷바람을 느낄 수 있다. 2. 넓고 따뜻한 색으로 둘러싸여 있는 키친다이닝룸은 가족이 모이는 생활의 중심 공간. 여름에는 시원하고 겨울에는 따뜻한 지역이라 살기 좋다고 한다. 3. 무라타 씨의 담당은 기타. 드럼 연습 중인 장남과 가족 밴드를 결성할 날도 멀지 않은 듯? 4. 패션 디자이너 후지와라 히로시藤原ヒロシ의 사무실처럼 감각적인 외관과 정감이 있는 실내로 이루어진 공간을 동경해왔다는 무라타 씨. 자신의 이상과 가까운 은색 외벽은 내구성까지 강해서 대단히 마음에 든다고 한다. 5. 추억이 깃든 가족사진과 광고 전단지를 함께 장식했다. 6. 높은 천장 아래에 큼직한 식탁을 놓아 탁 트인 느낌이 좋다. 규조토로 마감한 벽은 전체적으로 따듯한 분위기를 풍긴다. 7. 예전에는 밴드 활동도 했다는 무라타 씨. 일렉트로닉 기타, 베이스 기타, 어쿠스틱 기타, 드럼 세트 등 다양한 악기를 갖추었다.

FLIPPER'S GUITAR
TWO WAY CARD
CD 11· 2:45
Digital Reverb Delay
MXR
VOX
5

6

7

레코드 방에서 흘러나오는 음악이 거실을 한층 더 편안하게 한다. 가족이 여유롭게 지내는 지금 이 시간이 무척이나 소중하다는 무라타 씨. 창 너머로 구리하마에서 하는 불꽃놀이도 볼 수 있어 해마다 가족과 친구들을 불러 함께 즐긴다고.

MY PRIVATE

WARDROBE

평소에 줄무늬 셔츠를 많이 입는다는 무라타 씨의 애장품. 위에서부터 엠니M.Nii, 빔스, 세인트 제임스, 아네스 베agnès b. 최근에는 노란색 줄무늬 옷을 자주 입는다고 한다. 그 위에는 옥스퍼드 셔츠와 샴브레이 셔츠가 있다. 이 셔츠들을 입을 때는 니트 캡을 매치할 때가 많다.

반스의 오센틱AUTHENTIC 모델을 좋아해서 오랫동안 즐겨 신고 있다. 헤질 때까지 신고 다시 구입하기를 반복한다고. 백팩은 착용감이 편한 것을 선호해서 몇 십 년 동안 그레고리GREGORY를 고집하고 있다. 20년 전에 구입한 카무플라주 배낭은 이제 아들이 쓴다. 남색 배낭은 빔스 플러스와 그레고리, 캡틴 선샤인이 공동으로 제작한 제품으로, 출근할 때 꼭 필요한 아이템이다.

314

바바 치사 馬場 知佐

빔스 아베노 지점
28세 / 오사카, 오사카

어쩐지 아련한 느낌의 조용한 주택가. 이곳에서 가장 눈에 띄는 5층짜리 철근 주택. 이곳은 일명 '바바 하우스'. 한 발 안으로 들어서면 가슴 설레는 인테리어가 한가득이다. "어릴 때는 철근 기둥에 매달려서 이리저리 옮겨 다니며 놀았어요. 전부 다 놀이터 같아서 진짜 재미있었어요."라며 지난날을 추억하는 바바 씨. 벽과 문이 없는 개방적인 집. 그 하얀 공간에 가족의 웃음소리와 행복이 넘쳐난다.

── 라이프스타일에서 가장 중요하게 여기는 주제는?
내 생각대로.

── 휴일을 보내는 가장 좋아하는 방법은?
나들이를 가거나 음식 만들기, 수놓기, 과자 만들기, 액세서리 만들기 등을 한다.

── 가장 중요하게 여기는 시간과 그 시간을 보내는 방법은?
작품을 만들거나 그림을 그리면서 나 자신과 마주 대할 수 있는 시간. 언제라고 정해놓지는 않았다.

── 스트레스 해소 방법은?
그림을 그리거나 수를 놓으면 마음이 차분해지고 온화해진다.

── 인테리어에 특별한 주제나 규칙이 있다면?
가능하면 사지 않는다. 만들 수 있는 것은 스스로 만든다.

── 집에서 가장 좋아하는 장소와 그곳에서 시간을 보내는 방법은?
욕실에서 목욕하기. 캄캄한 밤에 목욕하면서 욕실 천장을 올려다보면 반짝이는 별이 보여서 좋다.

── 수집하거나 꼭 사는 물건이 있다면?
해양생물과 관련된 상품. 조개도 자주 줍는다.

── 집 정리를 잘 못하는 사람에게 조언을 해준다면?
이사를 하면 정말 필요한 물건은 저절로 남게 된다. 진짜 필요한 것 이외에는 버리는 것을 아까워하지 말아야 한다.

── 좋아하는 패션 스타일은?
억지로 애쓰지 않는 스타일. 그냥 좋아하는 옷을 자유롭게 입는 사람이 멋있다.

── 자신만의 스타일을 만들어주는, 특히 좋아하는 패션 브랜드는?
빔스. 출처를 알 수 없는 구제 옷도 좋아한다.

── 인테리어나 패션의 아이디어를 얻는 원천은?
전시회나 갤러리에 간다. 출판사에 다니는 아버지가 가져다주시는 사진집과 책도 어릴 때부터 참 좋아했다.

── 갖고 싶은 아이템은?
이에이 스튜디오iei studio**의 의자. 진짜 멋있다.**

── 센스를 키우는 방법을 한마디로 요약한다면?
받아들여라.

── 빔스에 들어온 이유는?
'사랑하자'라는 캠페인 광고를 보고.

── 지금까지 일하면서 가장 기억에 남는 에피소드가 있다면?
고속기차 대신 심야버스를 타고 다니면서 아낀 돈으로 원거리 연애 중인 애인에게 선물(액세서리)을 사려고 온 학생이 있었다. 그 선물을 골라주면서 내가 누군가의 값진 이야기에 일부가 될 수도 있겠다는 생각이 들어 고객에게 더 나은 만족감을 선사해야겠다고 마음먹었다.

오늘 점심은 바바 씨 자매가 어머니에게 배워가며 만든 음식. 정원에서 키우는 식물과 허브로 식탁을 장식했다. 맛있는 음식을 먹는 사이좋은 가족의 단란한 한때. 이야기는 활기를 띠고 웃음이 터져 나온다.

1. 계단에 장식해둔 커다란 캔버스는 바바 씨가 대학교 졸업 작품으로 만든 자수 작품. 세계지도를 모티브로 한 작품으로 바다 부분에 수를 놓았다. 2. 바바 씨가 직접 만든 액세서리. 선물한 것까지 포함해서 지금까지 약 500개 이상 만들었다고. 3. 집 안에서 유일하게 문이 달려 있는 3층 화장실. 5층 화장실은 개방형이다. 4. 액세서리를 만드는 바바 씨. "디자인을 구상해서 재료를 고를 때가 가장 재미있어요." 5. '바바 하우스'의 뒤쪽. 건물 외벽을 손볼 때 에너지가 넘치는 색을 쓰고 싶어서 비타민 컬러라고 불리는 주황색을 골랐다고. 이 일대에서 가장 눈에 띄는 화사한 건물이다. 6. 꼭대기 층인 5층에는 개방적인 욕실이 있다. 창 너머로 하늘이 보인다. 아침 햇살이나 별을 보며 느긋하게 목욕을 즐기는 시간은 그야말로 행복 그 자체. 7. 매쉬 철망을 사용해서 밑이 보이는 계단. 철근 기둥을 활용해서 다양한 공간을 갤러리로 꾸민 점이 눈에 띈다.

6

7

벌써 수십 년째 쓰고 있다는 멋스러운 목제 소파에는 좋아하는 고래를 모티브로 한, 직접 수를 놓아 만든 쿠션을 두었다. 다락방에 올라갈 때 쓰는 낡은 사다리를 선반장으로 활용하여 책과 소품을 얹어놓았다.

MY PRIVATE
WARDROBE

어머니와 할머니의 영향으로 '만들기'를 가장 좋아한다는 바바 씨. 시간이 날 때마다 액세서리를 만들거나 수를 놓거나 그림을 그린다. 직접 만든 액세서리는 패션 포인트로도 활용한다. 스케치북과 자수 도구, 카메라 등의 취미 아이템은 바바 씨가 아끼는 보물. 스케치북 밑에 있는 파우치도 낡은 데님을 리폼한 것. 이가라시 다이스케五十嵐大介의 해양 어드벤처 『해수의 아이』는 바다를 좋아하는 바바 씨의 애장서.

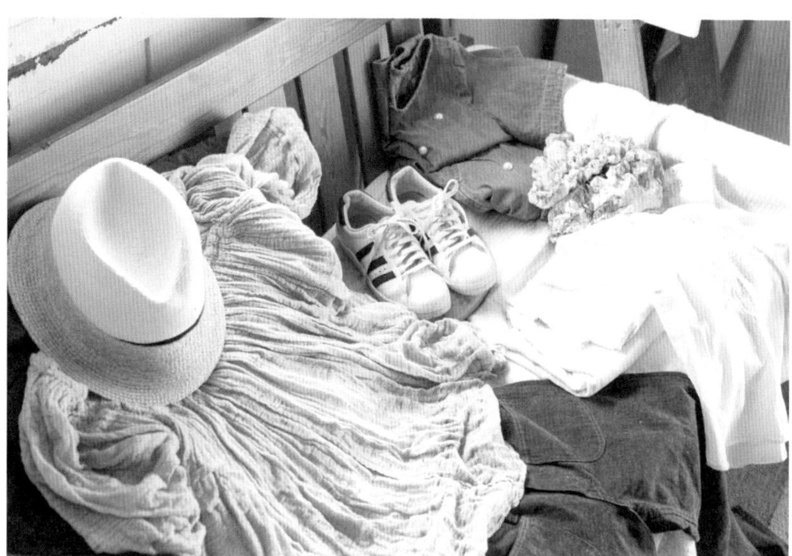

애장품에는 오어슬로우를 중심으로 한 데님 아이템이 빠질 수 없다. 소녀 느낌이 물씬 풍기는 시어터 프로덕츠THEATER PRODUCTS의 탑도 매우 좋아하는 옷. 데님 탑과 치마로 구성한 세트는 빔스의 별주 상품인 무베일MUVEIL의 제품. 남색 튜닉은 스무 살 때 유럽으로 배낭여행을 갔다가 구입한 이후로 꽤 오랫동안 입었다. "좀이 슬기는 했는데 못 버리겠더라고요."라고 말할 정도로 정이 많이 든 옷이다.

322

이도 켄스케 井戸 健介

웹 제작부
37세 / 도쿄, 아다치

"밖을 내다보는 맛이 아주 끝내줍니다."라며 집 안으로 안내한 이도 씨. 실내로 들어서자 탁 트인 개방감이 실로 으뜸이다. 아라카와 하천과 스미다가와 하천이 내다보이는 큰 창에서 기분 좋은 바람이 불어온다. 커피를 내려서 발코니에 나가 앉는다. 경치를 내려다보면서 신나게 노는 두 아이의 웃음소리를 들으며 마시는 커피 한 잔, 각별하지 않을 수 없다. 도심지에 있으면서도 자연을 느끼며 여유롭게 사는 이도 씨. 이곳에서 보내는 시간이 더할 나위 없이 행복해 보인다.

— 라이프스타일에서 가장 중요하게 여기는 주제는?
자연과 가까운 환경.

— 휴일을 보내는 가장 좋아하는 방법은?
집 근처에 있는 아라카와 광장에 도시락과 맥주를 싸가지고 가서 논다. 늪에는 거북이와 송사리, 들새가 있다. 집에서 5분이면 그 자연 속으로 들어갈 수 있다.

— 지금 살고 있는 토지(거주지)를 고른 이유는?
자연환경과 학교 시설 등이 잘 정비되어 있다. 직장도 가깝고, 이 집의 구조와 조망도 마음에 들었다.

— 가장 중요하게 여기는 시간과 그 시간을 보내는 방법은?
아이들과 함께 있는 시간. 이 시간은 지금밖에 즐기지 못한다.

— 인테리어에 특별한 주제나 규칙이 있다면?
DIY 느낌. 벽이나 선반을 직접 설치해볼까 하는 생각을 한다. 아직까지는 생각만 한다.(웃음) 기분 좋은 공간. 식물도 좀 많이.

— 집에서 가장 좋아하는 장소와 그곳에서 시간을 보내는 방법은?
발코니. 여기서 아침에는 커피를 마시고 밤에는 술을 마신다. 친구가 놀러오면 발코니에 탁자와 의자를 꺼내놓고 이야기를 나눈다.

— 집에서 가장 소중히 여기는 아이템은?
퍼시픽 퍼니처 서비스의 탁자. 정기적으로 왁스칠을 해준다. 야마하YAMAHA의 어쿠스틱 기타. 고등학교 때 친구가 준 기타다.

— 수집하거나 꼭 사는 물건이 있다면?
구제 회색 스웨터와 데님. 몇 년대의 어떤 브랜드라는 식의 고집은 없지만 지금과는 느낌이 다른 사이즈나 실루엣, 소재, 낡은 정도 등이 마음에 들면 산다.

— 좋아하는 패션 스타일은?
편안한 스타일이나 구제. 머리끝에서 발끝까지 구제만 입기보다는 질 좋은 아이템과 매치해서 입을 때가 많다.

— 평소 옷을 입을 때 가장 아끼는 아이템이 있다면?
컨버스. 어떤 스타일에도 잘 어울린다. 디자인은 같지만 색상과 소재가 다른 신발을 여러 켤레 갖고 있다. 매치해서 신는 재미가 있다.

— 인테리어나 패션의 아이디어를 얻는 원천은?
남성 잡지는 얼추 다 읽는다. 웹 사이트는 eyescream.jp, HOUYHNHNM 등을 자주 방문한다. 그밖에도 직업 특성상 다방면의 정보를 훑어본다. 친구나 동료들의 집도 참고가 된다. 그렇지만 역시 뭐니 뭐니 해도 빔스 바이어들에게서 가장 많은 영향을 받는다.

— 빔스에서 일하면서 가장 좋았던 점은?
서로 자극을 줄 수 있는 동료와 선배, 후배를 만난 것. 업무 면에서나 인간관계 면에서나 즐거운 일이 많았다. 내 최고의 재산이라고 생각한다.

— 지금까지 일하면서 가장 기억에 남는 에피소드가 있다면?
지금으로서는 생각할 수 없는 하와이 출장.

조망권이 좋은 발코니에서 식물과 거북이를 기른다. 날마다 식물에 물을 주는 건 둘째가 담당한 일이다. 여름에는 불꽃놀이도 볼 수 있다. 친구를 불러 느긋하게 지낼 수 있는, 이 집에서 없어서는 안 될 공간.

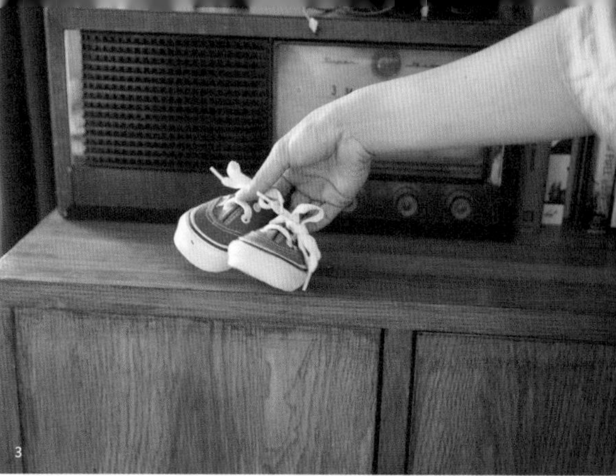

1. 거실 선반에는 이도 씨가 참여했던 상품과 추억의 아이템이 진열되어 있다. 레트로 느낌의 라디오는 부모님께서 물려주셨다. 일본에서 만든 진공관 라디오로, 쇼와시대(1926~1989년) 때 쓰던 것인데 지금도 작동된다. 진공관 특유의 소리가 매력적이다. 왼쪽 위에 놓인 신발은 영화배우 무라카미 준村上淳이 만든 샹티SHANTii라는 브랜드에서 나온 엔지니어 부츠. 이 역시 추억의 아이템. 2. 펜탁스PENTAX의 필름 카메라와 영사기도 인테리어 소품처럼. 3. 큰아들의 출산 축하 선물인 미국산 반스는 편집매장 프리지의 사장인 구마사카 다쿠熊坂卓의 선물. 4. 유니코unico의 소파가 놓여 있는 거실은 가족이 모이는 단란한 장소. 친구가 준 추억의 어쿠스틱 기타는 이도 씨가 소중히 다루는 아이템.

거실에 놓은 큼직한 해먹. 개방적인 실내와 아웃도어를 좋아하는 부부에게 잘 어울리는 아이템이다. 앞으로 아이들이 크면 함께 캠핑하러 갈 생각에 설렌다는 이도 씨.

MY PRIVATE
WARDROBE

평소에는 구제 옷을 매치해서 입을 때가 많다는 이도 씨의 애장품들. 특히 리바이스의 데님 재킷을 좋아한다고 한다. 낡아서 뜯어진 데님도 환영이다. 70505 BIG E, 505, 501 66', 리Lee의 101. 하라주쿠의 버버진BerBerJin과 지바 현 가시와시에 있는 창고형 매장에서 미국의 구제 옷을 찾아 입는다.

컨버스의 스니커즈는 이도 씨의 필수 아이템. 미국 한정판으로 출시된 올스타와 어딕트ADDICT, 빔스에서 제작한 데님 생지를 이용해서 리바이스와 컨버스가 공동으로 만든 모델 등 종류도 다양하다. 척테일러 올스타 모델과 잭 퍼셀 모델은 신지 않고 아끼는 중. 이도 씨의 신발장에는 넘쳐날 정도로 많은 컨버스의 스니커즈가 있다.

330

야마시타 유스케 山下 裕亮

빔스 아베노 지점
37세 / 요코하마, 고베

거실 벽에는 야마시타 씨가 직접 유목을 대서 만든 태피스트리가 걸려 있다. 수형이 개성적인 고무나무에는 카이 보예센KAY BOJESEN의 원숭이 장난감이 걸려 있어 재미있다. 무심하게 놓여 있는 책에서 야마시타 씨가 서핑에 빠져 있음을 알 수 있다.

햇빛이 찬란하게 내리쬔다는 말이 더없이 잘 어울리는 밝고 쾌적한 집. 탐나는 물건을 갖고 싶다는 야마시타 씨의 말처럼, 넓은 거실은 질 좋은 북유럽 가구와 일본 도자기로 채워져 있다. 그리고 감각적으로 배치되어 있는 초록 식물들. 마음에 쏙 드는 소파에 둘이 나란히 앉아 여유롭게 시간을 보내는 야마시타 씨 부부. 행복의 빛이 이 부부에게 내리쬐고 있다.

── 라이프스타일에서 가장 중요하게 여기는 주제는?
볕이 잘 들고 식물이 있는 생활.

── 휴일을 보내는 가장 좋아하는 방법은?
둘이서 쇼핑을 하거나 음식을 만들어 먹는다.

── 지금 살고 있는 토지(거주지)를 고른 이유는?
상사가 소개해줬다.

── 가장 중요하게 여기는 시간과 그 시간을 보내는 방법은?
아내와 함께 보내는 시간. 특히 같이 밥을 먹는 시간.

── 스트레스 해소 방법은?
드라이브를 한다.

── 인테리어에 특별한 주제나 규칙이 있다면?
새로운 것보다는 분위기가 있는 것이 더 좋다. 그래서 빈티지를 선호한다.

── 집에서 가장 좋아하는 장소와 그곳에서 시간을 보내는 방법은?
소파에서 커피를 마신다.

── 집에서 가장 소중히 여기는 아이템은?
한스 웨그너의 소파.

── 수집하거나 꼭 사는 물건이 있다면?
빈티지 가구 컬렉션과 식물은 나도 모르게 사게 된다.

── 좋아하는 인테리어 브랜드와 가게는?
스완키 시스템즈 Swanky Systems**(오사카).**

── 집 정리를 잘 못하는 사람에게 조언을 해준다면?
불필요한 것은 끊고, 버리고, 집착에서 벗어나야 한다.

── 좋아하는 패션 스타일은?
'레이디스' 부분을 담당하고 있어서 심플하면서도 예쁜 스타일을 고집한다.

── 평소 옷을 입을 때 가장 아끼는 아이템이 있다면?
파란색 셔츠. 셔츠를 중심으로 코디할 때가 많다.

── 인테리어나 패션의 아이디어를 얻는 원천은?
최근에는 인스타그램을 많이 본다.

── 빔스에서 일하면서 가장 좋았던 점은?
좋은 동료를 만난 것.

── 지금까지 일하면서 가장 기억에 남는 에피소드가 있다면?
많이 있지만, 그중에서도 사람과 사람의 만남이 가장 기억에 남는다.

1. 조지 넬슨GEORGE NELSON의 벤치. 그 위에는 빔스에 주문해서 받은 웨딩 보드. 벽에는 페니카의 이벤트 포스터. 2. 메종 마르지엘라의 마트료시카. 화이트우드를 매끈하게 가공한 것으로, 문양이 없이 새하얀 신비로운 오브제. 3. 도자기를 상당히 좋아한다는 야마시타 씨 부부. 오키나와의 도자기, 온타야키, 슛사이가마 등 매력적인 작품을 모아 놓았다. 4. 프랭크 로이드 라이트FRANK LLOYD WRIGHT의 스탠드가 실내에 악센트를 준다. 무심한 듯 걸어놓은 화분도 분위기를 부드럽게 해준다. 5. 휴일에는 둘이서 주방에. 같이 음식을 만들어 먹는 것이 즐겁다는 사이좋은 부부. 6. 다다미방에는 임스의 좌식탁자를 비롯해 오키나와의 의자와 한스 웨그너의 포스터 등 여러 국적의 아이템이 조화롭게 놓여 있다.

5

6

스웨덴의 도예 디자이너 리사 라손의 오브제. 게이주샤의 화지공예품. 다양한 분야의 다양한 아이템들이 섞여 있지만 위화감은 느낄 수 없다. 도자기는 결혼기념일마다 떠나는 곳곳의 여행지에서 하나씩 사 모은 것이다.

MY PRIVATE
WARDROBE

파란색이 많다며 꺼내온 야마시타 씨의 애장품. 오어슬로어의 초록색 재킷과 리바이스의 데님 재킷, 오르테가스ORTEGA'S의 조끼, 버즈 릭슨의 데님 셔츠, 르트로와Letroyes의 니트, 매디슨블루MADISONBLUE의 셔츠. 캐주얼하지만 그렇다고 너무 풀어지지도 않은 깔끔하고 단정한 스타일을 좋아한다.

휴일에는 캡을 쓴다는 야마시타 씨. 접객 업무를 하기에 향기에 신경을 쓰는 편인데 주로 리토retaW의 프레그런스 스프레이 '알렌ALLEN'을 애용한다. 레이밴과 블랑BLANC의 선글라스, 꼼 데 가르송의 지갑, 크롬하츠CHROME HEARTS의 지갑 체인, 롤렉스 시계.

338

마쓰이 케이타로 松井 圭太郎

빔스 보이 우메다 지점
31세 / 교토, 교토

TIME

교토대학 바로 옆. 학생들의 활기와 예부터 내려오는 차분함이 공존하는 주택가. "조용하고 재미있는 가게가 많아요."라며 마쓰이 씨는 이 동네의 매력을 설명했다. 연식이 오래된 주택도 마쓰이 씨 부부의 손을 거치면 금세 안락하고 근사한 공간으로 변신한다. 아내가 말린꽃과 마쓰이 씨가 찍은 사진으로 장식한 실내에는 가족의 즐거운 웃음소리와 사랑이 넘쳐나고 있다.

— 라이프스타일에서 가장 중요하게 여기는 주제는?
24절기와 연중행사를 잘 챙기고 계절을 느끼며 사는 것.

— 휴일을 보내는 가장 좋아하는 방법은?
지인들과 가모가와강에서 파티! 여기서 마시는 맥주는 최고다!

— 지금 살고 있는 토지(거주지)를 고른 이유는?
대학가라서 싸고 맛있는 식당이 많다. 가모가와강이나 긴카쿠지銀閣寺 **등에도 걸어서 갈 수 있다.**

— 가장 중요하게 여기는 시간과 그 시간을 보내는 방법은?
망상하는 시간. 가고 싶은 곳이나 살고 싶은 집을 상상하기도 한다.

— 스트레스 해소 방법은?
여행. 편히 쉬러 오키나와에 자주 간다.

— 집에서 가장 소중히 여기는 아이템은?
오카모토 타로岡本太郎**의 '수염 남작**髭男爵**'이라는 물병…이 있었는데 깨져버렸다. 그런데 버리지를 못하고 있다.**

— 수집하거나 꼭 사는 물건이 있다면?
기온마쓰리祇園祭 **때 판매하는 수건. 요코하마의 기요켄**崎陽軒**에서 파는 딤섬(사오마이)에 딸려 나오는, 표주박 모양의 도자기 간장병.**

— 좋아하는 인테리어 브랜드와 가게는?
교토에 있는 부도하우스 가구공방葡萄ハウス家具工房**과 브라운**BROWN**.**

— 집 정리를 잘 못하는 사람에게 조언을 해준다면?
사람을 초대해라. 정리해야겠다는 생각이 들 것이다.

— 좋아하는 패션 스타일은?
워크WORK **스타일. 활동하기 편하고 때가 좀 타도 걱정없는, 막 입어도 보기 좋은 스타일이 좋다.**

— 평소 옷을 입을 때 가장 아끼는 아이템이 있다면?
모자와 안경. 서로 잘 어울리는 것을 매치한다.

— 인테리어나 패션의 아이디어를 얻는 원천은?
오키나와 쪽 책이나 인스타그램.

— 갖고 싶은 아이템은?
자동차!

— 센스를 키우는 방법을 한마디로 요약한다면?
다양한 사람이 모이는 곳에서 다양한 사람을 만나라.

— 빔스에서 일하면서 가장 좋았던 점은?
아버지가 근사해지셨다.

— 지금까지 일하면서 가장 기억에 남는 에피소드가 있다면?
아르바이트 첫날 진열장 유리를 부쉈다.

벽 곳곳에 다양한 아이템을 자유롭게 장식했다. 농구 티셔츠를 넣은 액자와 서프보드 모양의 시계는 지인이 자신의 가게에서 더는 쓰지 않는다며 주었다고.

1. 벽에는 아내가 말린꽃과 마쓰이 씨가 찍은 사진이. 딸아이의 귀여운 모습을 담은 사진이 많다. 2. 좋아해서 수집 중이라는 오카모토 타로의 작품은 트레이 위에 모아두었다. 매우 좋아하는 공간이라고. 3. 두 사람의 결혼식 꽃도 그랬고, 평소 집 안을 장식하는 꽃은 모두 말리기 쉬운 것으로 고른다. 예쁜 모습 그대로 말린꽃이 집 안 곳곳을 장식하고 있다. 4. 열네 살 때부터 좋아했다는 카메라. 현상해야만 볼 수 있는 필름 방식을 선호하는데, 그중에서도 장난감처럼 만들어져 조작하기 쉬운 필름카메라를 좋아한다. 5. 휴일에는 밴드 활동도 한다. 마쓰이 씨는 베이스 담당. 오리지널 CD도 제작했다.

가족이 느긋하게 쉴 때는 이 소파에서. 위에는 바닥재로 만든 선반을 달아 좋아하는 소품들을 진열했다.

MY PRIVATE
WARDROBE

마쓰이 씨가 '하루라도 없으면 안 된다'고 했던 모자와 안경. 입을 옷을 이삼 일 전에 미리 준비하는데 제일 먼저 안경과 모자부터 고른다. 데코DECHO 제품을 비롯해서 여러 종류의 모자를 50개 정도 가지고 있다. 안경은 주로 써보았을 때 편한 것을 고른다. 둥근 안경, 색상이 화려한 안경 등 개성 만점의 안경이 많다. 카메라는 마쓰이 씨가 특히 더 좋아한다는 로모Lomo의 토이카메라.

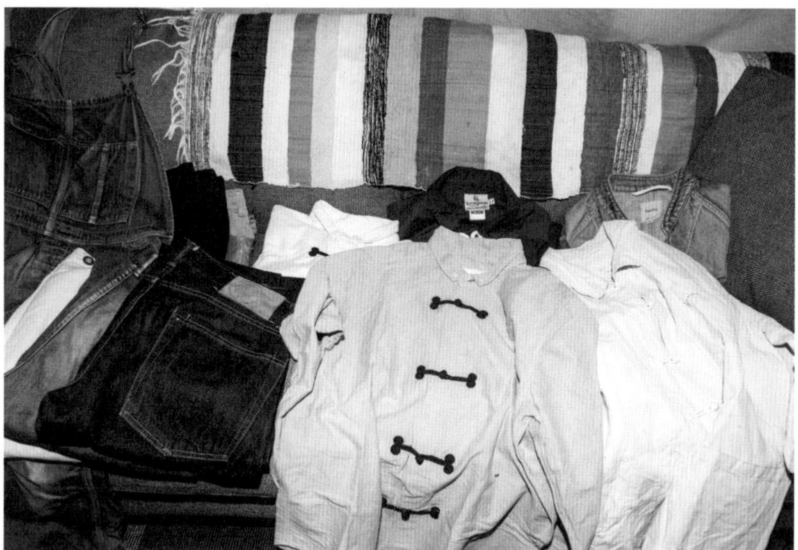

데님 계통과 캐주얼한 워크 스타일의 옷이 많다. 차이나재킷은 특히 좋아하는 옷으로, 비슷한 디자인의 옷을 여러 벌 가지고 있다. 심플하면서도 개성과 감각을 느낄 수 있는 스타일의 옷이 많다. 한때는 스케이트보드를 좋아했었는지, 주로 움직이기 편한 옷들로 구성되어 있다. "데님 하면 역시 오어슬로우죠."라고 말할 정도로 하의는 대부분 오어슬로우.

346

다카하시 카즈키 高橋 一城

빔스 하라주쿠 지점
39세 / 지바, 마쓰도

뛰어놀기 바쁜 개구쟁이 아들, 반려견 두 마리, 선인장 100개 이상. 평범한 맨션임을 잊게 할 정도로 다양한 생명이 이곳에서 자신의 성장 속도에 맞춰 시끌벅적 살아간다. 이 집의 주인인 다카하시 씨의 취미는 서핑. 스폰서가 붙을 정도로 실력이 출중하다. "쉬는 날에는 무조건 바다로 갑니다. 그쪽에 아는 사람도 워낙 많고요." 바다와 초록빛을 느낄 수 있는 다카하시 씨의 집은 따뜻한 햇살이 잘 어울리는 느슨하면서도 꾸밈없는, 지역의 분위기로 가득 차있다.

— 라이프스타일에서 가장 중요하게 여기는 주제는?
바다와 초록빛을 느낄 수 있는 생활. 가족과 함께 바다에 가기.

— 지금 살고 있는 토지(거주지)를 고른 이유는?
느낌? 타이밍? 뭐, 어쩌다 보니.

— 집은 임대하는 쪽? 구입하는 쪽?
구입. 대출을 받았다.

— 스트레스 해소 방법은?
바다에 나가 서핑을 한다.

— 인테리어에 특별한 주제나 규칙이 있다면?
서프나 스케이트보드 쪽 문화를 도입했다. 색상 사용은 다양하게. 식물로 치유 효과를 더했다.

— 집에서 가장 좋아하는 장소와 그곳에서 시간을 보내는 방법은?
거실. 아들하고 개들과 편히 쉬면서 지낸다.

— 집에서 가장 소중히 여기는 아이템은?
아들의 장난감.

— 집 정리를 잘 못하는 사람에게 조언을 해준다면?
되도록 쌓아놓지 말고 부지런히 치우자.

— 좋아하는 패션 스타일은?
서프, 스케이트, 나만의 스타일.

— 평소 옷을 입을 때 가장 아끼는 아이템이 있다면?
티셔츠, 컨버스의 올스타.

— 자신만의 스타일을 만들어주는, 특히 좋아하는 패션 브랜드는?
리바이스.

— 인테리어나 패션의 아이디어를 얻는 원천은?
인스타그램, 핀터레스트, 텀블러.

— 갖고 싶은 아이템은?
차고.

— 센스를 키우는 방법을 한마디로 요약한다면?
항상 이상理想을 지닐 것.

— 빔스에 들어온 이유는?
인기를 끌고 싶었다.

— 빔스에서 일하면서 가장 좋았던 점은?
인기를 끌게 되었다.

— 지금까지 일하면서 가장 기억에 남는 에피소드가 있다면?
인생의 파트너인 아내를 만났다.

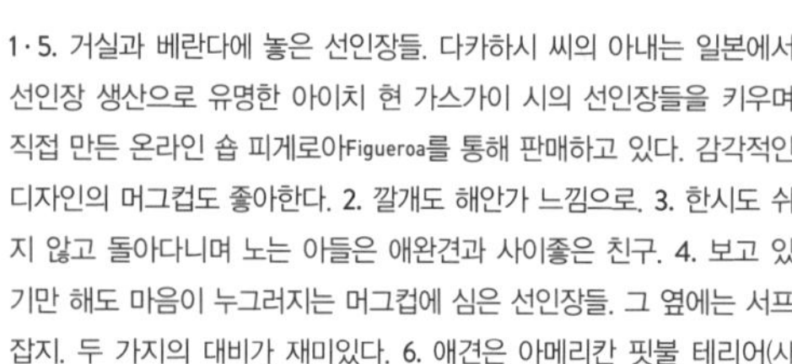

1·5. 거실과 베란다에 놓은 선인장들. 다카하시 씨의 아내는 일본에서 선인장 생산으로 유명한 아이치 현 가스가이 시의 선인장들을 키우며 직접 만든 온라인 숍 피게로아Figueroa를 통해 판매하고 있다. 감각적인 디자인의 머그컵도 좋아한다. 2. 깔개도 해안가 느낌으로. 3. 한시도 쉬지 않고 돌아다니며 노는 아들은 애완견과 사이좋은 친구. 4. 보고 있기만 해도 마음이 누그러지는 머그컵에 심은 선인장들. 그 옆에는 서프 잡지. 두 가지의 대비가 재미있다. 6. 애견은 아메리칸 핏불 테리어(사진)와 프렌치 불도그. 부부가 입은 옷은 서퍼의 이름과 메이저 브랜드를 프린트 한 이븐 플로EVEN FLOW의 패러디 티셔츠. 다카하시 씨는 때때로 이 브랜드의 기획에 참여해 조언을 한다. 7. "캘리포니아 쪽에서 흔히 볼 수 있는, 거실과 차고의 경계가 모호한 실내로 꾸미고 싶었어요." 그래서인지 벽에 걸린 서프보드에서 위화감을 느낄 수 없다. 무기질인 에어컨이나 텔레비전 받침 등은 염색천이나 성조기 등으로 눈가림을 했고, 아내가 만든 가렌드로 아메리칸 분위기를 연출했다.

6

7

주방 선반 위쪽에는 1966년에 공개된 서프 다큐멘터리 영화 〈파도 속으로THE ENDLESS SUMMER〉의 포스터가 붙어 있다.

MY PRIVATE

WARDROBE

하바이아나스havaianas, 필라, 나이키 등의 샌들. "서핑할 때는 바닷가에 그냥 벗어놓기 때문에 가끔씩 도둑맞기도 해요. 그래서 저렴한 것들뿐이죠."라며 실용성을 강조한 다카하시 씨. 이 가운데 아끼는 샌들은 아스트로덱ASTRODECK. "깔창이 서프보드의 데크 패드와 같은 소재로 만들어져서 이걸 신으면 시내를 걸어 다닐 때도 서핑하는 기분을 느낄 수 있거든요."

한겨울 외에는 거의 티셔츠 차림으로 지낸다는 다카하시 씨. 대학생일 때 좋아했다는 밴드 배드 브레인스BAD BRAINS와 사운드가든Soundgarden의 티셔츠, 공개 당시에 구입했다는 영화 〈E. T.〉의 티셔츠 등 요즘에는 찾아보기 힘든 오리지널 빈티지가 꽤 많다! 서퍼나 스케이터의 이름을 프린트한 패러디 티셔츠도 여러 장 가지고 있다.

354

나카다 신스케 中田 慎介
나카다 준코 中田 順子

멘즈 캐주얼 디렉터 / 빔스 요코하마 히가시구치 지점
38세 · 33세 / 가나가와, 가마쿠라

가마쿠라 역에서 조금 떨어진 한적한 주택가. '심플하고 살기 편한 집'을 만들고 싶었다는 다나카 씨의 보금자리는 1949년에 미국에서 지어진 현대 건축의 걸작 '임스 하우스'를 모델로 삼았다. 네모 반듯한 외관과 최소한의 직선으로 구성된 공간에 좋아하는 가구와 식물을 더한 거실은 뛰어난 쾌적함과 편안함을 자랑한다. 게다가 이곳은 도심과 적당히 떨어져 있어 일과 사생활을 구분하기에도 좋다. 나카다 씨 가족은 이곳 가마쿠라에서 좋아하는 취미생활을 즐기며 여유로운 삶을 만끽하고 있다.

— 라이프스타일에서 가장 중요하게 여기는 주제는?
여유와 재치가 있는 삶. 어떻게 하면 재미있게 살지 날마다 생각한다.

— 휴일을 보내는 가장 좋아하는 방법은?
이른 아침의 서핑 → 브런치 → 아이와 놀기 → 근처 친구와 느긋한 저녁을 먹으며 잡담하기.

— 지금 살고 있는 토지(거주지)를 고른 이유는?
산, 바다, 반딧불, 장어 덮밥, 회정식+전갱이튀김, 가마쿠라 채소, ON · OFF의 자유로움, 불꽃놀이, 심야 바에서의 한 잔, 벚꽃, 소고기스튜 · 134호선 도로, 해변공원.

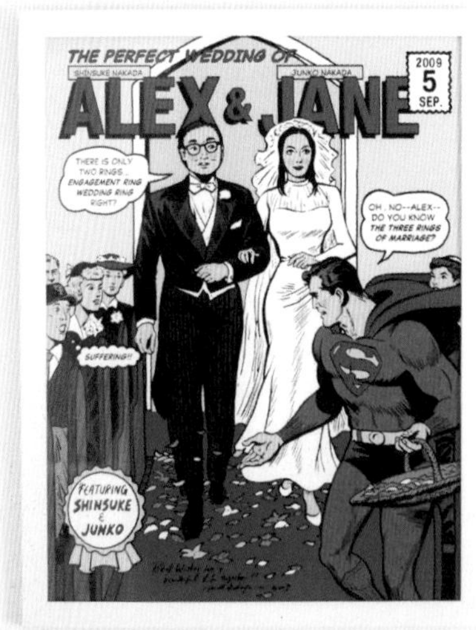

— 집은 임대하는 쪽? 구입하는 쪽?
구입하는 쪽. 대출을 받음으로써 인생의 도화선에 불을 지필 수 있다.

— 가장 중요하게 여기는 시간과 그 시간을 보내는 방법은?
상상하기, 시뮬레이션하기, 깊이 생각하기, 되돌아보기. 그런 '생각하기'가 내게는 더없이 중요하다.

— 수집하거나 꼭 사는 물건이 있다면?
망가지지 않고 오늘날까지 이어진 일용품이나 빈티지 공산품. 저렴한 대량생산품이지만 조형미가 있거나 아름다운 것. 이런 것들을 보면 그냥 지나치지 못한다.

— 좋아하는 인테리어 브랜드와 가게는?
미국의 앤티크 매장 전부. 찾는 재미도 느낄 수 있고 그동안 공부한 실력을 발휘하는 시험의 장 같아서. 구입 기회가 한 번뿐이라 후회 없는 선택을 해야 한다.

— 좋아하는 패션 스타일은?
디테일이나 기능 면에서 역사와 이야기를 간직한 아메리칸 캐주얼을 좋아한다.

— 갖고 싶은 아이템은?
알렉스 몰튼 바이시클 Alex Moulton Bicycles**.**

— 센스를 키우는 방법을 한마디로 요약한다면?
흡수하려는 마음을 기른다.

— 빔스에 들어온 이유는?
학창시절부터 이 회사만 생각했었다. 변화가 빠른 패션 시장에서 중심을 잃지 않으면서도 융통성 있게 반 발자국 앞서 대처하는 빔스에 매력을 느꼈다.

— 빔스에서 일하면서 가장 좋았던 점은?
어쨌든 나는 인복이 있는 것 같다. 주변의 좋은 사람들이 내 재산이다.

— 지금까지 일하면서 가장 기억에 남는 에피소드가 있다면?
엘엘빈과의 공동 작업. 오랫동안 쌓은 신뢰관계를 바탕으로 아웃도어의 개척자라 할 수 있는 엘엘빈과 협업했던 일은 앞으로도 절대 잊지 못할 것 같다.

큰 창들 사이에 진심으로 좋아한다는 사진작가 이시즈카 겐타로石塚元太良의 작품이 걸려 있다. 나카다 씨는 이 창들 너머로 계절마다 달라지는 산의 녹음을 내다볼 수 있어 좋다고 한다. 하얀 벽에 반사된 태양광이 기분 좋은 곳이다.

1. 창에서 보이는 뒷산 나무에 나카다 씨가 직접 색색의 깃발을 걸었다. 2. 독특한 분위기의 목제 사다리는 나카메구로에 있는 장티크에서 구입했다. 도쿄에 살 때는 가쿠게대학 역의 가구거리를 중심으로 쇼핑을 다녔다고 한다. 3. 뉴욕의 아웃도어브랜드 베스트 메이드BEST MADE에서 나온 'WHAT GOOD SHALL I DO THIS DAY?'라고 쓰인 메시지판. 잘 보이는 아래쪽 계단에 붙여 놓고 아침마다 출근하기 전에 보고 나간다. 4. 기분 좋은 빛이 들어오는 개방형 주방의 스테인리스 상판도 임스 하우스를 본뜬 것이다. 5. 바이어로 일할 때 뉴멕시코에 자주 갔다는 나카다 씨. 거실에는 센티넬라CENTINELA의 러그가 깔려 있다. 6. 1층의 아이 방과 욕실의 문은 하얀 벽과 대조를 이루는 색깔로 칠했다. 7. 아이 방에는 혼마 료지本間良二, 도요타 코지豊田弘治 등 아티스트의 작품을 걸었다.

5

6

7

1층으로 내려가는 계단 옆에는 안전을 위해 난간을 설치했다. "임스 하우스의 난간 분위기를 좋아했거든요." 벽에는 유럽 잡지 〈모노클 MONOCLE〉에서 활동하는 일러스트레이터 데미안 플로레베르 퀴페르 DAMIEN FLOREBERT CUYPERS가 그린 나카다 씨의 초상화가 걸려 있다.

MY PRIVATE
WARDROBE

나카다 씨의 안경과 선글라스. 가운데에 있는 것은 독일 브랜드 루노Lunor의 홀딩글라스. 대선배에게서 선물 받은 보물이다. 오른쪽에 있는 것은 바슈롬Bausch&Lomb의 50년대 빈티지 안경과 빔스 플러스 별주 상품인 하쿠산 메가네白山眼鏡. 선글라스는 아메리칸 옵티컬AMERICAN OPTICAL의 사라토가SARATOG와 레이밴의 웨이패러WAYFARER 등을 애용한다.

오른쪽 끝에 있는 카벨라스Cabelas의 헌팅웨어는 60년대 빈티지 아이템. 나카다 씨는 의상을 제작할 때 기능에 충실한 이 옷의 디자인을 자주 참고한다고 한다. 재킷은 스즈키 다이키鈴木大器가 일본인 디자이너로는 처음으로 울리치WOOLRICH에서 정식으로 디자인한 옷이다. 한 해의 2/3는 버튼다운 셔츠를 입는다는 나카다 씨. 아래쪽에는 아끼는 신발들. 오른쪽부터 고키GOKEY, 알든, 엘엘빈.

362

제이 우 ゼェイ・ウー

빔스 타이페이 지점
37세 / 타이완, 타이페이

타이페이 송산국제공항에서 그리 멀지 않은 곳에 미국식 도시를 참고로 시설을 정비한, 한때는 미군의 주둔지이기도 했던 민셩셔 구가 있다. 이곳에서도 보리수가 무성한 푸진지에富錦街에 제이 씨의 집이 있다. 지은 지 40년도 넘었다는 아파트는 세로로 길게 빠진 구조에 저 멀리 산이 내다보이는 통풍이 잘 되는 집이다. 빔스 타이페이 지점도 걸어서 갈 수 있을 만큼 가깝다. 이 집에 있노라면 편안한 삶은 편안한 장소에서부터 비롯된다는 것을 깨닫게 된다.

— 라이프스타일에서 가장 중요하게 여기는 주제는?
스스로 시간을 자유롭게 정해서 일이든 놀이든 좋아하는 것을 한다. 자연에서 힘을 얻는 것을 좋아한다.

— 휴일을 보내는 가장 좋아하는 방법은?
느긋하게 가족과 지낸다. 최근에는 아들과 이야기하면서 지내는 시간이 좋아 둘이서 여기저기 많이 다닌다.

— 지금 살고 있는 토지(거주지)를 고른 이유는?
도심이면서 녹음이 많고 조용해서. 공항까지 차로 5분이면 간다. 해외출장이 많은 나로서는 그런 입지 조건이 아주 편하다.

— 스트레스 해소 방법은?
나이를 먹으면서 스트레스도 많이 사라졌다. 날마다 많은 문제가 생기지만 고민하기보다는 밤에 충분히 잔다. 피로를 수시로 풀어주면 다음날 아침에 머리가 맑아져서 의욕이 샘솟는다.

— 인테리어에 특별한 주제나 규칙이 있다면?
평소 집에 늦게 들어가는 편이어서 일단은 편히 쉴 수 있는 공간이길 원했다. 창가에는 식물을 많이 두려고 했고 친구가 찍은 사진을 장식했다. 앤티크 소품을 곳곳에 두었고 포인트 색깔로 파란색을 더했다. 지금은 근사해 보이기 위한 어떤 규칙을 만들기보다는 날마다 늘어나는 아이의 낙서를 보는 것이 재미있다. 아이가 즐겁고 자유롭게 지낼 수 있는 집이면 좋겠다.

— 집에서 가장 소중히 여기는 아이템은?
친구인 사진작가 이즈미 다이고泉大悟가 찍은 모노크롬 사진.

— 수집하거나 꼭 사는 물건이 있다면?
반스, 안경, 니트 모자.

— 좋아하는 인테리어 브랜드와 가게는?
타이완에서는 푸진 트리 홈 Fujin Tree home**, 엉클 잭스**Uncle Jacks **빈티지 숍.**

— 좋아하는 패션 스타일은?
타이완은 여름이 길고 매우 더워서 셔츠에 짧은 바지를 입고 스니커즈를 즐겨 신는다.

— 자신만의 스타일을 만들어주는, 특히 좋아하는 패션 브랜드는?
빔스 플러스와 여러 브랜드의 협업 아이템.

— 센스를 키우는 방법을 한마디로 요약한다면?
감각이 뛰어난 친구나 지인을 많이 만나고, 세계 여러 곳에서 많은 사람을 만나고, 여러 가지 물건을 다양하게 접하고, 여러 가지 일을 체험하면 좋을 것 같다.

— 지금까지 일하면서 가장 기억에 남는 에피소드가 있다면?
푸진지에에 빔스 타이페이 지점이 문을 연 이후로 남녀노소를 가리지 않고 많은 사람이 매장에 찾아와 쇼핑을 즐기고 있다. 빔스가 타이완에 뿌리내리는 모습을 지켜보는 것이 매우 기쁘다.

1 2 3 4

1. 푸진 트리 355Fujin Tree 355라는 가게에서 사용한 수납장을 집에도 들였다. 수납장의 진한 나무 무늬가 꽃, 도자기, 아이의 장난감, 아내가 좋아하는 그림과 잘 어울린다. 2. 친구인 화가 오노 기요미おおのきよみ에게서 받은 들꽃 그림을 벽에 걸어 장식했다. 3. 사진작가 이즈미 다이고의 모노크롬 사진 옆에는 아들이 그린 에너지 넘치는 색색의 낙서가. 4. 유럽피언 레트로 느낌의 타일이 특징인 욕실. 창가 식물이 싱그러워 보인다. 5. 전망 좋은 침실 창가에서는 공항에서 이륙하는 비행기와 멀리 있는 산을 볼 수 있다. 침실은 딸이 좋아하는 장소이기도 하다. 6. 아들 방의 벽에는 매우 좋아하는 비틀즈의 포스터와 낙서가. "이사할 때는 고생 좀 하겠지만 아이의 감성을 엿볼 수도 있고 재미있어서 그냥 원하는 대로 낙서하게 놔둬요." 7. 세계 각국의 천을 사 모으는 것이 취미인 아내.

5

6

7

다양한 질감의 목제 가구가 있는 거실. 플라워아티스트 겸 인테리어 디자이너인 친구가 고재와 스틸을 이용해서 만든 중후한 선반장. 이 공간의 주인공이다. 드라이플라워와 술병이 무심한 듯 조화롭게 놓여있다.

MY PRIVATE
WARDROBE

블루 톤의 코디네이트를 좋아한다는 제이 씨. 요즘에 아끼는 옷은 프랭크 앤드 에일린Frank&Eileen의 셔츠. 필그림 서프 서플라이와 레미 릴리프가 협업해서 만든 반바지는 고온다습한 기후를 쾌적하게 보내기 위한 필수 아이템. 수많은 니트 모자 중에서도 빔스에서 구입한 인디고 색상의 니트 모자를 가장 많이 쓴다.

현관 수납장에 놓은 제이 씨의 애용품들. 그날의 기분에 따라 안경을 고른다. “안경을 많이 모았어요. 올리버 피플스나 아야메ayame의 안경은 지적이고 섬세한 이미지가 좋아서 애용하고 있어요. 특히 아끼는 것은 올리버 골드스미스OLEVER GOLDSMITH의 안경이에요.”

370

기쿠치 노부 菊地 延

온라인 숍
41세 / 가와가나, 후지사와

북유럽의 디자인 체어가 놓인 거실. 아이 방에서 들려오는 자매의 건강한 웃음소리. 커다란 창 너머로 보이는 하늘에 떠가는 하얀 구름과 푸른 숲 그리고 저 멀리의 수평선. 아침에 이 집에서 일터로 나갔다가 밤이 되어 귀가할 때의 기분을 상상해본다. 가족의 웃는 얼굴과 맛있는 음식 냄새, 주말의 서핑과 심야의 영화 관람…. 그런 상상과 기대를 하며 돌아오는 길은 얼마나 설레고 행복할까?

— 휴일을 보내는 가장 좋아하는 방법은?
이른 아침에 파도타기 → 아이와 자전거로 공원에 가기.

— 지금 살고 있는 토지(거주지)를 고른 이유는?
바다가 가깝고, 자연을 느낄 수 있고, 쇼핑도 편리해서.

— 집은 임대하는 쪽? 구입하는 쪽?
구입하는 쪽. 노후를 위해서.

— 스트레스 해소 방법은?
서핑하기. 깊은 밤까지 혼자서 텔레비전이나 영화 보기.

— 인테리어에 특별한 주제나 규칙이 있다면?
특별한 주제는 없지만 해놓고 보니 아르텍Artek 가구가 많아졌다. 아내도 북유럽 스타일을 좋아해서 자연스럽게 그렇게 됐다.

— 집에서 가장 소중히 여기는 아이템은?
서프보드와 좋아하는 가구.

— 수집하거나 꼭 사는 물건이 있다면?
아이들이 조르면 뭐든 사게 된다.

— 좋아하는 인테리어 브랜드와 가게는?
타로, 후거HYGGE 센다이 지점, 캘리포니아CALIFORNIA, 씨콩SEAKONG.

— 집 정리를 잘 못하는 사람에게 조언을 해준다면?
내게도 가르쳐 주었으면 좋겠다.

— 좋아하는 패션 스타일은?
아무래도 편한 스타일을 선택하게 된다. 사이즈가 큰 옷을 자주 구입한다.

— 평소 옷을 입을 때 가장 아끼는 아이템이 있다면?
버드웰BIRDWELL의 반바지, 샌들, 반스의 스니커즈.

— 자신만의 스타일을 만들어주는, 특히 좋아하는 패션 브랜드는?
버드웰, 레인보우 샌들RAINBOW SANDALS, 빔스(SURF&SK8)

— 인테리어나 패션의 아이디어를 얻는 원천은?
딱히 이거다 하는 것은 없지만, 티사이트T-SITE에 자주 들러 다양한 책을 본다.

— 갖고 싶은 아이템은?
빈티지 선반을 갖고 싶다. 수납공간이 너무 없어서.

— 센스를 키우는 방법을 한마디로 요약한다면?
…어려운 질문이다. 다들 멋있으니까. 이게 좋은 건지 나쁜 건지 잘 모르겠지만, 내 스타일은 예전이나 지금이나 똑같다. 어쨌거나 빔스 매장에 들어오면 감각을 키울 수 있다!

— 빔스에 들어온 이유는?
옷을 좋아해서. 당시 편집매장 중에서 가장 멋있었다.

1. 바다 근처에 사는 기쿠치 씨의 취미는 서핑. 기쿠치 씨가 '서핑 방'이라고 부르는, 다다미 여섯 장 정도의 방에는 공간에 어울리지 않을 정도로 많은 서프보드가 깔끔하게 수납되어 있다. 2. 거실에는 가족 수보다 많은 의자가 있고, 그 중심에 덴도목공의 소파가 있다. 3. 핀란드를 대표하는 가구 메이커 아르텍의 암체어 406(오른쪽)과 402(왼쪽). 4. 기쿠치 씨가 직접 찍은 자매의 성장기록이 아이 방 벽에 걸려있다. 사진 속 자매의 표정이 귀엽기만 하다. 5. 고지대, 그것도 고층에 자리한 기쿠치 씨 집에는 계절에 상관없이 밝은 빛이 들어온다. 커튼까지 젖히면 수평선이 보여서 바다를 좋아하는 사람에게는 더없이 좋은 곳이다. 6. 이 신기한 오브제는 옷걸이. 에노ENO studio에서 만든 재미있는 아이템이다. 7. 벽에 걸린 아트워크와 포스터 역시 알바 알토나 의자에 관한 것이 대부분. 유치원에 다니는 첫째는 아빠 옆에 딱 붙어 떠나지 않는다.

5
6
7

탁 트인 개방형 주방은 아내의 영역. 그렇지만 여기에도 북유럽의 디자인이 빠질 수 없다. 안티 누르메스니에미ANTTI NURMESNIEMI의 컬러풀한 커피포트와 스벤스크트 텐의 트레이 등이 놓여있다.

기쿠치 씨의 애장품은 서핑을 위한 슈트와 롱보드. '서핑 방'에 보관한 주문제작 슈트는 계절 별로 입어야 하기 때문에 여러 벌을 가지고 있다. 요즘에는 약 3년 전에 구입한 슈트를 주로 입는다. 롱보드는 전부 여덟 개. 기쿠치 씨는 "맨션에 사는 사람이 어지간해서는 갖고 있기 힘든 개수죠."라고 말하며 웃었다.

이것들 역시 '서핑 방'에 진열되어 있는 바다와 서핑에 관한 아이템들. 약 15년 전에 발리에서 구입했다는 파도타기 오브제 이외에 이곳에 장식된 것들은 대부분 빔스가 해외에서 구입한 소품들이다. 딸아이도 이 소품들을 좋아한다고 한다. 미국의 서프 잡지인 〈서퍼 매거진SURFER MAGAZINE〉과 캘리포니아 스케이트 브랜드 섹터나인SECTOR9이 공동으로 제작한 스케이트보드도 보인다.

378
사카구치 쿄코 坂口 響子
해외사업개발부
34세 / 도쿄, 세타가야

역에서 도보로 1분 거리에 있는 디자이너 맨션. 인터폰을 누르자 붙임성 좋은 애견 스텔라가 제일 먼저 반겨준다. 천장까지 닿아있는 큰 창에서는 빛과 바람이 들어오고 다이닝룸에는 커다란 식물이 놓여있다. 매우 마음에 든다는 식탁은 부부가 함께 밥을 먹는 곳이다. 할머니께서 물려주신 철제 꽃병과 조각가인 숙부가 만들어주신 장식품, 어린 시절부터 써온 서랍장 등 아담한 공간에 소중한 물건들이 알차게 들어있다. 사카구치 씨의 삶은 가족의 사랑으로 가득 차있다.

—— 휴일을 보내는 가장 좋아하는 방법은?

스텔라를 데리고 산책한다. 남편과 쇼핑하고, 음식을 만들어 먹는다. 소박하지만 가족과 함께 보내는 시간이 소중하다.

—— 지금 살고 있는 토지(거주지)를 고른 이유는?

본래 아버지가 이 맨션의 싱글용 집에 살고 계셔서 결혼할 때 조금 넓은 곳으로 이사 왔다.

—— 인테리어에 특별한 주제나 규칙이 있다면?

초록 식물을 많이 두려고 한다. 아직 인테리어를 어떻게 하겠다고 정하지는 않았지만 물건을 살 때는 되도록 오래 쓸 수 있는 것, 세월이 흐를수록 멋스러운 것을 고르려고 한다.

—— 집에서 가장 좋아하는 장소와 그곳에서 시간을 보내는 방법은?

주방에서 요리할 때가 좋다. 그리고 밥을 먹은 후에 둘이서 영화나 축구 경기를 보는 것도 좋다.

—— 수집하거나 꼭 사는 물건이 있다면?

유리 제품. 최근에는 기치조지에 있는 쓰미쿠사つみ草**라는 가게에서 구입한 유리 제품과 물주전자가 마음에 든다. 피터 아이비**PETER IVY**의 유리 제품도 자주 쓴다.**

—— 좋아하는 인테리어 브랜드와 가게는?

디앤드디파트먼트D&DEPARTMENT**. 책장을 샀다.**

—— 좋아하는 패션 스타일은?

기본은 심플. 내가 좋아하는 옷이나 내게 잘 어울리는 옷을 보기 좋게 매치해서 입는 것을 좋아한다.

—— 평소 옷을 입을 때 가장 아끼는 아이템이 있다면?

데님과 진주 귀걸이. 좋아하는 브랜드는 아페쎄.

—— 인테리어나 패션의 아이디어를 얻는 원천은?

일러스트레이터인 가랑스 도레 Garance Doré**의 블로그. 프랑스적이면서도 어른스러운 느낌이 정말 멋지다. 린드라 메딘**MEDINE**이**

운영하는 더 맨 리펠러THE MAN REPELLER**라는 블로그도 개성적이고 재미있다.**

—— 갖고 싶은 아이템은?

집과 자동차. 친구가 닛산의 라신RASHEEN**이 잘 어울릴 것 같다고 해서 어쩐지 갖고 싶어졌다.**(웃음)

—— 센스를 키우는 방법을 한마디로 요약한다면?

경험. 실패를 반복할 것.

—— 빔스에서 일하면서 가장 좋았던 점은?

정말로 패션을 좋아하는 사람들과 만난 것. 그런 마음이 일하는 데 원동력에 된다는 사실을 깨달았다.

—— 지금까지 일하면서 가장 기억에 남는 에피소드가 있다면?

내가 준비했던 해외 지점이 문을 열었을 때 정말 기뻤다. 회사 안에서나 밖에서나 다들 힘을 모아 열심히 준비했기 때문에 개점 당일에 느끼는 기쁨이 각별했다. 많은 사람이 지지하고 있음을 실감하는 순간이기도 했다.

오랫동안 쓸 수 있는 가구를 들여 놓고 애견 한 마리를 키우며 사는 사카구치 씨 부부. 날씨가 좋을 때는 거실 옆 우드 데크에서 시간을 보내기도 한다. 커피 담당은 남편. 블루보틀 커피Blue Bottle Coffee에서 파는 원두로 오늘도 환상적인 한 잔을 준비한다.

1. 현관 옆 수납장 위에 모아둔 추억의 물건들. 온타야키 꽃병에는 아오모리 여행 중에 산책을 하다 주은 나뭇가지를 꽂아두었다. 이시카와의 토산품인 작은 그릇에는 스텔라의 젖니를 넣어두었다. 2. 크리스찬 루부탱Christian Louboutin과 제이엠 웨스턴J.M.WESTON 등 좋아하는 신발은 신발 상자에 넣어 보관한다. 폴라로이드를 붙여서 한눈에 알아볼 수 있게 수납했다. 3. 물고기 모빌이 흔들리는 침실. 어린 시절부터 사용한 수납장은 세월이 흘러 더 멋스러워졌다. 4. 비슬리BISLEY의 서류함 위에는 쇼핑하다 찾아낸 곰 인형과 출장지에서 사 모은 스노우볼을 올려놓았다. 5. 주방에서 본 화장실. 빙 돌아가는 동선도 이 집의 매력 중 하나. 주방에 놓은 무쇠 주전자는 사랑하는 할머니께서 주신 선물. 6. 편안한 소파는 덴도목공, 좌식탁자는 카르텔, 러그는 핀란드 브랜드 요한나 글릭센. 7. 신발에서 식기까지 여러 물건이 한 공간에 수납되어있다. 모두 깨끗하게 손질했기에 가능한 일.

5

6

7

앞으로 식구가 늘어날 것을 예상하여 큰 것으로 골랐다는 일마리 타피오바라의 식탁에는 스텔라의 발톱 자국이 나 있다. "이 흔적도 우리만의 추억이라 사랑스럽기만 해요. 이 식탁을 앞으로도 오랫동안 쓰고 싶어요."

MY PRIVATE WARDROBE

평소 착용하는 액세서리는 할머니께서 만든 조금(彫金, 끌로 금속에 조각하는 기술—옮긴이) 트레이에 담아둔다. 토르트tortue와 말콤 베츠MALCOLM BETTS의 반지, 어른이 되면 사고 싶었다는 마리 엘렌 드 타야크 Marie-Hélène de Taillac의 귀걸이와 살레salet의 꽃 모티브 귀걸이. 부모님께서 스무 살 생일에 주신 오메가의 손목시계는 보물. 아카의 목걸이와 야에카의 팔찌도 좋아한다.

사카구치 씨의 기본 아이템들. 꼼 데 가르송의 코트, 하우 투 리브how to live의 반코트, 뮬바우어Muhlbauer의 모자, 킥스 도큐먼트KICS DOCUMENT와 선스펠Sunspel의 니트, 리바이스 구제 재킷. 스타일을 완성시키는 것은 토즈TOD'S의 로퍼와 메종 마르지엘라의 부츠.

도쿠시게 유키나 徳重 雪奈

레이 빔스 이케부쿠로 지점
31세 / 사이타마, 도코로자와

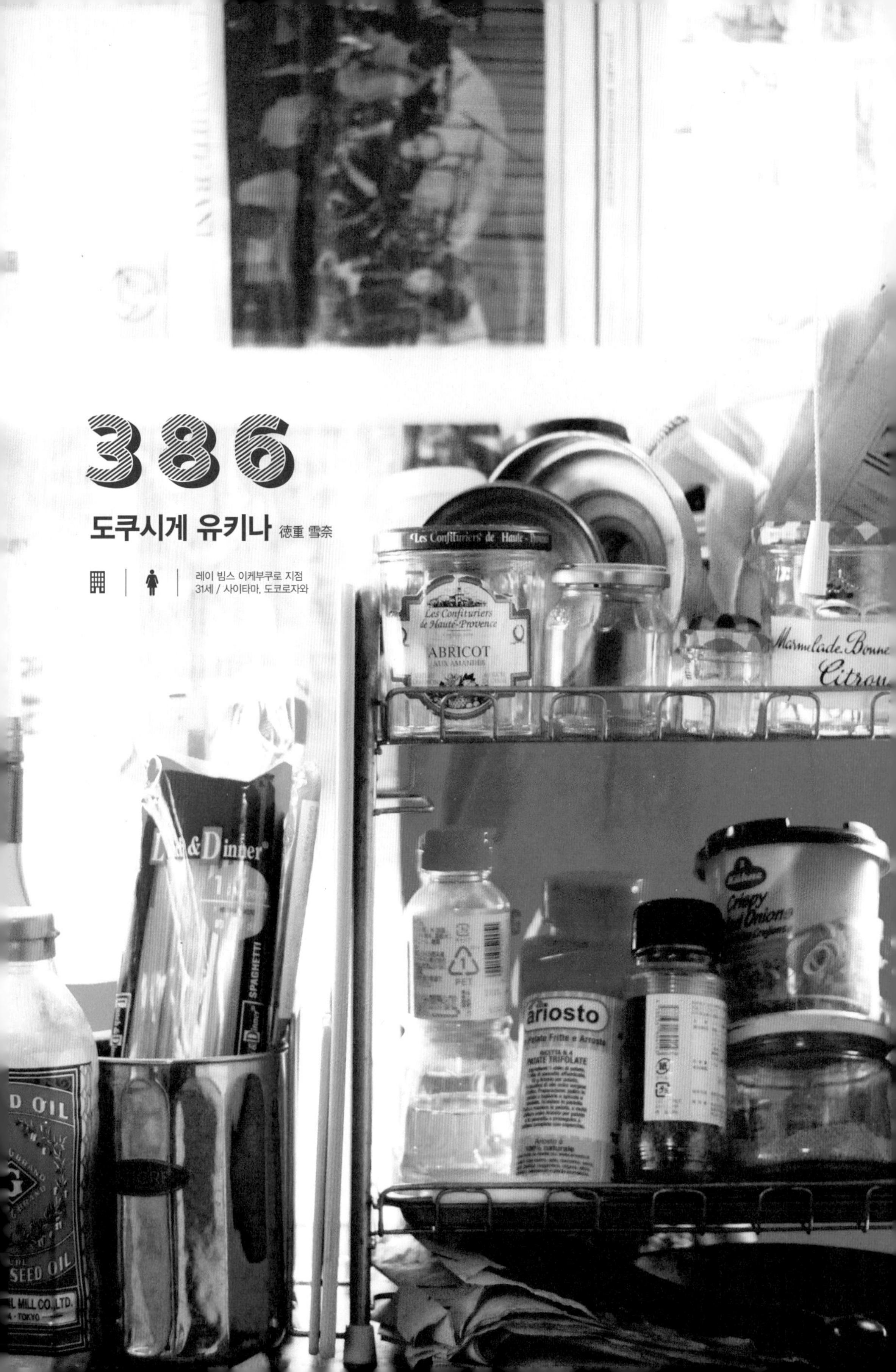

요리하는 모습이 잘 어울리는 도쿠시게 씨의 라이프스타일에서 키워드를 꼽으라면 패션, 문학, 인테리어, 요리. 다이닝룸은 조리도구와 식기, 조미료 등 까다롭게 고른 물건들이 마치 인테리어 소품처럼 놓인 소중한 공간. 다자이 오사무太宰治를 좋아하는 도쿠시게 씨가 가장 아끼는 것은 역시 책장. "하루하루가 기적이다. 아니, 생활의 모든 것이 기적이다."라는 다자이 오사무의 말을 생각하면서 보내는 여유로운 한때는 더할 나위 없이 행복한 시간이다.

— 라이프스타일에서 가장 중요하게 여기는 주제는?
차분히 있을 수 있는 시간, 취미를 즐길 수 있는 공간.

— 휴일을 보내는 가장 좋아하는 방법은?
자유로운 시간이라 다 좋다.(웃음) 가족을 만난다.

— 지금 살고 있는 토지(거주지)를 고른 이유는?
당시 느낌이 그랬다. 싸고, 적당히 넓었다.

— 집은 임대하는 쪽? 구입하는 쪽?
사실은 구매하고 싶다. DIY 하고 싶어서.

— 가장 중요하게 여기는 시간과 그 시간을 보내는 방법은?
아무것도 생각하지 않는 자유 시간, 독서.

— 스트레스 해소 방법은?
산책, 노래방, 술 마시기, 좋아하는 것 사기.

— 수집하거나 꼭 사는 물건이 있다면?
긴 숄이나 액세서리, 신발, 우산, 잡화.

— 좋아하는 인테리어 브랜드와 가게는?
기치조지에 있는 라운드어바웃 Roundabout**, 훗사에 있는 후지야마 퍼니처**HUZIYAMA FURNITURE**.**

— 집 정리를 잘 못하는 사람에게 조언을 해준다면?
스위치를 켜는 상상을 하라.

— 좋아하는 패션 스타일은?
편한 옷.

— 평소 옷을 입을 때 가장 아끼는 아이템이 있다면?
소품, 모자, 액세서리.

— 자신만의 스타일을 만들어주는, 특히 좋아하는 패션 브랜드는?
구제 옷, 레이 빔스, 빔스 플러스, 꼼 데 가르송.

— 좋아하는 작품은?
다자이 오사무의 단편 「복장에 대해서服装に就いて**」.**

— 갖고 싶은 아이템은?
인디언 장신구, 꼼 데 가르송의 원피스, 아트 앤드 사이언스ARTS&SCIENCE**의 차 거름망.**

— 센스를 키우는 방법을 한마디로 요약한다면?
확실한 의지를 가지고 생활하라. 보물이 될 것 같은 것을 사라.

— 빔스에서 일하면서 가장 좋았던 점은?
수많은 옷과 재미있는 사람들이 모여 있는 집단.

— 지금까지 일하면서 가장 기억에 남는 에피소드가 있다면?
손님이 내 팬이라고 말해줬다. 행복했고, 보람을 느꼈다.

"소품을 밖에 꺼내놓고 보는 걸 좋아해요." 친구가 만들어준 식기 선반장에는 파이렉스와 듀라렉스 DULALEX의 유리 제품, 기치조지의 라운드어바웃에서 구입한 야나기 소리의 소품 등을 놓았다. 보여주기 수납은 실내 분위기를 연출하는 방법 중 하나.

1. 아버지의 영향으로 초등학생 때부터 독서를 좋아했다는 도쿠시게 씨의 책장에는 정말로 책이 가득하다. 책은 세로와 가로로 자유롭게 배치. 책장을 다른 색으로 칠하는 것이 다음 목표다. 2. 독서할 때는 재즈를 즐겨 듣는다. 버트 배커랙BACHARACH의 레코드는 인테리어 소품으로 쓰기에도 좋다. 3. 빈티지 바구니에 컨버스를 담아놓은 수납 아이디어는 한번쯤 따라해 보고 싶다. 4. 차곡차곡 쌓여 있는 책들. 해외문학에서 문예지, 패션잡지, 만화 등 장르를 가리지 않고 폭넓게 읽는 도쿠시게 씨. 5. 후지야마 퍼니처에서 구입한 소파 커버, 아무렇게나 놓인 긴 숄의 선명한 색상이 무척이나 화사하다. 6. 앤티크 창틀에 드라이플라워와 소품을 자유롭게 장식했다. 7. 친구가 이사 선물로 준 유럽의 빈티지 식탁. 태국요리를 잘 한다는 도쿠시게 씨가 정말 좋아하는 장소다.

5

6  7

직접 만든 커튼과 드라이플라워가 매우 우아해 보인다. 만들 수 있는 것은 직접 만들어서 인테리어에 활용하는 것이 도쿠시게 씨의 스타일.

MY PRIVATE

WARDROBE

제일 앞쪽에 있는 팔찌는 마리아 루드만. 와다WADA의 다이아몬드 반지는 점장으로 승진했을 때 자신에게 주는 선물로 구입했다. 그 옆에 있는 금반지 두 개는 소중하게 간직한 할머니의 유품. 그 왼쪽에는 오빌 치니ORVILLE TSINNIE의 팔찌. 뒤쪽에는 좋아하는 브랜드인 선시SUNSEA의 귀걸이.

다양한 스타일을 즐기는 도쿠시게 씨의 애장품들. 밀짚모자는 선시. 체크무늬 셔츠원피스는 인디비주얼라이즈드 셔츠, 가운데 하얀 원피스와 반다나는 구제 숍에서 구입한 70년대 유럽피언 빈티지. 그리고 고등학교 때부터 즐겨 입은 데님.

394

사이토 다쓰노리 斎藤 辰徳
사이토 아유 斎藤 麻有

빔스 후타코타마가와 지점 / 빔스 이케부쿠로 지점
39세 · 34세 / 도쿄, 메구로

CONVERSE
CHRISTIAN
STATE
MASS

“좋아하는 게 비슷해서 항상 옷 이야기만 해요.(웃음)”라고 말하는 사이토 씨 부부. 두 사람의 옷을 보관한 방에는 아메리칸 캐주얼 스타일의 옷이 꽉 들어차 있다. 현관 주변의 신발은 대부분 다쓰노리 씨의 것이다.

불필요한 것은 버리고 심플하게 살자는 열풍이 불고 있지만 사이토 씨 부부에게는 어디까지나 남의 이야기. 두 사람은 좋아서 미칠 것 같은 옷과 신발, 잡화를 모아 놓고 남의 시선에 상관없이 그 안에서 재미를 누리며 산다. 취향이 비슷한 두 사람 사이에서는 이야기의 주제가 패션이든 영화든 책이든 간에 웃음소리가 끊이지 않는다. 방문한 사람까지 행복해지는 빔스 매장과 어딘지 모르게 닮아있는, 두근거리는 보물 상자 같은 공간이 이곳에 펼쳐져 있다.

— 지금 살고 있는 토지(거주지)를 고른 이유는?
시부야에서 가깝기 때문에.

— 집은 임대하는 쪽? 구입하는 쪽?
언젠가는 구입하고 싶다.

— 가장 중요하게 여기는 시간과 그 시간을 보내는 방법은?
둘이서 쇼핑하는 시간이 좋다.

— 인테리어에 특별한 주제나 규칙이 있다면?
그냥 우리가 좋아하는 것들을 모았을 뿐 특별한 규칙은 없다.

— 집에서 가장 소중히 여기는 아이템은?
구제 숍이나 앤티크 매장에서 우연히 발견한 소품들.

— 수집하거나 꼭 사는 물건이 있다면?
데님, 반다나, 앤티크 잡화, 플란넬 셔츠, 스웨터.

— 좋아하는 인테리어 브랜드와 가게는?
히가시신사이바시에 있는 서치 라이트SEARCH LIGHT**와 기타호리에에 있는 인디헤나**INDIGENA**.**

— 집 정리를 잘 못하는 사람에게 조언을 해준다면?
일단 옷은 개어 놓을 것!

— 좋아하는 패션 스타일은?
내가 좋아하는 옷을 나답게, 나다운 밸런스로 입는다.

— 평소 옷을 입을 때 가장 아끼는 아이템이 있다면?
데님.

— 자신만의 스타일을 만들어주는, 특히 좋아하는 패션 브랜드는?
그냥 마음에 드는 것은 망설이지 않고 산다.

— 인테리어나 패션의 아이디어를 얻는 원천은?
인스타그램.

— 갖고 싶은 아이템은?
앤티크 벤치, 앤티크 밀리터리 시계.

— 센스를 키우는 방법을 한마디로 요약한다면?
보고, 만지고, 사고, 입고.

— 빔스에 들어온 이유는?
아메리칸 캐주얼 하면 역시 빔스니까. 빔스 보이가 좋았다.

— 빔스에서 일하면서 가장 좋았던 점은?
사람과의 만남.

1. 주방 주변에도 두 사람이 좋아하는 아메리칸 소품이 많다. 2. 구제 숍에 갈 때마다 배지를 비롯한 다양한 소품을 하나씩 사 모은다는 사이토 씨 부부. 3. 주방의 넓은 창에서 들어오는 부드러운 빛이 파이어 킹의 머그컵에 닿아 나른하면서도 편안한 분위기를 자아낸다. 4. 벽에 장식한 와펜도 수집품목 중 하나. 그 아래쪽에는 부부가 같이 애용한다는 인디언 장신구가 한가득. 두 사람 모두 인디언 장신구를 좋아해서 빔스에서 판매 이벤트를 할 때도 같이 가서 구입한다고 한다. 5. 신발을 좋아하는 다쓰노리 씨는 달마다 두 켤레 정도는 구입한다. 세월을 느끼게 하는 상자도, 세로로 탁탁 꽂아놓은 스니커즈도 모두 인테리어의 일부. 6. 부부의 공동 수집품인 반다나는 매장에서처럼 착착 접어서. 오른쪽 상단의 배지에는 미국의 역대 대통령이 그려져 있다. 7. 똑같은 책이 두 권씩 있는 이유는 부부가 결혼 전에 같은 책을 갖고 있었기 때문이다. 사이도 좋고 취향도 비슷한 부부.

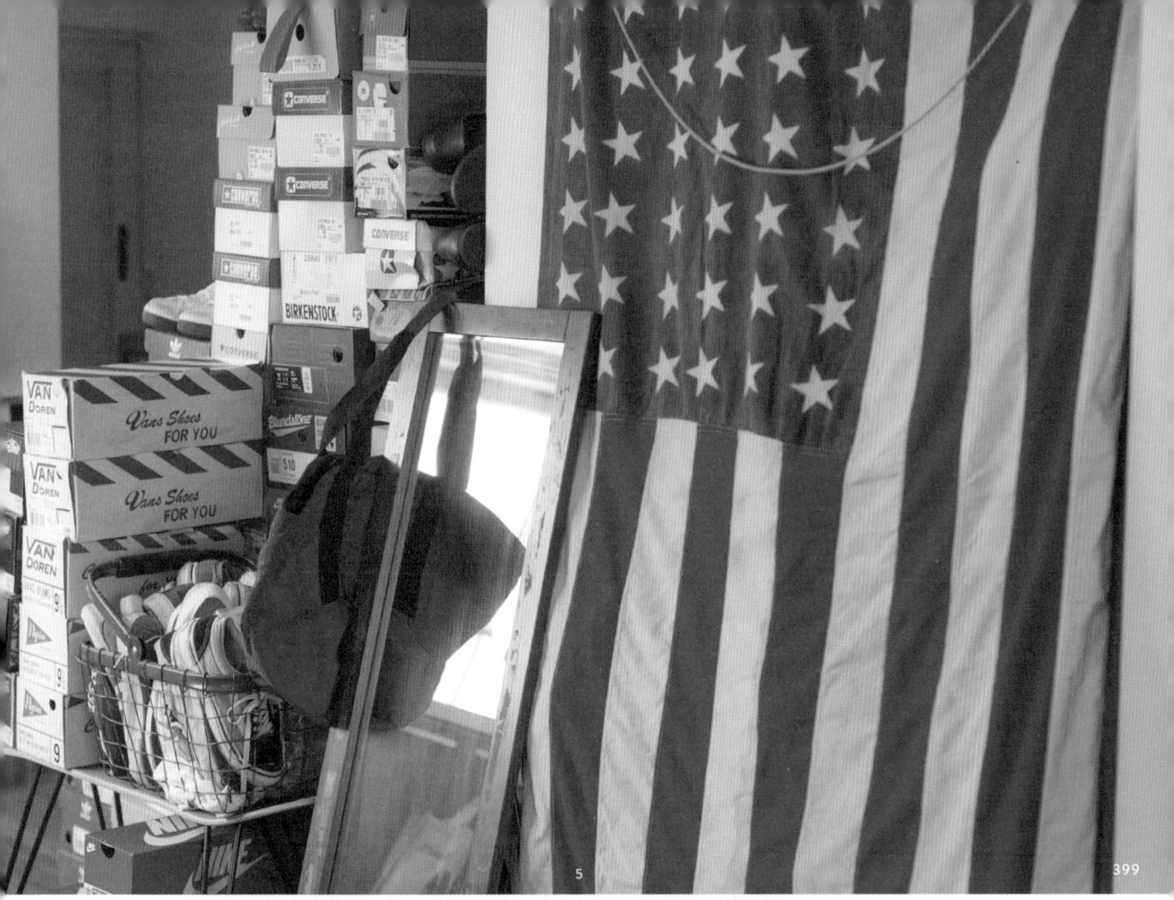

5

6

Vintage King
HARLEY-DAVIDSON
My Freedamn! 10
My FREEdamN! 7
My Free!3
My Free!3
Photography and Written by Rio Tanaka

7

본래 침실로 쓰려던 방인데 어쩌다보니 옷 방이 되었다고. "둘 다 쇼핑을 멈추지 않아서 자꾸 늘기만 해요."라며 웃는 부부. 압도적인 수의 옷, 옷, 옷! 6대 4의 비율로 구제 옷이 더 많다. 부부는 "내 멋에 사는 거죠!"라고 입을 모았다.

MY PRIVATE

WARDROBE

부부의 애장품들. 왼쪽의 체크무늬 셔츠는 아유 씨가 구제 숍에서 산 옷이다. 가운데는 다쓰노리 씨가 좋아하는 프린스 톤대학의 로고 티셔츠. 색깔 별로 갖고 있다. 그 위에는 다쓰노리 씨가 컷오프cut-off의 느낌이 좋아서 샀다는 스웨터. 컨버스의 스니커즈는 80년대에 발매된 희귀 모델. 파타고니아의 백팩도 코디네이트에 빠질 수 없는 아이템.

리바이스를 상당히 좋아한다는 두 사람이 함께 모으는 물건들. 그 중심에는 리바이스의 인형이 있다. 뒤쪽의 동그란 깡통은 60년대에 만들어진 도시락 통. 이 통에는 각 대학의 페넌트pennant가 인쇄되어 있다. 초록색 통 위에 있는 것은 각 대학교의 반지 컬렉션. 중앙에 있는 것은 다쓰노리 씨가 태어난 1976년도에 만들어진 것들. 대학의 페넌트와 로고가 인쇄된 베갯잇, 유리잔 등도 구제 숍에서 구입했다.

402

가와시마 야스시 川島 康史

빔스 시부야 지점
43세 / 가나가와, 나카

오이소 해안과 멀지 않은 곳. 바닷바람이 기분 좋은 향기를 풍기는 곳에 가와시마 씨가 살고 있다. 보사노바 레코드를 틀어놓고 식물 사진집을 들추는 일요일의 낮 시간. "제가 좋으면 그걸로 충분해요. 점점 더 제 진짜 모습에 가까워지고 있다는 생각이 들어요." 오랫동안 찾고 싶었던 나다운 삶. 가마시와 씨는 이제는 그러한 삶을 알게 되었다고 말한다.

— 휴일을 보내는 가장 좋아하는 방법은?
식물 재배.

— 지금 살고 있는 토지(거주지)를 고른 이유는?
바다가 가까워서 편히 쉴 수 있는 환경이 마음에 들었다.

— 가장 중요하게 여기는 시간과 그 시간을 보내는 방법은?
가족과 여행을 간다. 이즈나 아타미에 가서 온천도 하고 식물원도 구경한다.

— 스트레스 해소 방법은?
잘 먹고 잘 잔다.

— 인테리어에 특별한 주제나 규칙이 있다면?
식물이 있어서 편히 쉴 수 있는 분위기.

— 집에서 가장 좋아하는 장소와 그곳에서 시간을 보내는 방법은?
정원에서 분갈이도 하고 식물 관리도 한다.

— 수집하거나 꼭 사는 물건이 있다면?
식물이나 화분. 삼시세끼보다 선인장이 더 좋다.(웃음)

— 좋아하는 인테리어 브랜드와 가게는?
히라쓰카에 있는 북유럽 가구점 타로.

— 집 정리를 잘 못하는 사람에게 조언을 해준다면?
필요 없는 건 빨리 처분해라.

— 좋아하는 패션 스타일은?
심플하고 깨끗한 아메리칸 캐주얼.(흰색 티셔츠나 흰색 버튼다운 셔츠에 청바지)

— 평소 옷을 입을 때 가장 아끼는 아이템이 있다면?
모자.

— 자신만의 스타일을 만들어주는, 특히 좋아하는 패션 브랜드는?
빔스 플러스.

— 인테리어나 패션의 아이디어를 얻는 원천은?
쿠사무라Qusamura**의 웹사이트, 엔지니어드 가먼츠의 웹사이트.**

— 갖고 싶은 아이템은?
유리 온실.

— 센스를 키우는 방법을 한마디로 요약한다면?
실패를 두려워하지 않는 도전정신.

— 빔스에 들어온 이유는?
매력적인 선배들과 일하고 싶었다.

— 빔스에서 일하면서 가장 좋았던 점은?
수많은 근사한 사람과 만났다는 것.

현관에서 집 밖으로 나오면 그 옛날, 아내의 할머니가 쓰셨다는 빈티지 탁자가 보인다. 이 탁자는 이제 작업대로 쓰고 있다. 작업대 위에는 다육 식물이 놓였다. 다육 식물의 잎을 잘라서 물 빠짐이 좋은 흙에 심으면 잘 자란다고.

실내와 이어진 정원에는 선인장과 다육 식물을 위한 비닐하우스가 있다. 가와시마 씨가 분갈이를 시작하자 여느 때와 마찬가지로 아이들이 달려 나와 식물의 성장을 함께 관찰했다. 화목한 가족의 여유로운 한때.

1. 서재에는 식물과 LP 레코드가 빼곡하다. 좋아하는 장르는 1960~80년대의 록과 재즈. 특히 해피엔드はっぴいえんど와 옐로 매직 오케스트라YMO 등을 좋아한다. 2. 가와시마 씨의 애장서이기도 한 1951년 초판본 『선인장 신입문シャボテン新入門』. 좋아하는 음악을 들으며 좋아하는 선인장에 관한 책을 읽는 특별한 한때. 3. 편안한 차림으로 즐겁게 대화를 나누는 부녀. 4. "아빠 생일에는 항상 식물을 선물해요."라며 방긋 웃는 큰딸. 5. 빔스 타임BEAMS TIME에서 구입한 선인장의 뼈cactus skeleton. 6. 침실 식물 코너. 잠들기 전에 마음에 드는 것을 책상 위에 얹어놓고 찬찬히 바라보는 것도 일과 중 하나. 7. 북유럽 가구점 타로에서 산 알바 알토의 벽 선반. 철제 후크는 가방이나 모자를 걸기에 안성맞춤. 8. 북유럽 앤티크 가구와 조셉 알버트JOSEPH ALBERT의 포스터가 실내장식에 생기를 불어넣는다.

6  7

8

창가에 놓은 에어플랜트. 에어플랜트는 체크 바구니에 넣어 매달거나 코르크에 얹어 놓는 등 다양한 방법으로 장식할 수 있어 좋다고 한다. 오른쪽 화분에서 가지를 길게 뻗은 식물은 양치식물인 용비늘고사리.

MY PRIVATE
WARDROBE

주제는 밀리터리와 데님. 미군의 불량재고 상품과 프랑스군의 헬기 승무원 바지. 로버트 드니로가 영화 〈택시 드라이버〉에서 입은 재킷을 모티브로 만들었다는 M65 등. 엔지니어드 가먼츠의 사파리 재킷과 캡틴 선샤인의 섬머 울 재킷 등 어른스러운 캐주얼 의상도 보인다. 빔스 플러스의 별주 상품인 돔케DOMKE의 카메라 가방도 애장품.

가와시마 씨가 아끼는 액세서리들. 오른쪽부터, 빔스에서 구입한 나바호족Navajo의 뱅글과 확대경, 삼각형으로 생긴 호피족Hopi의 목걸이. 젊었을 사서 지금까지 차고 다니다는 롤렉스. 모두 시대물 특유의 독특한 풍미를 느낄 수 있는 아이템이다. 남색 꽃을 피운 에어플랜트 틸란지아 반덴시스Tillandsia bandensis와의 조화도 절묘하다.

410

가노 타카시 狩野 崇

빔스 오이타 지점
37세 / 오이타, 오이타

거실로 안내를 받고 들어가자 눈에 들어온 것은 창밖을 가득 채운 초록색. 넓은 정원도 없고 비옥한 토지도 없다. "난은 흙이 없어도 키울 수 있거든요."라며 나뭇조각과 코르크에 붙인 착생 난을 하나씩 손에 올려 보여주는 가노 씨. 이 보금자리는 어디까지나 식물을 위한 공간 같다. 식물을 위해서라면 공부를 거듭하고 수고를 아끼지 않는다는 가노 씨. 작지만 생명력으로 넘쳐나는 베란다에서 오이타 시내를 바라보는 오늘도 식물과의 하루가 시작된다.

── 라이프스타일에서 가장 중요하게 여기는 주제는?
맛있는 음식을 먹고, 마신다. 식물의 성장을 지켜보며 산다.

── 집은 임대하는 쪽? 구입하는 쪽?
지금은 임대. 그렇지만 독채에서 살고 싶다. 난을 마음껏 키울 수 있는 환경(온실)과 근사한 정원을 만들고 싶어서.

── 가장 중요하게 여기는 시간과 그 시간을 보내는 방법은?
아침마다 식물에 물주는 시간. 휴일에는 일찍 저녁을 먹고, 마시고, 집에서 푹 쉰다.

── 스트레스 해소 방법은?
맛있는 음식을 먹는다. 맛있는 술을 마신다. 노래방. 그렇지만 기본적으로는 스트레스를 잘 느끼지 않는다.

── 집에서 가장 좋아하는 장소와 그곳에서 시간을 보내는 방법은?
베란다에서 식물에 물을 줄 때가 좋다. 뿌리나 새싹의 성장을 지켜보는 시간이 좋다.

── 집에서 가장 소중히 여기는 아이템은?
다이닝룸에 있는 일마리 타비오바라의 탁자. Y체어.

── 수집하거나 꼭 사는 물건이 있다면?
난, 식물, 그릇, 향토완구(특히 '하리코張子'라고 부르는 종이 인형).

── 좋아하는 인테리어 브랜드와 가게는?
공예점 고게이후코工藝風向, 난 전문매장 플레이서워크숍PLACERWORKSHOP, 생활잡화 전문점 스탠다드 매뉴얼STANDARD MANUAL, 그릇과 골동품을 판매하는 보운望雲(모두 후쿠오카), 잡화점 스피카SPICA(오이타).

── 좋아하는 패션 스타일은?
기본적으로 아웃도어 스타일을 좋아한다. 화이트 블랙과 같은 모노톤의 코디네이트도 좋아한다.

── 센스를 키우는 방법을 한마디로 요약한다면?
좋은 것을 보고, 배운다. 좋다는 생각이 들면 일단 머리부터 들이 밀어본다. 어쨌든 공부를 해야 한다. 남의 이야기를 잘 듣는다.

── 빔스에 들어온 이유는?
학창시절에 구제 숍을 좋아해서 그쪽 일을 해보고 싶었다. 그런데 자주 가는 구제 숍 사장님이 이왕이면 큰 회사에 들어가야 많이 배울 거라고 하셔서(지금 생각해보면 우리 가게에서는 일자리를 줄 수 없다는 뜻이었던 것 같다) 빔스에 이력서를 냈다. 한 명의 상사에게 면접을 세 번이나 봤는데 그분이 어찌나 멋지던지, 그 상사처럼 되고 싶어서 입사했다.

── 지금까지 일하면서 가장 기억에 남는 에피소드가 있다면?
존경할 수 있는 선배와 상사, 자극을 주는 동료와 믿을 수 있는 후배를 만난 것.

가지각색의 원종原種 난초를 키우는 매력에 푹 빠졌다는 가노 씨. 현재는 호주의 진귀한 식물을 100여 종이나 수집했다고 한다. 테라코타 화분이나 목제 화분 등 화분 자체도 인테리어의 일부다. 하나씩 살펴보는 재미가 있다.

1. 주방 한쪽에도 식물이 빠질 수 없다. 오키나와에서 구입한 바구니를 화분 커버로 사용했다. 2. 일단 눈에 띄면 하나씩은 구입하게 된다는 '하리코'는 식기 선반장의 포인트 소품. 3. 거실에는 아프리카 도곤족 Dogon이 진흙으로 염색한 천을 걸어 두었다. "얼마 전부터 원시부족의 예술에 빠져 있어요." 4. 식물과 그릇 등 취미 생활과 관련된 책을 안주 삼아 술을 마시기도 한다. 좋아하는 책은 난초 도감! 5. 집 안 곳곳에 자연스럽게 녹아 있는 민예품들. 도쿄의 한 가가에서 한눈에 반했다는 야지로베(막대 위에 가로대를 대고, 그 가로대 양끝에 추를 매달아 막대가 넘어지지 않도록 한 장난감–옮긴이). 우아한 균형미가 시선을 잡아끈다. 6. 주방에서 거실로 이어지는 벽에는 색깔도 모양도 소재도 각기 다른 스툴들이 나란히 놓여있다. 앉기도 하고 물건이나 화분을 놓아 장식하기도 한다. 7. 요르겐 레르Jurgen Lehl의 대나무 바구니에 멕시코 오악사카에서 파는 나무 장식품을 넣어두었다. 바울레족의 의자 밑에는 아프리카의 라피아raffia 천이 깔려있다. 세계 각지의 민예품이 실내를 아름답게 물들이고 있다. 8. 단골로 다니는 난초 전문점에서 구입한 인도네시아 난초를 일마리 타피오바라의 탁자 위에 올려놓았다. "요즘에 제가 애정을 쏟고 있는 아이예요."

6
7
8

습기를 좋아하는 식물을 위해 작은 분무기도 준비한 가노 씨. 아침에 일어나면 제일 먼저 흙의 상태를 확인한 후에 식물에 물을 주고, 생육 환경에 맞춰서 가장 보기 좋은 자리로 화분을 옮긴다. 가노 씨는 거실에서 내다본 모습이 가장 마음에 든다고 한다.

MY PRIVATE

WARDROBE

여름에는 캠핑, 겨울에는 스노보드 등 일 년 내내 야외활동을 즐기는 가노 씨의 애장품들. 버브VERVE의 아비뇽AVIGNON(왼쪽 아래)은 빔스에 입사했을 때 구입하여, 15년이나 된 추억의 아이템. 파타고니아의 낚시 재킷(앞)은 길이가 짧아서 마음에 든다고 한다. 모두 다 '튼튼하고 기능과 디자인이 훌륭해서' 평소에도 자주 입는다.

난초, 에어플랜트, 하월시아, 버질리아Berzelia 등의 식물과 야마구치 현 하기 시의 도예가 하마나카 시로濱中史朗의 그릇들. 검은 가죽 같은 질감에 매력을 느껴 하기 시에 있는 가마에까지 찾아가 도예가 본인에게 직접 부탁해서 구입했다는 오리지널 디자인 볼(앞). 결혼식 답례품으로 제작된 이 볼은 이 세상에 16점밖에 없는 특별 주문 상품이다.

418

엔도 케이지 遠藤 惠司

수석부사장
63세 / 도쿄, 신주쿠

사람들이 모이고, 같이 이야기를 나누고, 다 함께 음식을 먹는다. 요즘에는 이런 당연한 일상을 즐기지 못하는 사람도 있다. 그러나 이런 집의 주인인 엔도 씨의 라이프스타일에는 '사람이 모인다'라는 신념이 박혀있다. 빔스 매장에 사람들이 모여들 듯 일상에서도 그런 시간과 장소를 디자인해온 엔도 씨의 집은 가족이든 동료든 간에 차별 없이 하나의 '대가족'으로 받아들이는 넉넉한 품을 지녔다.

── 라이프스타일에서 가장 중요하게 여기는 주제는?
대가족이 모이는 집.

── 지금 살고 있는 토지(거주지)를 고른 이유는?
우리 가족이 태어나고 자란 곳이다.

── 가장 중요하게 여기는 시간과 그 시간을 보내는 방법은?
쉴 수 있는 집에서 보내는 시간.

── 스트레스 해소 방법은?
허물없는 동료들이나 가족들과 즐거운 시간을 보낸다.

── 인테리어에 특별한 주제나 규칙이 있다면?
어울리는 색채의 아이템들을 한곳에 둔다.

── 집에서 가장 좋아하는 장소와 그곳에서 시간을 보내는 방법은?
옥상의 우드데크나 테라스에서 바비큐를 하며 지내는 등 하늘과 가까이에 있는 시간이 좋다.

── 집에서 가장 소중히 여기는 아이템은?
장작 난로.

── 수집하거나 꼭 사는 물건이 있다면?
세계 각지의 지도.

── 좋아하는 인테리어 브랜드와 가게는?
더 콘란 숍.

── 집 정리를 잘 못하는 사람에게 조언을 해준다면?
용기를 내서 물건을 버린다.(자계自戒-스스로 경계하고 반성하는 마음도 포함해서.)

── 좋아하는 패션 스타일은?
아메리칸 트래디셔널.(빔스 플러스의 세계관)

── 평소 옷을 입을 때 가장 아끼는 아이템이 있다면?
은으로 만든 인디언 장신구.(특히 핀)

── 자신만의 스타일을 만들어주는, 특히 좋아하는 패션 브랜드는?
엔지니어드 가먼츠.

── 갖고 싶은 아이템은?
노먼 록웰NORMAN ROCKWELL의 원화原畫.

── 센스를 키우는 방법을 한마디로 요약한다면?
센스가 좋은 사람과 사귄다.

── 빔스에 들어온 이유는?
여섯 살 때부터 알고 지낸 시타라 요設楽洋와의 인연 때문에.

── 빔스에서 일하면서 가장 좋았던 점은?
동생이나 자식과 같은 수많은 직원과 함께 일할 수 있었던 것.

── 지금까지 일하면서 가장 기억에 남는 에피소드가 있다면?
늘 매입처이기만 했던 패션 선진국 이탈리아의 밀라노에 빔스 매장을 열고 그곳 사람들에게 빔스의 제품을 판매했을 때 매우 감동스러웠다.

1. 엔도 씨가 직접 디자인한 외관. 위로 갈수록 작아지는 창이 오히려 넉넉한 분위기를 자아낸다. 2. 이날 엔도 씨 일가와 빔스 직원이 모여 바비큐 파티를 열었다. 3. 엔도 씨의 사위는 유명한 프랑스 레스토랑 셰프다. 왁자지껄 만들어서, 왁자지껄 먹는 시간이 너무나 즐겁다. 4. 올해로 아흔둘이 되었다는 어머니까지 4대가 한 자리에 모였다. "단체 사진 찍는 걸 좋아합니다."라고 설명한 엔도 씨는 이날 주최자로서 분위기 띄우는 역할을 자처했다. 5. 한창 놀 나이의 손자들. 엔도 씨가 자랑하는 '사람이 모이는 집'에서 자라서 그런지 낯도 가리지 않고 손님들과 즐겁게 노는 모습이 귀엽기만 하다. 6. 엔도 씨 집 주위에는 풍경을 가리는 높은 건물이 거의 없다. 옥상에 올라가면 탁 트인 하늘의 상쾌함과 스카이트리(도쿄의 전파탑)까지 내다보이는 청명한 공기를 느낄 수 있다. 7. 엔도 씨의 주도로 다 같이 기념촬영!

6

7

도쿄답지 않은 근사한 파노라마 뷰. 옥상에서는 해질녘이 되어 서서히 사라져가는 태양을 볼 수 있다. 그러나 사람들의 시끌벅적한 웃음소리는 끊일 줄 모른다. 남녀노소를 불문하고 이 집에 모인 모든 사람이 편안하고 따뜻한 분위기에 흠뻑 젖어있다.

거실 한쪽은 엔도 씨의 취미 공간. 얌전히 기다리고 있는 애견 버디. 책의 묘미를 즐길 수 있다는 백과사전과 화집. 1988년에 50개 한정판으로 판매된 빔스 오리지널 '지아이 조G.I. Joe'. 지아이 조가 신고 있는 신발은 버켄스탁이다.

IT'S A WONDERFUL LIFE
RV PARK
Country Inns of New England
MONET
Traumland AMERIKA
NORMAN ROCKWELL
ABBEVILLE PRESS
RANDOM HOUSE
The First 50 Years 1936-1986
THE JAPANESE OVERSEAS
HISTORIC HOMES OF AMERICA
HISTORIC HOMES OF NEW ENGLAND
Bill Harris
GRAND HOMES OF THE MID-ATLANTIC
AMERICA'S HISTORIC PLACES
RICHARD ESTES
VARGA
WEEKEND HOMES
KITCHENS
PARIS MON AMOUR
DUDEN 3
DUDEN 10
GOODABODE
REMBRANDT

8. 이 집을 찾은 수많은 사람을 맞이한 대문. 대문도 엔도 씨가 직접 디자인했다. 독일에 살 때 연철wrought iron에 매료되어 이 문도 연철로 만들었다고 한다. 9. 대문의 상단 중앙에는 완성 연도가 재치 있게 감춰져 있다. 세월과 함께 집도 관록을 더해간다. 10. 추운 계절에는 엔도 씨가 자랑하는 장작 난로가 가슴속 깊은 곳에서부터 온기를 느끼게 해준다. 겨울날 아침에는 불을 지피는 것이 즐거운 일과 중 하나. 11. 엔도 씨가 지금까지 방문한 세계 각지의 지도. 행선지에서 직접 구입한 지도가 이제는 산처럼 쌓였다. 추억을 안주 삼아 술잔을 기울이는 것도 아주 행복한 순간. 12. 디자인에 신경을 많이 쓴, 리빙다이닝룸의 벽면 수납장. 손님이 많은 이 집의 수많은 식기가 이곳에 수납되어 있다. 13. 마치 '일생의 사업life work'과 같은 단체 사진찍기. 빔스의 사내 행사에서 홈 파티에 이르기까지 꽤 많은 사진을 가지고 있다. '사람이 모이고, 인간미가 느껴지는 것이 나다운 것'이라고 말하는 엔도 씨의 소중한 컬렉션.

12

13

대학생 시절에 진보초의 스즈란 도리에서 5천 엔에 구입한 콘트라베이스는 시간이 흐를수록 나무가 건조해지면서 소리도 깊어지고 있다. 빔스의 대표이사인 시타라 요 씨와 엔도 씨는 중학교 시절에 같이 밴드를 조직했던 친구 사이이다.

엔도 씨가 애착을 가지고 있는 손때 묻은 애장품들. 23년 전에 구입한 팰런 앤드 하비FALLAN&HARVEY의 블레이저, 센티넬라CENTINELA의 조끼, 로버트 워너ROBERT WARNER의 가방, 하와이안 쇼 팀의 리더에게서 선물 받은 카마카KAMAKA의 우쿨렐레, 중학생 때 산 벤조, 싱어송라이터인 마키하라 노리유키槇原敬之에게서 선물 받은 벤조 모양 핀. 60세를 기념해서 만든, 초상화가 들어간 티셔츠.

깔끔하게 정돈되어 있는 신발 컬렉션. 왼쪽 아래 구두는 25년 전에 조지 클레버리에서 처음으로 구입한 수제화. 이밖에도 알든에서 맞춤 제작한 구두 등 시간이 흐를수록 더욱 편해지는, 흔들리지 않는 장인정신을 느낄 수 있는 신발이 대부분이다. 엔도 씨의 신념과 닮아 있는 이 신발들은 그동안 엔도 씨와 함께 수많은 사람과 만났고 수많은 일을 겪었다.

MY FAVORITE THINGS

자랑하고 싶은 나만의 물건

편애하기에 흥미로운 물건들. 80년대의 밴드 티셔츠, 클라이밍 슈즈,
빈티지 타이 클립, 와인, 스케이트보드, 헤어 액세서리, 수영복, 복 고양이,
오사카 만국박람회 관련 상품, 오디오 시스템, 오리지널 미술 작품….
좋아하는 것들에 둘러싸여 사는 작지만 확실한 행복.
개성 만점의 빔스 직원 78명이 자신이 '편애'하는 아이템을 소개한다.

apple goods

한 시대의 최고 걸작 일과도 관련이 있는 애플Apple 제품

도이지 히로시 土井地 博

커뮤니케이션 디렉터
38세 / 가나가와, 가와사키

계기: 처음에는 디자인에 끌렸는데, 정신을 차려보니 애플의 포로가! 90년대 후반에 생산된 모든 제품을 모으는 중. **매력:** 이 시대 최고의 작품이자 마치 미래에서 온 선물 같다. 날마다 경이롭고 감동적이다. **수집의 즐거움:** 좋아하는 마음이 커져서 애플과 관계된 일을 하게 되어 본사에서밖에 판매되지 않는 상품까지 모을 수 있었다. **중시하는 것:** 미국의 민예품에서 일본의 공예품까지 다양한 각도에서 '이거다!' 싶은 것들은 옆에 두고 싶다.

my oil painting

아끼는 옷이 더러워져도 멈출 수 없는 유화 그리기

구라모토 레미 蔵元玲美

데미럭스 빔스Demi-Luxe BEAMS 니혼바시 지점
24세 / 도쿄, 스기나미

계기: 고등학생 때부터 대학생 때까지 7년 동안 유화를 전공했다. 다다미 두 장 크기의 패널을 제작한 적도 있다. **매력:** 아끼는 옷을 입기만 하면 유화용 물감을 묻힌다. 잘 지워지지 않아 순간 절망하지만 워낙 좋아하는 작업이라 멈출 수가 없다. **중시하는 것:** 물건을 비우며 사는 어떤 저자의 책을 읽고 느끼는 바가 컸다. 나도 따라하려고 하는데 정신을 차려보면 집 안은 언제나 엉망진창….

shimano calcutta XT series

자랑스러운 일본의 명품 베이트 캐스팅 릴bait casting reel 시마노 캘커터 엑스티 시리즈

도리쓰카 야스시 鳥塚 寧

판매촉진본부
56세 / 이바라키, 도리데

만남: 시마노SHIMANO에서 1995년에 발매된 캘커터 엑스티 시리즈. 왼쪽부터 50XT, 201XT, 101XT. 발매 당시 매장의 유리 케이스 안에서 황금색 빛을 내던 이 시리즈는 모양도 근사했고, 촉감도 좋았고, 들었을 때의 묵직함은 더할 나위 없이 훌륭했다. 무척 고급스러워서 다른 브랜드와 차원이 달랐다. **매력:** 아부 가르시아Abu Garcia의 앰버서더Ambassadeur와 함께 몇 십 년이 지나도 질리지 않는, 세계에 자랑할 만한 디자인이자 매우 아끼고 싶은 존재 중 하나.

clothes handed down

입사할 때도 도움이 됐다 할머니와 어머니께 물려받은 옷

오카모토 아야 岡本 彩

빔스 우먼 시부야 지점
24세 / 지바, 마쓰도

계기: 할머니와 어머니가 입던 옷을 자주 입는다. 20년 전의 어머니와 체형이 똑같아서 바지도 고칠 필요가 없다. **추억:** 할머니의 비즈 카디건을 빔스 입사 면접 때 입었고, 프릴 블라우스와 슬랙스, 빨간 허리띠는 입사 첫날 입었다. **중시하는 것:** 운동. 빔스 농구부 활동도 즐거움 중 하나. 쉬는 날에는 대개 밖으로 나간다. 사람들을 만나 이야기하고 시끌벅적 지내는 것이 좋다.

hair accessories

이국적인 화려한 색상의 헤어 액세서리

지시키 유카 知識 優花

데미럭스 빔스 요코하마 지점
24세 / 가나가와, 가와사키

계기: 해외에서 현지의 여자아이가 하고 있는 걸 보고 예쁘다는 생각을 했다. 파스텔이나 비비드 컬러의 액세서리가 많다. **선택 기준:** 너무 크지 않아 여러 개를 같이 할 수 있어야 한다. 스타일이 심심해 보이거나 여름에 물가에 갈 때는 항상 여러 개를 꽂는다. 최근에는 선배가 준 새 액세서리를 애용한다. **중시하는 것:** 아무리 작은 일이라도 몰두할 수 있는 일을 하려고 한다.

PVC figure "sabotender"

귀엽다!
불마크Bullmark의 괴수 시리즈
사보텐다

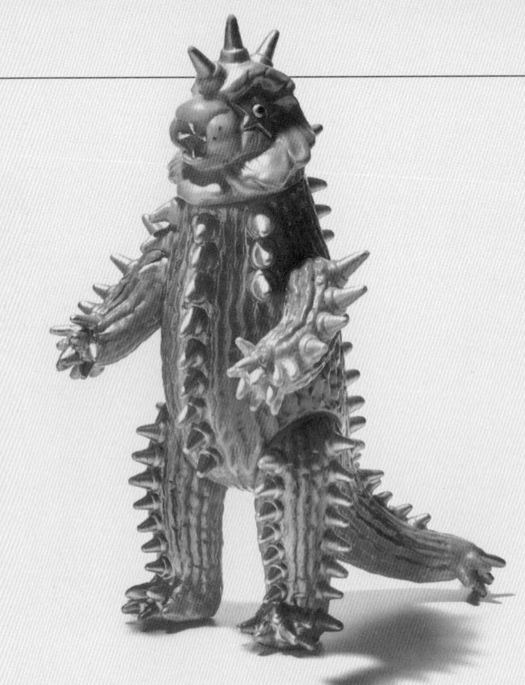

기무라 히로시 木村 広史

웹 제작부
43세 / 사이타마, 소카

매력: 〈울트라맨〉에 등장한, 선인장과 고슴도치가 합체한 초수超獸 사보텐다의 소프트비닐 피규어. 2010년에 열린 장난감 전시 · 판매 행사에서 손에 넣었다. 별모양 눈이 미치도록 마음에 든다. 실사판에서는 험상궂은 데다가 얼굴도 거무죽죽한데 소프트비닐 피규어는 가시도 마치 지압봉처럼 생겨서 귀엽기만 하다. **보관 방법:** 장난감 상자. 장난감이니까 갖고 놀아야지. **중시하는 것:** 아들 사랑하기. 몸 움직이기.

necktie collection

옷차림과 함께
추억도 되살아나는
넥타이 컬렉션

무토 가즈히코 無藤 和彦

브릴라 페르 일 구스토 디렉터
49세 / 도쿄, 고토

계기: 슈트와 재킷을 판매하는 부서에서 일하기 때문에 시즌마다 여러 개 구입한다. 심지의 두께나 넥타이의 폭이 유행에 따라 달라져서 무늬가 마음에 들어도 매지 못할 때가 있다. 그러나 당시의 옷차림이나 추억이 생각나서 버리지 못한다. 어느새 200개 이상 모았다. **보관 방법:** 돌돌 말아서 안 쓰는 가방에 넣어 보관한다. 돌돌 말면 주름이 생기지 않는다.

beckoning cat

단 한 번의 만남을 부르는 각양각색의 복 고양이 컬렉션

기타무라 나오코 北村直子

빔스 아베노 지점
34세 / 나라, 나라

계기: 새해 첫 참배 때 평범하게 생긴 복 고양이를 본 것이 계기. 평소 고양이를 좋아해서 애교스러운 모양에 매료됐다. **좋아하는 것:** 수집하면서 복 고양이가 지닌 의미에도 흥미를 느끼게 됐다. 일반적으로 복을 부른다고 알려진 고양이 이외에 연애 운을 부른다는 분홍색 고양이, 손님을 부른다는 왼손 든 고양이, 해외를 겨냥해서 만든 달러 고양이, 'LOVE & PEACE' 고양이 등 진귀한 아이템을 모으는 중. **중시하는 것:** 도시에서 일을 할 때는 ON, 시골에서 생활할 때는 OFF. ON/OFF의 생활을 즐긴다.

my character "B-spo-kun"

스포츠 대회의 공식 캐릭터 비스포 군

니나우치 미호 新名内 美保

빔스 히로시마 지점
28세 / 히로시마, 히로시마

계기: 전문학교에 다닐 때 머리카락이 헝클어진 사람을 그렸는데 그것이 이 캐릭터 탄생의 계기가 됐다. **추억:** 입사하고 몇 년 뒤에 열린 빔스 스포츠 대회에서 공식 캐릭터로 채용됐다. 이름은 '비스포 군'. 1년 후에 '비스포코 짱'도 탄생했다. 안경과 혼동하기 쉽지만 눈가의 검은 것은 B 모양으로 헝클어진 머리카락. **중시하는 것:** 어수선해도 생각나는 즉시 노트와 펜을 잡을 수 있는 환경이 좋다.

goods of Kazuo Umezu

초등학생 때 알게 된 후 지금까지도 사랑해마지 않는 우메즈 가즈오楳図一雄 관련 상품

Mina Shibasaki

시바사키 미나 柴崎 美奈

신규사업개발과
27세 / 도쿄, 세타가야

계기: 초등학교 때 편의점 만화 가판대에서 처음 알게 됐다. 초등학생에게는 어려운 내용도 있었지만 뭔가에 홀린 게 아니냐고 부모님이 걱정하실 정도로 우메즈 가즈오의 만화가 좋아 용돈까지 아껴서 사 모으기 시작했다. 지금도 이 마음이 변치 않았다. **좋아하는 것:** 『아기소녀赤んぼう少女』에 나오는 캐릭터 '다마미'가 가련하고 귀여우면서도 어쩐지 섬뜩해서 정말 좋다! 우메즈 가즈오의 설레는 세계관을 계속 만나고 싶다.

vintage military cap

시대마다 다른 차이를 즐기는 빈티지 밀리터리 캡

Shigeru Kaneko

가네코 시게루 金子 茂

빔스 바이어
31세 / 도쿄, 메구로

계기: 본래 구제와 모자를 좋아했다. 늘 착용하는 아이템이라서 모으기 시작했다. 수집 기간은 약 8년. 밀리터리 빈티지 모자는 15개 정도 가지고 있다. **매력:** 빈티지 아이템은 봉제나 원단의 느낌이 매우 좋다. 시대와 용도에 따라 디자인이 다르다는 것도 재미있다. 코디네이트의 포인트로 활용할 때가 많다. **중시하는 것:** 좋아하는 것에 몰두할 수 있는 환경을 중시한다. 자연과 접할 수 있어야 한다.

porter novelty goods

뛰어난 품질이 매력 포터PORTER의 노벨티

Hisashi Nakamura

나카무라 히사시 中村尚史

비지루시 요시다 다이칸야마 지점
38세 / 도쿄, 메구로

추억: 비지루시 요시다 다이칸야마 지점이 문을 열 때부터 근무했기 때문에 전시회 등에서 받은 노벨티(광고를 위해 고객에게 제공하는 상품)가 아주 많다. 하나씩 꺼내보면 그걸 가지고 갔던 여행지에서의 추억이나 공기감이 되살아나 재미있다. **매력:** 비록 노벨티이긴 하나 요시다 가방의 장인정신이 세밀한 곳에까지 미쳐 있는 것을 보면 80년이라는 세월 동안 제일선에서 달려온 회사의 저력을 느낄 수 있다. 아주 잘 쓰고 있다. **고집:** "인생은 플러스마이너스 제로."

snow bear and cushion

자연을 대하는 자세를 되돌아보게 하는 두 가지 아이템

Yuji Yamazaki

야마자키 유지 山崎 勇次

인터내셔널 갤러리 빔스 디렉터
48세 / 도쿄, 시부야

추억: 내셔널 지오그래픽 상품을 일본에 판매하기 위해 런던에서 현지 담당자와 미팅을 한 적이 있다. 그때 처음 북극곰에 흥미를 느끼게 됐다. 빔스의 별주 상품인 로버트 워너의 쿠션은 로버트 워너가 노스 비치 레더North Beach Leather 이후 새 브랜드를 만들 때 기획한 상품이었다. 그의 친구인 독타운의 제퍼를 만난 것이 기억에 남는다. **중시하는 것:** 모든 면에서 조화를 중요시한다. 항상 몸을 움직이려고 한다.

golf gear

남쪽 나라 하와이의 바람과 상쾌한 샷을 생각나게 하는 하와이×골프 아이템

가토 다카시 加藤 貴志

빔스 골프 오다큐하루쿠 지점
38세 / 가나가와, 가와사키

계기: 예전에 하와이에서 골프를 쳤을 때 야자나무가 있는 티그라운드에서 파란 바다로 시원하게 날렸던 기억이 머릿속에서 떠나지 않는다. 그 기분을 일본에서도 느끼고 싶어 수집하기 시작했다. **즐기는 방법:** 하와이와 연관되어 있다 싶으면 그냥 주문하기도 한다. 이런 아이템에 빔스 골프에서 판매하는 상품을 매치한다. 비록 하와이가 아니라 일본에 있지만 이 아이템들로 상쾌함을 느낄 수 있다. 골프 기록이야 늘 그대로지만, 동기부여만큼은 확실하다!

okinawa jacket

오키나와 관련 상품과 페니카의 아이콘인 제비에 푹 빠져 있다

기타무라 케이코 北村 恵子

페니카 디렉터
53세 / 런던, UK

만남: 오키나와에 드나들기 시작한 지 18년이 됐다. 런던 집에 오키나와 관련 상품이 정말 많다. 테일러 도요Tailor TOYO가 만든 이 'OKINAWA' 스카잔도 그 중 하나. **좋아하는 것:** 안팎으로 다 입을 수 있는 스카잔의 소매 안쪽에 페니카의 아이콘인 제비가 수놓아져 있다. 이 제비는 염색작가 유노키 사미로의 작품이다. 자유롭게 하늘을 나는 모습이 정말 멋지다. **중시하는 것:** (페니카 디렉터) 에리스와 함께 물건이든 스타일이든 일단 직접 해보는 편이다. 해보지도 않고 싫다고 말하지는 않는다.

watch

추억이 깃든 손목시계 롤렉스 오이스터 데이트Oyster Date와 논오이스터 프리시전Non Oyster Precision

Eriko Yasutake

야스타케 에리코 安武 惠理子

데미럭스 빔스 바이어
32세 / 도쿄, 시부야

만남: 오이스터 데이트는 서른 살 기념으로 처음 구입한 앤티크 롤렉스다. 큼직한 검은색 다이얼을 찾다가 마음에 들어 구입했다. 논오이스터 프리시전은 남편의 결혼기념일 선물. **매력:** 손으로 감는 수동식이다. 앤티크 특유의 섬세함 때문에 쓰기 편하다고는 할 수 없지만 다른 시계에서는 볼 수 없는 멋이 있어 마음에 든다. 같이 나이를 먹다가 다음 세대에 물려주고 싶다.

denim shorts

학창 시절부터 변함없이 내 개성을 표현해준 데님 반바지

Fumie Nakada

나카다 후미에 仲田 文惠

빔스 이케부쿠로 지점
35세 / 도쿄, 다이토

계기: 원래부터 치마가 불편해서 바지만 입었다. 사복을 입었던 고등학교 시절에 구제 옷에 눈을 떴는데, 구제 옷가게에서 산 리바이스 501을 어느 날 무턱대고 잘라 반바지로 만들었다. 항상 내가 원하는 길이로 잘라서 입는다. **취향:** 기본적으로는 리바이스를 좋아하지만 유행도 따르는 편이어서 잘 나가는 브랜드의 바지도 즐겨 입는다. **중요한 시간:** 앞으로도 이런 바지를 계속 입고 싶어 남편과 함께 헬스클럽에 다니기 시작했다.

hair accessories

플뤼에의 비녀 등 100개도 넘는 헤어 액세서리

하마나카 마유 濱中 馬由

레이 빔스 바이어
28세 / 도쿄, 하치오지

계기: 입사 당시 액세서리 담당이기도 했고 옷과 어울리는 헤어스타일을 제안하고 싶어 수집하기 시작했다. 벌써 100개도 넘게 모았다. 편한 스타일에서 격식을 갖춘 스타일까지. **좋아하는 것:** 플뤼에의 비녀는 단정한 스타일에도 좋고 꽂았다가 풀면 머리에 웨이브가 생겨 매력적이다. 한 번에 두 가지 스타일을 즐길 수 있다. **중시하는 것:** 잘 모르는 길도 일단 간다. 자연을 좋아해서 산책을 자주 한다.

the toy train made of the tin plate

세월의 변화로 더 멋있어지는 올드 아메리칸 양철 화물열차

하나부사 나오키 花房 直樹

빔스 우메다 지점
40세 / 오사카, 사카이

매력: 1930~50년대의 올드 아메리칸 양철 화물열차를 수집한다. 간소하게 만들어졌지만 보고 있으면 당시의 정경이 떠오르는 듯하고, 세월에 녹슨 분위기가 아주 멋스럽다. **중시하는 것:** 개인 공간인 내 방은 미국의 옛날 장난감 등 좋아하는 물건들로 꾸몄다. 그러나 공용 공간인 거실은 미국의 앤티크 가구와 직접 고친 일본의 고가구(19세기 후반~20세기 초)를 믹스해서 차분하게.

teppei Kaneuji art works

직접 만드는 미술 작품의 뿌리이기도 한 조각가 가네우지 텟페이金氏徹平

Maho Imamura

이마무라 마호 今村 真帆

빔스 마치다 지점
26세 / 가나가와, 요코하마

계기: 요코하마 미술관에서 가네우지 텟페이의 개인전을 보고 미술에 흥미를 느끼게 됐다. 중학교 때부터 친구들 부탁으로 와이어를 이용해 웰컴 보드나 액자를 만들었는데, 당시에 가네우지 텟페이의 아이디어나 색깔 사용에 영향을 많이 받았다. **현재:** 최근 몇 년간은 흰색 바탕에 여러 가지 색을 입히는 작업을 했다. 형광색 그림도구나 자수 실을 사용한 와이어 아트도 한다. **중시하는 것:** '나는 어떻게 느끼고, 남은 어떻게 느낄까?'를 늘 염두에 둔다.

goods of Osaka Banpaku

미지의 세계에 호기심을 불러일으키는 오사카 만국박람회 관련 상품

Yuki Hamanishi

하마니시 유키 濱西 優希

빔스 보이 우메다 지점
36세 / 요코하마, 아마가사키

계기: 내가 태어나기도 전에 열렸던 오사카 만국박람회에 대해 그저 호기심이 일어 알아보다가 빠져들었다. **추억:** 중학교 때 처음으로 '태양의 탑'을 보고는 그 조형미에 매료됐다. 실제로 보러 가는 것도 좋아해서 크리스마스 시즌에 열리는 일루미네이션에는 꼭 참석한다. **중시하는 것:** 내추럴 우드와 모던 리빙을 기본으로, 좋아하는 것들만 놓고서 살려고 노력 중이다.

lucha libre goods

복면에 빠졌다!
멕시코의 프로 레슬링
루차 리브레 관련 상품

Keisuke Fujita

후지타 케이스케 藤田 桂介

빔스 하우스 롯폰기 지점
40세 / 도쿄, 다마

매력: 경기장에서의 일체감과 멕시코 사람들의 따뜻함이 좋았는데 멕시코의 프로 레슬링인 루차 리브레에 빠지게 됐다. **좋아하는 것:** '백은의 운석탄'이라는 수페르 아스트로의 복면은 아스트로가 경영하는 샌드위치 가게에서, 일본에서 열린 신춘 헤비급 배틀로열에서 우승한 '아카풀코의 파란 날개' 리스마르크 Lizmark 선수의 복면 모두 본인에게서 직접 구입했다. **추억:** 루차 리브레가 보고 싶어서 멕시코로 신혼여행을 갔다. 아내에게 감사하다. **중시하는 것:** 아내에게 맡기고 불평하지 않는다.

beige shoes

종류보다 모양보다
색을 따진다
베이지색 신발들

Daisuke Murayama

무라야마 다이스케 村山 大介

빔스 신주쿠 지점
32세 / 도쿄, 세타가야

매력: 어딘지 모르게 품위가 있으면서도 거친 매력이 느껴지는 베이지색 신발은 그냥 지나치지 못한다. 드레스슈즈를 신지 않기 때문에 품위 있어 보이는 색깔의 신발은 품위가 없는 내게 꼭 필요한 아이템이다. **보관 방법:** 복도에 모아 놓아서 마치 베이지색 모래 산 같다. 정신을 차려보니 신발장이 온통 베이지색으로 차 있었다. **좋아하는 것:** 팀버랜드TIMBERLAND의 6인치 프리미엄 부츠. 비 오는 날에 신기 편해서 좋다. **중시하는 것:** 웃음이 활력소다. 웃는 얼굴과 대화가 중요하다.

aromatherapy goods

기분은 물론 컨디션도 조절할 수 있는 아로마테라피

가타야마 아야 片山 彩

레이 빔스 이케부쿠로 지점
25세 / 도쿄, 다이토

계기: 중학생 때 방을 향기롭게 하려고 시작했다. 그러다 아로마테라피의 매력에 빠져 대학교 때 어드바이저 자격을 취득했다. **목적:** 기분을 전환하고 싶을 때, 감기로 몸 상태가 엉망일 때, 발의 붓기를 빼고 싶을 때 항상 아로마의 힘을 빌린다. 에너지가 필요할 때는 감귤류, 기분을 가라앉힐 때는 나무류의 향이 좋다. **중시하는 것:** 피로를 쌓아두지 않으려 한다. 아침에 일어날 때와 잠들기 전에 요가로 기초 대사량을 늘린다.

swim wear

바다에 매혹되어 모으기 시작한 수영복

이토 아스카 伊藤 あすか

비밍 라이프스토어 바이 빔스 코쿤시티 지점
30세 / 도쿄, 기타

계기: 서핑을 하는 동료와 선배의 영향으로 5년 전부터 나 역시 서핑을 시작했다. 그러다 보니 수영복이 많이 늘었고 해마다 구입하는 브랜드도 생겼다. 경쾌하고 화려한 색상에 밴드 타입의 수영복이 제일 좋다. **매력 :** 이제는 '바다'만 봐도 기분이 좋아져서 계절에 상관없이 바다에 간다. **중시하는 것 :** 바다가 좋아서 집에서는 하와이안 뮤직을 듣기도 하고 생각날 때 바로 바다로 나가 기분전환을 한다.

alice in wonderland goods

“이상한 나라~”의 어른이 된 앨리스를 상상해본다

시마즈 유 島津 悠

인터내셔널 갤러리 빔스
28세 / 도쿄, 니시토쿄

매력: 사실은 루이스 캐럴CARROLL의 『이상한 나라의 앨리스』를 읽은 적이 없다. 그러나 어린 시절에 본 그림책이 인상적이어서 아직까지도 앨리스는 내게 패션의 아이콘으로 남았다. ‘어른이 된 앨리스는 어떤 옷을 입을까?’를 상상하면서 옷을 입는다. **좋아하는 것:** 퍼프 슬리브, 플레어스커트의 볼륨, 리본, 레이스, 트럼프, 시계 등 이상한 나라와 연관이 있는 것들에는 자꾸만 손이 간다.

aloha shirt

50년대가 좋다 알로하셔츠에는 퐁파두르 스타일

히로세 다이 広瀬 大

빔스 고베 지점
28세 / 요코하마, 고베

계기: 50년대에 흥미가 있다. 엘비스 프레슬리나 옛날 재즈 뮤지션의 패션을 좋아해서 해마다 알로하셔츠를 산다. 빔스 레코드BEAMS RECORDS에서 〈딥 펑크Deep Funk〉를 발매한 켑 다지KEB DARGE의 알로하 의상이 멋있어서 인상에 남아있다. **스타일:** 머리를 부풀려서 뒤로 넘기는 퐁파두르pompadour 스타일에 알로하셔츠를 입고 주머니에 빗을 꽂으면 완벽! **중시하는 것:** 지역 사회가 중요하다. 휴일에는 단골 가게에서 사람들을 만나 이야기를 나누고 나의 라이프스타일을 자주 되돌아본다.

food motif items

인기를 끌 수 있다 음식을 모티브로 한 아이템들

Tsubasa Misumi

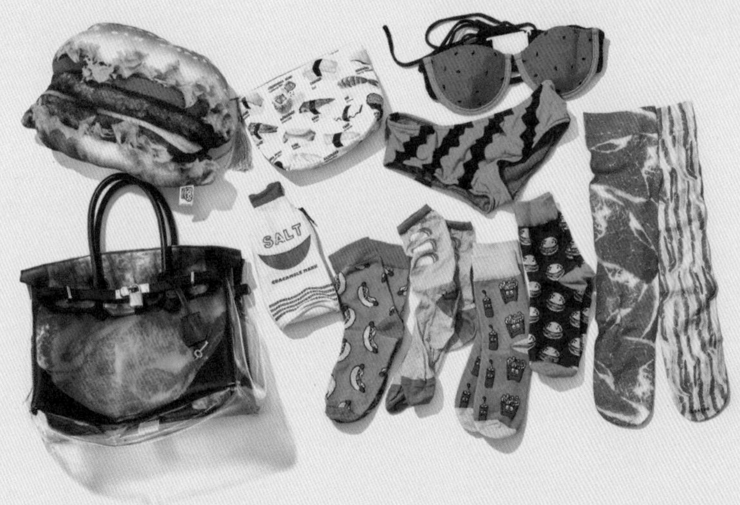

미스미 쓰바사 三角 翼

빔스 스트리트 우메다 지점
22세 / 오사카, 히라카다

계기: 세 살 때 할아버지께 음식 모양의 지우개를 받은 것이 계기가 되어 음식을 모티브로 한 아이템들을 모으고 있다. **좋아하는 것:** 2년 전에 산 수박 무늬 속옷은 자랑 아닌 자랑. 부록처럼 들고 다니는 파우치는 소금이다. 이 속옷을 입고 이 파우치를 들고 다니는 내 모습이 그렇게 좋을 수 없다. 사내 연수 때는 검은색 니트 위에 고기 무늬 양말을 머플러처럼 목에 둘러 인기를 끌었다. 초밥 파우치는 어찌나 귀여운지 넋을 놓고 볼 때도 있다.

a card case

오랫동안 애용 중인 빔스 플러스의 명함집

Tomoya Saito

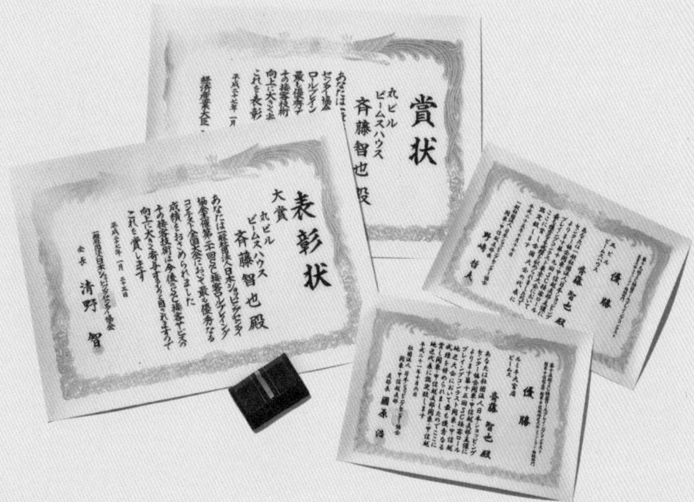

사이토 토모야 斉藤 智也

빔스 하우스 마루노우치 지점
43세 / 사이타마, 사이타마

추억: '제 20회 SC접객 롤플레잉 테스트'라는 접객 콘테스트에 나갔을 때 자연스러운 분위기를 연출하려고 평소에 가지고 다니던 명함집을 안주머니에 넣어갔었다. 무대에서는 쓸 기회가 없었지만 어쩐지 자신감이 생겨서 대회에서 우승까지 차지했다. 입사 당시부터 쓰던 것이라 정이 많이 들었다. **중시하는 것:** 휴일에는 낮잠도 자면서 느긋하게 보내는 것이 좋다.

travel around the U.S.A.

30일간의 미국 일주 아이비리그 8개 학교도 방문했던 여행의 추억

Keita Kobayashi

고바야시 케이타 小林 景太

빔스 신마루노우치 지점
25세 / 도쿄, 이타바

추억: 현지에서도 '평생에 한 번 할 수 있을까 말까한 꿈'이라고 말하는 미국 일주를 자동차를 몰고 30일간 하고 왔다. 이동 장소를 선으로 이어 놓은 지도와 아이비리그 8개 학교를 방문해서 구입한 페넌트는 나의 보물이다. 다트머스Dartmouth의 페넌트만 정식으로 구입한 것이 아니어서 진짜인지 아닌지 의심스럽지만 이것 역시 즐거운 추억이다. **중시하는 것:** 미국, 북유럽, 일본 등 좋아하는 스타일이 다양하다. 좋아하는 여러 가지 것들에 둘러싸여 살고 있기에 하루하루가 즐겁다.

studs item

중학교 시절부터 좋아한 펑크스타일에서 빼놓을 수 없는 스터드 아이템

Ayako Yamamoto

야마모토 아야코 山本 綾子

제작부
30세 / 도쿄, 메구로

계기: 펑크와 뉴웨이브를 좋아한다. 스터드 아이템은 중학교 시절부터 나의 필수품이었다. 내 패션의 뿌리는 음악에서 시작됐다. **매력:** 벤자민benjamin의 스터드 발레슈즈는 그 반항적인 멋스러움에 끌려 매 시즌 구입한다. **중시하는 것:** 의식주 전반에 걸쳐서 유행에 흔들리기보다는 나의 스타일을 유지하는 데 더 신경을 쓴다.

pottery from all over the world

여행지에서 만난 세계 각지의 다양한 도기

야스타케 토시히로 安武 俊宏

프레스
30세 / 도쿄, 시부야

추억: 10대 때 처음으로 혼자 여행을 간 베트남을 비롯해서 페루, 모로코 등 세계 각지를 돌 때 하나씩 구입해서 백팩에 넣어서 왔다. **좋아하는 것:** 여행지에서 도예가인 아담 실버맨SILVERMAN의 전등갓을 보았는데 가지고 오다 깨질까봐 사지 못했다. 귀국 후에 마침 빔스에서 대량으로 구입할 예정이라고 해서 몇 개월을 기다렸다가 손에 넣었다. **중시하는 것:** 좋아하는 것들과 좋아하는 사람들에 둘러싸여 살고 싶다. 임시방편의 물건은 사지 않는다.

football uniform

고등학교 3년 동안 고락을 함께 한 추억의 유니폼

하라 코우키 原公基

비지루시 요시다 다이칸야마 지점
23세 / 도쿄, 세타가야

만남: 축구부에 입부했을 때 받은 이 유니폼 없이는 나의 고등학교 생활을 논할 수 없다. **추억:** 3년 동안 기숙사 생활을 하면서 직접 빨아 입었기에 애착이 갈 수밖에 없다. 전국대회에서는 다른 유니폼을 입었지만 평소 훈련하거나 시합할 때는 언제나 이 유니폼이었다. 아마 몇 백 번은 입었을 거다. **매력:** 지금도 풋살이나 축구시합을 하면 이 유니폼을 입는데, 입기만 하면 의욕이 솟구친다.(웃음) 이 유니폼 때문에 '77'이 진짜 좋아졌다.

vintage apron

마치 누군가의 인생을 들여다보는 듯한 빈티지 앞치마

Haruki Tsujimura

쓰지무라 하루키 辻村 春樹

빔스 아베노 지점
38세 / 요코하마, 고베

계기: 처음에는 빈티지 데님을 수집했다. 그러다 빈티지 앞치마의 디테일에 매료됐다. 희귀한 아이템인데, 구제 숍에서 리폼할 목적으로 사들인 것을 넘겨받다 보니 다양한 원단의 앞치마를 갖게 됐다. 특히 좋아하는 것은 데님 앞치마. 누가 어떻게 사용했느냐에 따라 물 빠짐 정도가 달라 마치 누군가의 인생을 들여다보는 듯하다. **보관 방법:** 구입한 날에는 가장 눈에 잘 띄는 선반에 걸어 둔다.

tube amp

물려받은 수제 진공관 앰프와 직접 만든 오디오 시스템

Manabu Kawasaki

가와사키 마나부 川崎 学

빔스 요코하마 지점
36세 / 가나가와, 후지사와

계기: 수제 진공관 앰프를 물려받았다. 그래서 책을 보고 공부한 후에 직접 설계도를 그려 대형 스피커를 만들었다. **행복한 시간:** 기성품에서는 느낄 수 없는 나무의 울림과 DIY에서만 맛볼 수 있는 사랑스러움이 최고의 공간을 만든다. **중시하는 것:** 언제나 음악이 있어야 한다! 아이 이름도 '오토(音, 소리)'라고 지었다. 거실에는 직접 만든 오디오 시스템을, 주방에는 소형 오디오 시스템을, 내 방에는 DJ기재를 놓았다.

skateboards, shoes and socks

3개월 만에 상처투성이 송별 선물로 받은 스케이트보드 데크

나카타 타카후미 仲田 岳文

빔스 스트리트 우메다 지점
39세 / 오사카, 오사카

계기: 초등학교 때 스케이트보드를 알게 됐고, 페니PENNY가 유행했던 2년 전 쯤에 다시 타기 시작했다. 이번 봄에 근무지를 옮기면서 동료들에게 송별 선물로 데크를 받았다. 매주 너댓 번은 연습한다. **좋아하는 것:** 아직 3개월밖에 안 지났는데 이미 상처투성이다. 여러 사람에게 배우는데 얼마 전에 킥플립다운이라는 기술을 성공했다. 신발은 나이키와 이메리카EMERICA, 양말은 아는 사람만 아는 코벳 삭스COVET SOCKS가 좋다. 찢기고 쓸린 상처에도 애착을 느낀다.

my favorite dresses

잠 못 이룰 정도로 애가 타서 구입한 원피스들

Mika Ohba

오바 비카 大場 美佳

인터내셔널 갤러리 빔스
25세 / 지바, 지바

매력: 페르메리스트 빔스Vermeerist BEAMS에서 구입한 원피스 세 벌. 주름이 귀여운 왼쪽 원피스는 다그다DAGDA, 에스닉 느낌이 매력적인 드레스와 레이스가 달린 어른스러운 미니 드레스는 매니시 아로라MANISH ARORA. 모두 다 갖고 싶어서 잠이 오지 않을 정도였다. 옷장에 넣어둔 지금도 그 마음이 변치 않았다. 특별한 날에나 그렇지 않은 날에나 아끼는 옷을 고르라고 하면 언제나 이 옷들을 꼽는다. **중시하는 것:** 좋아하는 것을 입고, 보고, 먹는다. 마음 가는 대로 행동하고 싶다.

hand loomed fabric

사람이 직접 짠 세계 각지의 매력적인 천들

Keiko Kamide

가미데 게이코 上出 恵子

고도모 빔스
39세 / 도쿄, 치요다

수집 방법: 일본을 포함한 다양한 나라에서 사 모았다. 여행지에서는 이런 직물이 있을 법한 시장이나 벼룩시장, 직물을 실제로 짜는 곳에 들르기도 한다. **매력:** 그 지역의 재료로 그 지역 사람이 직접 짠 직물을 좋아한다. 색상이나 소재, 무늬의 조합, 자수, 스티치 등에서 그 지역의 개성을 느낄 수 있다. 이런 직물을 보면 물건 하나도 허투루 여기지 않는 장신 정신이 느껴져 마음이 뜨거워진다. **즐거움:** 여행을 가면 마을이나 시장에서 그 지역 사람들의 옷차림을 보는 것이 좋다.

Michael Jordan goods

인생을 바꿔준 마이클 조던 관련 상품들

Shinya Inada

이나다 신야 稲田 真也

빔스 신주쿠 지점
28세 / 도쿄, 시부야

만남 : 중학교 3학년 때 텔레비전에서 마이클 조던 경기를 보고 농구에 눈을 떴다. **추억:** 고등학교 3학년 때 산타바바라에서 열린 마이클 조던 캠프에 참가했었다. 첫 해외여행이었는데 마이클 조던을 직접 만나 내가 아는 영어를 총동원해서 대화를 나누었다. 최고의 경험이었다. **좋아하는 것:** 마이클 조던의 사인이 들어간 에어 조던 원AIR JORDAN 1. 검정과 빨강의 배색은 강인함의 상징! 관속에까지 가지고 가고 싶은 명품이다.

basoon

줄곧 연주해온 따뜻한 음색이 매력적인 바순

Kouki Nagasawa

나가가와 코우키 長澤 皓樹

빔스 라이츠BEAMS LIGHTS 시부야 지점
24세 / 도쿄, 니시토쿄

계기: 고등학교 음악부와 음대에서 바순을 연주했다. **매력:** 비주류 악기이긴 하나 겉보기와 다르게 매우 따뜻한 음색을 낸다. 〈도라에몽〉이나 〈만화 일본 옛이야기〉의 삽입곡에도 바순이 쓰였기 때문에 의외로 친근한 악기다. **중시하는 것:** 항상 음악을 듣는다. 감정을 선율에 실어서 연주하다 보면 일상생활에 활력이 솟는다. 음대에 다니던 친구와 함께 연주를 하고 앙상블을 이루는 시간도 소중하다.

comme des garçons goods

'모순'과 '사치'의 아이템 아무것도 들어갈 것 같지 않은 작은 가방

Hiromi Ino

이노 히로미 伊野 広美

빔스 보이 바이어
27세 / 도쿄, 도요시마

매력: 꼼 데 가르송을 중심으로 '뭐가 들어가긴 할까?' 싶을 정도로 작은 가방을 모은다. 물건을 넣어 다닐 수 있어야 할 가방이 너무 작다는 '모순'과 질이 매우 좋다는 '사치'를 동시에 느낄 수 있는 아이템이다. **좋아하는 것:** 외출할 때는 작은 가방을 두 개 챙긴다. 취사선택한 물건이 가방에 들어갔을 때 해냈다는 쾌감이 느껴진다. **계기:** 어느 날 문득 '잘 나가는 여자는 가방이 작다'는 생각이 들었다. **중시하는 것:** 많이 먹는다. 어쨌든 먹는다.

dragon ball goods

그림, 감각, 그 모든 것에 경의를 표하는 『드래곤볼』

Takashi Ueno

우에노 타카시 上野 貴司

비밍 라이프스토어 바이 빔스 라라포트도쿄베이 지점
28세 / 지바, 야치요

좋아하는 것: 어릴 적부터 지금까지 변함없이 좋아한다. 완전예약 한정생산판 DVD세트는 VOL. 1, 2를 합해서 20만 엔. 고등학생 때 '내가 사지 않으면 안 된다'는 사명감에 불타올라 아르바이트를 해가면서까지 구입했다. **매력:** 그림체는 물론이고 센스도 뛰어나다. 특히 메커니즘 계열의 만화에서 도리야마 아키라鳥山明 선생님은 정말 대단하다. 말로 다 설명할 수 없을 정도다! **중시하는 것:** 아침에 "다녀오겠습니다." 하고 인사하기, 사람들에게 친절하기, 사람들에게 감사하기. 통근 시간에는 심야 라디오를 듣는다.

punk music goods

공연장에서 좋은 인연도 만났다 펑크 뮤직 관련 상품

Mari Kubota

구보타 마리 久保田 麻里

빔스 아울렛 아미 지점
32세 / 이바라키, 가스미가우라

계기: 중학생 때 하이 스탠다드HI-STANDARD 밴드의 펑크 음악에 빠진 것이 계기가 되었다. 요즘에는 멜로딕 하드코어, 하드코어, 스카, 아이리쉬 펑크 등 폭넓게 음악을 듣는다. **추억:** 밴드를 하는 친구들이 많아서 고등학교 · 대학교 때는 왕복 약 3천 엔의 차비를 들여 시내로 공연을 보러 가기도 했다. 그곳에서 여러 사람을 만났고 지금도 아주 친하게 지낸다. 어딕츠THE ADDICTS와 아스타 카스크ASTA KASK의 일본 공연도 잊을 수 없다. **중시하는 것:** 늘 웃는 얼굴로 주변 사람들을 소중히 여기자.

tassel garland

내 마음대로 만들 수 있다 친구를 위해 만드는 태슬 가렌드

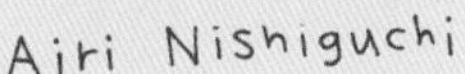

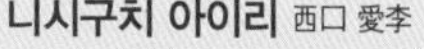

Airi Nishiguchi

니시구치 아이리 西口 愛李

빔스 스트리트 요코하마 지점
24세 / 가나가와, 요코하마

계기: 오스트리아에 살았을 때 종이로 만든 태슬 가렌드를 처음 봤는데 정말 귀여웠다. **즐거움:** 선물 받을 친구나 가렌드가 걸릴 방의 분위기를 생각하며 소재, 색깔, 조합 방법 등을 구상하는 것이 재밌다. 때로는 화려하게 때로는 빈티지 느낌으로. **매력:** 털실의 종류나 색깔로 내 개성을 드러낼 수 있다. 완성하기까지의 설렘이 크다. **중시하는 것:** 내 방 인테리어는 마치 해외의 어느 어린이 방처럼 화려하게.

yoshihiro tatsuki & nampei akaki photographic works

갤러리 일로 만난 매력적인 사진가들 다쓰키 요시히로와 아카키 난페이의 사진 작품

Jin Sadaoka

사다오카 진 定岡 仁

B 갤러리
27세 / 도쿄, 나카노

만남: 2014년 10월에 다쓰키 요시히로立木義浩가 B 갤러리에서 사진전을 개최했는데 그 다양성에 압도되고 말았다. 이 사진은 당시에 동시 발매된 사진집 속 사진을 액자로 만든 것이다. 아카키 난페이赤木楠平도 같은 해 6월에 사진전을 개최했다. 무질서하고 혼란스러운 작품이 있는가 하면(이런 쪽도 매우 좋아한다) 한눈에 반할 만큼 아름다운 작품도 있다. 볼 때마다 매력적이다. **중시하는 것:** 즐거운 일은 탐욕적으로, 나만 생각하기보다는 공유할 수 있도록.

forty percents against rights items

90년대가 다시 타오르다 포티 퍼센트 어게인스트 라이츠의 그래픽 아이템

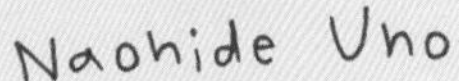

우노 나오히데 宇野 直秀

온라인 숍
35세 / 지바, 가시와

계기: 고등학교 때 '우라하라주쿠'에 수많은 패션숍이 들어서면서 이 지역이 전성기를 구가했다. 나는 특히 '포티 퍼센트 어게인스트'라는 브랜드를 좋아했다. 옷도 멋진데 몇몇 매장에서만 불규칙적으로 신상품을 내놓아 호기심이 일었다. 미식축구부 연습을 하느라 아르바이트를 할 시간이 없어 티셔츠만 겨우 살 수 있었는데, 그마저도 긴 줄을 서야 했다. **만남:** 사실 잊고 지내다가 몇 년 전에 구제 숍에서 우연히 발견한 이후 다시 빠져들었다. 이 브랜드의 옷을 손에 넣었을 때 느껴지는 감동은 예나 지금이나 똑같다.

suehiro tanemura

나의 생각과 글에 지대한 영향을 끼친 다네무라 스에히로種村季弘의 저작들

겐이치 아오노 賢一 青野

빔스 제조 연구소 크리에이티브 디렉터 / 빔스 레코드 디렉터
47세 / 도쿄, 메구로

매력: 독일문학가 다네무라 스에히로는 번역에서 대중문화(흡혈귀와 괴물이 중심인 이단 장르, 매너리즘, 다다이즘, 마술적 리얼리즘, 소설, 영화, 음식, 온천 등)에 이르기까지 다방면을 논한 박식한 사람이다. 내게 아주 큰 영향을 끼쳤다. **수집에 관해서:** 어른이 된 후 단행본(초판)을 다시 사 모았다. 지금은 거의 대부분을 가지고 있다. 제본 디자인이며 삽화까지 멋지다. **중시하는 것:** 좋으면 좋아한다. 그뿐이다. 어찌 되든 상관없는 것들은 갖고 싶지 않다.

white dunk exhibition

생일날 받은 화이트 덩크 전시회의 샘플과 원본

노자와 코헤이 野澤 康平

빔스 러기지BEAMS LUGGAGE 가루이자와 지점
31세 / 나가노, 사쿠

계기: 농구가 좋아서 전문학교에 다닐 때 '화이트 덩크 전시회'(나이키의 덩크 신발을 주제로 아티스트들이 작품을 제작하여 전시회를 열었다)를 보러 갔었다. **만남:** 스니커즈나 구제 옷에 열광하던 20대 중반에 취직 문제로 군마 현에 있는 존경하는 선배를 찾아갔었는데, 선배가 마침 '화이트 덩크 전시회'에서 전시를 하고 있었다. 샘플과 참가 아티스트들의 메모, 원본 등을 내 생일 선물로 주었다. 무슨 말이 필요하랴, 이건 보물이다! **중시하는 것:** 다각적으로 흥미를 느끼려고 항상 안테나를 세운다.

UMCO's tackle box and lures

고생해서 손에 넣은 움코의 태클 박스와 늘어만 가는 루어Lure들.

후지이 신지 藤井 伸治

빔스 히로시마 지점
34세 / 히로시마, 히로시마

계기: 약 5년 전에 본격적으로 베스낚시를 시작했다. 이후 루어를 비롯한 낚시 도구를 수집하고 있다. 근사한 태클 박스(낚시 도구 상자)를 찾다가 움코를 알게 됐지만 1980년에 없어진 회사여서 손에 넣기까지 참 힘들었다. 주 1회는 댐이나 강, 연못 등에서 베스낚시를 즐긴다. **좋아하는 것:** 루어는 박스에 넣지 못하는 것까지 합해서 200개 이상 가지고 있다. 좋아하는 루어는 하이핀HI-FIN의 크리퍼Creeper, 움코의 태클 박스를 더 갖고 싶다.

one-piece & bracelet

20대에 동경하던 아이템 헨리 베글린HENRY BEGUELIN의 스웨이드 원피스와 카즈코KAZUKO의 팔찌

요네야마 마유미 米山 真弓

우먼즈 드레스 디렉터
43세 / 가나가와, 즈시

계기: 모두 이전에 일하던 매장에서 20대에 구입했던 아이템이다. 그때 내게는 값이 아주 비쌌는데 동경하던 바이어가 사들인 이 옷이 정말 멋져서 구입했다. **만남:** 카즈코의 팔찌는 어떤 원석이냐, 어떻게 배열했느냐에 따라 느낌이 많이 다르다. 마음에 꼭 드는 것을 찾다가 내가 좋아하는 파란색 원석이 많아서 보자마자 구입했다. **중시하는 것:** 업무와 개인적인 일을 구분하려고 한다.

vintage denim "levi's 701"

사이즈와 색상 별로 몇 벌이고 사게 되는 빈티지 데님

미타니 쿠루미 三谷 久留美

빔스 고베 지점
34세 / 요코하마, 고베

매력: 701은 여성판 501 더블엑스 모델인데 마릴린 먼로가 어떤 영화에서 착용해 유명해졌다. '남성 아이템을 여성스럽게 입는다'는 빔스 보이의 콘셉트와도 일맥상통한다. 하이웨스트와 힙라인이 특징이다. **신조:** "빈티지는 발견하면 사야 한다." 대선배가 가르쳐 준 말인데 이 말을 지키며 살고 싶다. **중시하는 것:** 우리 집 식기 선반은 메이지 시대의 나무 선반이고, 컴퓨터 책상은 마운틴 리서치MOUNTAIN RESEARCH의 제품이다. 시대에 상관없이 마음에 드는 것을 고른다.

band t-shirt

80~90년대의 펑크를 중심으로 한 밴드 티셔츠

Ten Kobayashi

고바야시 덴 小林 天

빔스 신주쿠 지점
31세 / 가나가와, 가와사키

수집 방법: 학창시절부터 음악을 좋아해서 구제 숍을 돌며 조금씩 사 모았다. 특히 초기 영국 밴드나 80년대에 활동했던 뉴웨이브 밴드, 얼터너티브 밴드의 티셔츠를 수집한다. **매력:** 배가 나와서 꽉 낄 때도 있지만 멈출 수가 없다. **좋아하는 것:** 리사이클 숍에서 우연히 찾아낸 〈시드와 낸시SID&NANCY〉의 낡은 티셔츠. **중시하는 것:** 좋아하는 것들과 취미용품은 항상 손닿는 곳에 둔다.

pink items

부모님의 영향으로 어릴 적부터 순수한 분홍색을 좋아한다

Mayuko Kuniyoshi

구니요시 마유코 国吉 麻由子

빔스 기치조지 지점
31세 / 도쿄, 세타가야

계기: 어릴 적부터 부모님이 내게는 분홍색 물건을, 여동생에게는 파란색 물건을 사주셨다. 그 영향으로 감탄이 나오는 분홍색 아이템만 보면 꼭 사게 된다. **좋아하는 것:** 레페토repetto에서 나오는 다양한 분홍색 발레슈즈. 보디보드 용품도 모두 분홍색이어서 바다에 나갈 때 기분이 진짜 좋다. **중시하는 것:** 일찍 일어나기. 휴일에도 축 늘어져 잠만 자는 경우는 거의 없다. 외출과 집에서 보내는 시간, 외식과 자취 등 여러 가지 것들을 균형 있게 꾸려나가려고 한다.

climbing items

디자인도 중요하다 나와 함께 산에 도전하는 클라이밍 아이템

오가와 야요이 小川 弥生

로지스틱스부
24세 / 도쿄, 마치다

수집: 클라이밍을 시작한 지 8년 되었는데 그때부터 지금까지 나와 함께 산에 오른 신발들이다. 나의 역사를 보는 듯해서 낡았어도 버릴 수가 없다. 구멍이 나면 접착제로 붙이고 내 것이라 이름도 새기고 용도 별로 나눠 신고…, 정말 알차게 신었다. **추억:** 도쿄 국민체육대회에서 우승했다. 곧 있을 대회에서는 노란색과 검은색이 들어간 신발(2켤레)을 신고 도전할 생각이다. **중시하는 것:** 일찍 일어나서 시간을 효과적으로 활용하기. 잘 올라가고, 잘 놀기.

vintage clip

아메리칸 트래디셔널 40~60년대 빈티지 타이 클립

하세베 신노스케 長谷部 慎之介

빔스 플러스 신주쿠 지점
40세 / 도쿄, 네리마

계기: 몇 년 전에 미국 동해안으로 출장을 갔다가 메인 주의 앤티크 매장에서 타이 클립을 발견했다. 이후 골동품 시장이나 구제 숍, 옥션 등을 통해 사 모으고 있다. **매력:** 화려한 디자인이 대부분이어서 단순하면서도 이거다 싶은 디자인을 찾기가 어렵다. 일단 보기 좋고 가격이 적당하면 그 즉시 구입한다. **좋아하는 것:** 앤슨ANSON이나 히콕HICKOK과 같은 브랜드도 있지만 제일 좋아하는 브랜드는 스웽크SWANK.

music festival wristband

100개가 넘는 음악 페스티벌 입장 리스트밴드

Takazumi Chiba

지바 타카즈미 千葉 敬済

온라인 숍
30세 / 도쿄, 시부야

추억: 참가했던 음악 페스티벌의 입장 리스트밴드를 버리지 않고 모은다. 아마 100개 이상 모았을 것이다. 가~끔씩 보고 있으면 당시의 추억도 생각나고 다음에는 어떤 페스티벌에 갈까 하는 의욕도 불타오른다.(웃음) **좋아하는 것:** 에어 잼AIR JAM 2012(펑크 밴드인 하이 스탠다드가 주최한 야외 페스티벌—옮긴이). 청춘을 바쳐서 좋아한 하이 스탠다드를 바로 앞에서 본 감동은 절대로 잊지 못하리라. **중시하는 것:** NO BEER NO LIFE. 집에서도 아웃도어 용품을 쓸 때가 많다.

motor cycle

40년이라는 세월이 흘러도 터프하게 달리는 나의 파트너 모터사이클

Kazuki Yamagata

야마가타 카즈키 山形 和貴

빔스 재팬
28세 / 도쿄, 메구로

매력: 내가 갖고 있는 혼다HONDA의 CB는 70년대에 혼다가 해외 시장을 겨냥해서 만든 바이크다. 또 다른 바이크인 K1은 미국에서 역수입된 것이다. 미국을 실제로 달렸다고 생각하면 어쩐지 신기한 기분이 든다. **추억:** 40년도 더 된 바이크라고는 생각할 수 없을 정도로 정말 잘 달린다. 이 바이크와 여러 곳을 다녔다는 것 자체가 추억이다. **중시하는 것:** 10대 때부터 변함없이 바이크를 몰고 있고 친구와 스케이트보드를 탄다. 이런 여유로운 시간이 소중하다.

room shoes

"어른 같은 어른이 되자." 무리해서 산 룸 슈즈

이토 마사토 伊藤 雅人

빔스 라이츠 바이어
38세 / 도쿄, 세타가야

계기: 빔스에 입사했던 약 16년 전, '이 룸 슈즈에 어울리는 어른이 되자'고 결심했다. 한 선배가 다이애나 비가 찰스 황태자에게 트릭커즈Tricker's의 룸 슈즈를 권했다는 일화를 들려주긴 했지만, 그보다는 우아함과 유머가 공존하는 독특한 분위기에 심장이 쿵! 했었다. **목표:** 내가 속한 빔슬 라이츠에서도 이 룸 슈즈를 판매한다. 환갑 즈음에 빨간색을 살 계획이다.(웃음) **보관 방법:** 보관틀에 끼워서 특별히 주문 제작한 보관함에 넣는다. 솔질은 월 1회. **중시하는 것:** 와인과 유머.

jacket and slip on

살면서 처음으로 맞춰 입은 아끼는 옷 한 벌

다카미 쿄조 高見 京三

슈퍼바이저
49세 / 요코하마, 고베

계기: 90년대 후반에 잡지 〈브루투스〉에 실린 가토 카즈히코加藤和彦의 연재 칼럼을 읽고 맞춤정장에 눈을 떴다. **추억:** 2000년도에 처음으로 팰런 앤드 하비FALLAN&HARVEY에서 헤링본 스포츠코트를 맞춰 입었다. 칼럼 내용을 생각하면서 원단에서 디테일한 디자인에 이르기까지 모든 것을 일일이 주문했다. 아끼는 또 하나의 아이템은 앤소니 클레버리의 태슬 로퍼. 모두 다 유행을 타지 않아 오래 애용해도 낡은 느낌이 없어 정말 좋다.

wine

음식과의 조화를 생각하며 매일 밤 마시는 와인

Shuhei Nishiguchi

니시구치 슈헤이 西口 修平

빔스 F 디렉터
37세 / 도쿄, 후추

계기: 10년 전에 고객과의 식사에서 와인의 맛을 알게 됐다. 이후 거의 매일 밤 마신다. 특별한 날에는 조금 사치를 부리지만 평소에는 저렴한 와인을 즐긴다. **좋아하는 것:** 레드와인은 사시까이아SASSICAIA 2007(내가 결혼한 2006년도의 빈티지도 가지고 있다), 화이트와인은 팔메이어Pahlmeyer 샤르도네 2008, 스파클링 와인은 이탈리아 출장 때 트라토리아에서 마시고 매료된 카델 보스코 프란치아코르타Cadel Bosco Franciacorta. **중시하는 것:** 무리하지 말고 자연스럽게, 분수에 맞게.

teaching materials

만들고 먹는 즐거움을 일깨워준 요리 실습 노트

Akiko Ikemoto

이케모토 아키코 池本 亜希子

데미럭스 빔스 니혼바시 지점
28세 / 도쿄, 고토

추억: 대학교 때 매주 2회씩 요리실습을 했다. 그때 노트 오른쪽 공백에 식재료를 맛있게 먹는 팁이나 교수님이 알려준 생활의 지혜 등 조리법 이외의 정보를 적었다. 쌀의 수분 흡수율까지 따져가며 밥 짓는 법을 배웠는데, 요즘 우리 집 전기밥솥이 고장 나서 이 노트를 보며 냄비로 밥을 지어먹고 있다. 정말 훨씬 더 맛있는 것 같다. **중시하는 것:** 아무리 퇴근이 늦어져도 그이와 함께 밥을 먹는다.

french handkerchief

섬세한 수작업에 가슴이 떨리는 프랑스 손수건

고코로 타나카 心 田中

제작부
30세 / 도쿄, 시부야

좋아하는 것: 주로 구제 숍에서 구입한다. 교차된 선의 모양이나 굵기가 미묘하게 다른 인디고블루 계열의 체크무늬를 모은다. 목에 두르기도 하고 주머니에 예쁘게 넣어 다니기도 한다. **매력:** 1900~1930년대의 손수건은 이니셜 자수며 가장자리의 감침질이며…, 정말 끝내주게 좋다. **중시하는 것:** 임시방편으로 쓸 물건은 사지 않는다. 충분히 생각한 후에 산다. 되도록 좋은 것을 오래 입고 오래 쓰고 싶어서 물건을 구입할 때는 신중하려고 한다.

folk art of tohoku

정감 있는 모양과 표정이 매력적인 도호쿠 지방 민예품

다루카와 시오리 樽川 しおり

빔스 센다이 지점
28세 / 미야자키, 센다이

매력: 귀여운 표정과 둥글둥글한 모양새가 그냥 보고만 있어도 마음을 따뜻하게 해준다. 민예품의 역사까지 알게 되면 좋아하는 마음이 더 커진다. 만든 이에게 직접 찾아가 이야기를 듣고 산 민예품은 애정의 무게가 다르다. **좋아하는 것:** 붉은 소는 내가 직접 무늬를 그린 것이라 좋다. 회색 민예품은 후쿠시마 아이즈 지역의 장인과 센다이의 판매 숍이 공동으로 만든 것이다. 내 고향 후쿠시마와 10년 넘게 살고 있는 센다이가 이어져 있다고 생각하니 어쩐지 기쁘다.

star wars goods

부자父子가 열광하는 세계적인 명작 〈스타워즈〉 관련 상품

© & ™ Lucasfilm Ltd.

Manabu Chigira

지기라 마나부 千木良 学

판촉기획부
37세 / 도쿄, 고토

계기: 어릴 적부터 〈스타워즈〉를 좋아하기는 했다. 그런데 아들이 엄청 좋아하면서 나도 뭔가에 홀린 듯 다시 빠져들기 시작했다. 피규어는 물론이고 다양한 아이템을 수집 중이다. **좋아하는 것:** 다스 베이더의 광선검을 본 뜬 우산. 손잡이도 다스 베이더에 어울리는 디자인이어서 들고 있으면 뭐라 말하기 어려울 정도로 기분이 고양된다. **중시하는 것:** 사랑하는 아들이 중심인 라이프스타일. 집 안을 꾸미거나 어떤 아이템을 살 때나 항상 아들과 같은 감각을 유지하려고 한다.

glass

나의 개성과 패션 스타일을 돋보이게 해주는 각양각색의 안경

Futoshi Maeda

마에다 후토시 前田 太志

프레스
31세 / 사이타마, 가와구치

계기: 대학교 때부터 안경을 좋아했다. 지금은 내 패션에서 빼놓을 수 없는 중요한 아이템이다. 밝혀두지만 내 시력은 2.0이다.(웃음) **좋아하는 것:** 아메리칸 트래디셔널을 느끼게 하는 웰링턴Wellington 프레임. 그런데 최근에는 선이 가는 독일 브랜드 제품도 신선해 보인다. **추천:** 모스콧MOSCOT과 아야메. 요즘 들어 특히 좋아진 브랜드다. **중시하는 것:** 물건을 정리할 때는 아르바이트할 때 습득한 재고정리 기술을 사용한다.

my portraits of women wearing a gym uniform

운동복을 입은
250명의 여성들
내게는 소중한 인물사진

Kumiko Takaki

다카키 쿠미코 高木 公美子

온라인 숍
26세 / 도쿄, 세타가야

계기: 작년 12월, 졸업 작품을 위해 5세~85세의 여성 250명에게 부탁하여 운동복 차림의 사진을 찍었다. 시부야 역에서 낯선 사람에게 말을 걸어 설득한 후 그 추운 날 옥외나 엘리베이터 안에서 찍어야 했기에 고생스러웠지만 도와주신 분들 덕에 무사히 완성할 수 있었다. **기뻤던 것:** 2015년에 이 작품을 '롯폰기 아트 나이트Roppongi Art Night' 공모전에 냈는데 마지막 라운드까지 진출했다. 앞으로도 시리즈 형식으로 계속 찍고 싶다. **중시하는 것:** 사랑하는 사람들과 살아가는 평범한 일상을 소중하게.

bill wall leather

장인정신이 빛나는
최고의 주얼리
빌 월 레더의 아이템

Ryuji Washio

와시오 류지 鷲尾 龍志

신규사업개발부
39세 / 사이타마, 고시가야

수집 이력: 10대 후반부터 모으기 시작해서 20년 정도 됐다. 하도 많아서 세본 적은 없다. **애용품:** 지금까지 모은 것들 중에서 몇 가지 골라봤다.(사진) 디자이너 본인에게서 받은 것도 있다. **중시하는 것:** 일과 사생활을 확실하게 구분 지으려고 한다. 인테리어에서는 취향이 어느 한쪽으로 쏠리지 않도록 주의하고 있다. 물건이 많아서 기회가 있을 때마다 정리하려고 한다.

old film cameras

할아버지께서 물려주셨다 사람 살기 좋았다는 옛 시절의 필름 카메라

Aya Satake

사타케 아야 佐竹 彩

프레스
25세 / 도쿄, 메구로

계기: 고등학교 3학년 때 할아버지께서 물려주셨다. 1회용 필름 카메라밖에 써 본적이 없는 나로서는 귀한 선물이었다. **추억:** 카메라가 생긴 이후로 사진에 흥미가 생겨 대학교 때 사진부에 들어갔다. 재능은 없었지만.(웃음) 특히 암실 작업이 좋았다. **장래의 꿈:** 언제가 큰 집에서 암실을 꾸며놓고 사는 것이 꿈이다. 이제는 작품을 발표할 곳도 없지만 가끔씩 내킬 때마다 카메라를 들고 나가 사진을 찍는다.

kaseki cider's item

히로시마 지점에서 행사도 했다! 고등학교 시절부터 팬이었던 가세키 사이다와 관련된 아이템들

Miwa Hanaoka

하나오카 미와 花岡 美和

빔스 히로시마 지점
36세 / 히로시마, 히로시마

계기: 고등학교 때부터 랩퍼 가세키 사이다를 좋아했는데 공연을 본 후로 더 좋아져서 갈 수 있는 모든 공연을 찾아다녔다. **행복할 때:** 작년에 히로시마 지점에서 가세키 사이다와 관련된 행사를 했다. 정말 꿈만 같았다. 가세키 씨도 말했지만, 모나리자 간판 아트는 정말 최고의 걸작이다! 수작업으로 찍어낸 허그통(HUGTON, 가세키 사이다가 그린 만화 속 캐릭터–옮긴이) 티셔츠도 추억의 아이템이다. **중시하는 것:** 250켤레 정도 되는 신발. 벽 한 면에 쌓아놓았다.

miniature food samples

작고 귀엽다 정교한 디자인이 매력적인 미니어처 식품 샘플

Aiko Hiromachi

히로마치 아이코 広町 愛子

온라인 숍
34세 / 도쿄, 가쓰시카

계기: 어릴 때부터 뽑기 장난감이나 미니어처 장난감이 좋았다. 그러다 대학생 때부터는 식품 완구를 모으기 시작했다. **매력:** 작고 앙증맞은 데다가 식품 특유의 화려한 색상이며 정밀한 세부묘사가 정말 마음에 든다. **좋아하는 것:** 박스 째 구입한 미니 스위츠Mini Sweets 시리즈. 미국 분위기가 나면서 귀엽고, 보고 있으면 가슴이 콩닥콩닥 뛴다. **보존 방법:** 거의 미개봉 상태로 보관한다. 꺼내서 장식하고 싶은 것은 '개봉용'과 '보존용'으로 나눠서 두 개 사는 것이 철칙!

diving tools

계기는 사소했지만 지금은 바다가 매우 좋다 다이빙 도구 일식

Shunta Sakamoto

사카모토 슌타 坂本 俊太

커뮤니케이션 디렉터
38세 / 가나가와, 가와사키

추억: 대학교 때 다이빙 · 스노보드 동아리에서 활동했다. 원래는 스노보드를 탔었는데 다들 잠수할 때 해변에서 기다리기가 심심해서 4학년 때 자격증을 땄다. 다이빙 장비를 마련하느라 대학생 때 약 40만 엔을 대출받았다.(쓴웃음) **좋아하는 것:** 구조대용 레귤레이터(regulator, 숨을 쉬게 해주는 장비-옮긴이). 투박한 디자인이 마음에 든다. **중시하는 것:** 쓸데없는 물건은 바로 처분한다. 그냥 처박아 두는 것이 아까워서 잘 쓸 사람에게 준다.

yoko kawamoto "Untitled"(2001)

운명처럼 만났다 나를 원점으로 되돌려준 가와모토 요코川元陽子의 회화 작품

Shuji Nagai

나가이 슈지 永井 秀二

도쿄 컬처 바이 빔스 디렉터
52세 / 가나가와, 지가사키

만남: 도심에서 클라이밍에 몰두하는 사람들을 그린 작품인데, 2002년에 열린 개인전에서 구입했다. 당시 건강과 먼 생활을 하던 나는 이 그림을 보자마자 마치 이상향을 보는 듯 마음을 빼앗겼다. **매력:** 작가와도 몇 번 만났었는데 평생 한눈팔지 않고 최선을 다해 작품을 그리고 싶어 하는 기개를 느낄 수 있었다. 정말 대단한 작가다. **보관 방법:** 우리 집 계단에 걸어놓았다. 중시하는 것: 가족이 편히 쉴 수 있는 공간을 만들려고 한다.

nike sockdart

집념으로 모은 스니커즈 나이키 삭닥트

Shingo arai

아라이 신고 新井 伸吾

빔스 신주쿠 지점
35세 / 가나가와, 가와사키

괴로운 추억: 이 신발은 2004년에 발매됐는데 일본에서는 빔스 뉴스BEAMS NEWS에서만 판매가 되어 손에 넣기가 매우 어려웠다. 사이즈가 다 갖춰져 있지도 않아서 내 사이즈는 사지도 못했다. 그래서 더 집착했다. **즐거운 추억:** 2015년에 재발매되었는데 여전히 손에 넣기가 힘들었다. 그러나 '질 수 없다! 그때의 아픈 과거를 반복할 수 없다!'는 좀 과할 정도의 열망으로 결국 원하는 것을 손에 넣었다. **중시하는 것:** 브랜드 별로 나눠서 쌓아올린 신발 상자.

12inch records

10대 때부터 모았다 힙합 12인치 레코드

Kousuke Yamaguchi

야마구치 코스케 山口 倖祐

빔스 고베 지점
23세 / 오사카, 오사카

추억: 10대 때부터 힙합을 중심으로 12인치 레코드를 모았다. 수집을 시작했을 때가 아날로그에서 디지털로 넘어가던 시기였다. 지금이야 비싸게 거래되지만 그때는 싼값에 매장 앞에 진열돼 있었다. 요즘에는 공간 문제로 적당히 구입하려고 한다. **보관 방법:** 발포 스티로폼 블록 위에 나무판을 얹어 수납했다. 전용 수납장보다 저렴하고 방 크기에 맞춰서 나무판을 조절할 수 있어 훨씬 편하다. **중시하는 것:** 내가 중시하는 것에 이유를 가지고 있을 것.

lacrosse equipment

대학생 때 시작해서 평생의 친구도 사귀게 된 라크로스

Sachiko Imai

이마이 사치코 今井 佐智子

빔스 아울렛 미나미마치다 지점
31세 / 가나가와, 사가미하라

추억: 대학교 때 라크로스를 했다. 혹독한 연습 끝에 차지한 전국 대회 우승은 지금도 최고의 추억으로 남았다. 이 스포츠를 하면서 평생의 친구도 만났다. **매력:** 11명이서 하는 경기로, 마치 땅에서 하는 아이스하키와 같다. 볼을 가지고 뛰어도 되고 원심력을 이용해 볼을 던져 점수를 딴다. 격투기 못지않은 시합이라서 정말 매력적이다. **중시하는 것:** 어려서부터 자연 속에서 자라서인지 시기 별로 계절 꽃을 산다. 날마다 식물의 색깔과 향기를 느끼며 살고 싶다.

animal leather foot stool

독특한 동물 모양을 한 오머사OMERSA의 풋 스툴

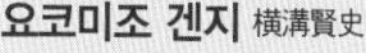

요코미조 겐지 横溝賢史

슈퍼바이저
38세 / 가나가와, 가와사키

좋아하는 것: 영국의 가죽 브랜드인 오머사에서 나온 풋 스툴이다. 1927년에 런던의 노포 리버티Liberty 백화점에서 판매되기 시작했고, 이후에 아베크롬비Abercrombie&Fitch에서 전시용으로 사용해 유명해졌다. 코끼리와 코뿔소 말고도 다양한 동물이 있어 수집하고 싶은 마음이 들끓어 오른다. 워낙에 비싸서 저렴하게 살 방법이 없는지 조사 중이다. **매력:** 질 좋은 천연가죽으로 만든 수제 스툴이어서 시간이 흐를수록 더욱 멋스러워진다.

osamu matsuzaki's urushi ware

온기가 느껴지는 오사무 마쓰자키松崎修의 칠목공예품

Sachiko Aida

아이다 사치코 相田 祥子

빔스 하우스 롯폰기 지점
36세 / 가나가와, 요코하마

계기: 도치기 현 마시코 지역에서 활동하는 오사무 마쓰자키의 칠목공예품이다. 본래 친구이기도 해서 조금씩 모으는 중이다. **매력:** 큰 나무 덩어리에서 도려내는 방법으로 모양을 잡은 후 여러 번 옻칠을 해서 완성한다. 귀엽고 정감 있는 모양이 좋아서 날마다 사용한다. 특히 숟가락이 마음에 든다. 인스턴트 카레도 이 숟가락으로 먹으면 훨씬 맛있다! **보관 방법:** 식기 선반에도 넣어 놓고, 거실에도 장식하고, 작은 접시에는 액세서리도 담아 놓는다.

curvaceous items

여성의 몸처럼 글래머러스한 곡선을 더없이 사랑한다

언제부터가 되돌아보니 주변에는 온통 곡선미를 느낄 수 있는 아이템들뿐이었다는 시타라 씨. 그의 취향은 일러스트에서 자동차까지 소재와 아이템을 가리지 않고 일관성 있다. 그렇다고 무슨 도착증이 있는 건 아니고, 그냥 좋으니까 좋아할 뿐이라며 "마치 빔스 같죠."라고 빙그레 웃는다.

1

2

Yo Shitara

시타라 요 設楽 洋

빔스 대표이사
64세 / 도쿄, 메구로

3

4

5

여성의 부드러운 신체 곡선은 누드든 옷을 입었든 다 좋다. 1. 경쾌한 화풍의 시라네 유탄포白根ゆたんぽ의 작품. 아트와 섹시함이 절묘하게 균형을 이뤘다. 2. 에로틱하고 메탈릭한 화풍으로 유명한 소라야마 하지메空山基의 원화. 3·4. 화가 아베 류이치阿部隆一에게 여성을 그려달라고 부탁해서 받은 원화. 실크프린트로 찍어서 액자에 넣어 다른 원화와 함께 장식하는 것도 재미있다. 5. 인터내셔널 갤러리 빔스의 고객이었던 인연으로 구입한, 화가 가네코 쿠니요시金子國義의 원화. 6. 아주 마음에 드는 곡선이라고 설명한 시타라 씨. 장루 씨에SIEFF의 오리지널 프린트. 7. 사진계의 거장 로버트 메이플소프MAPPLETHORPE의 동생 에드워드가 형의 유품 카메라로 촬영한 것. 8·9. 현관홀에 장식한, 1940~60년대에 〈보그〉에서 활약했던 사진가 호르스트 호르스트HORST P. HORST의 오리지널 프린트. 특히 좋아하는 8번은 시타라 씨가 태어난 연도에 촬영된 것이라고. 9번은 제 2차 세계대전이 발발한 날에 촬영된 '코르셋'. 이 사진을 찍고 곧장 파리를 떠난 일화로 유명하다.

6

7

8

9

1. 맥주 캔을 끼우면 손잡이 역할을 하는 아이템. 손으로 쥐었을 때 손가락이 닿는 곳이 재미있다. 하와이의 ABC스토어에서 구입. 2. 들어 올리면 가슴 부분이 흔들린다. 선정적이면서도 귀여운 아이템을 좋아한다는 시타라 씨. 3. 방탄모와 피스 마크, 여성의 몸을 하나로 합해 놓은 아이템. '전쟁보다 사랑을!'이라는 메시지가 들어있다. L.A의 구제 숍에 부탁해 양도받았다고. 4. 이제는 유명한 아티스트인 아라키 히로시荒木博志가 젊었을 때 무대 장치로 쓰려고 만든 색소폰. 5. 런던의 커피숍에 이 의자가 있다는 이야기를 해준 친구에게서 기념일에 선물로 받은 추억의 의자. 6. 놀라울 정도로 정교한, 야마시타 신이치山下信一의 피규어. 돋보기를 대면 안구에 묘사된 모세혈관도 볼 수 있다. 7. 극단적으로 왜곡한 실루엣이 매력적이다. 8. 왼쪽은 벼룩시장에서 찾아낸 병따개, 오른쪽은 선물 받은 봉투 칼. 9. 태국에서 한눈에 반한 불상. 어찌나 무거운지 들고 오는 데 애를 먹었다고. 10·11. 소라야마 하지메의 입체작품. 10번은 세계에 다섯 개밖에 없는 희소 아이템이다.

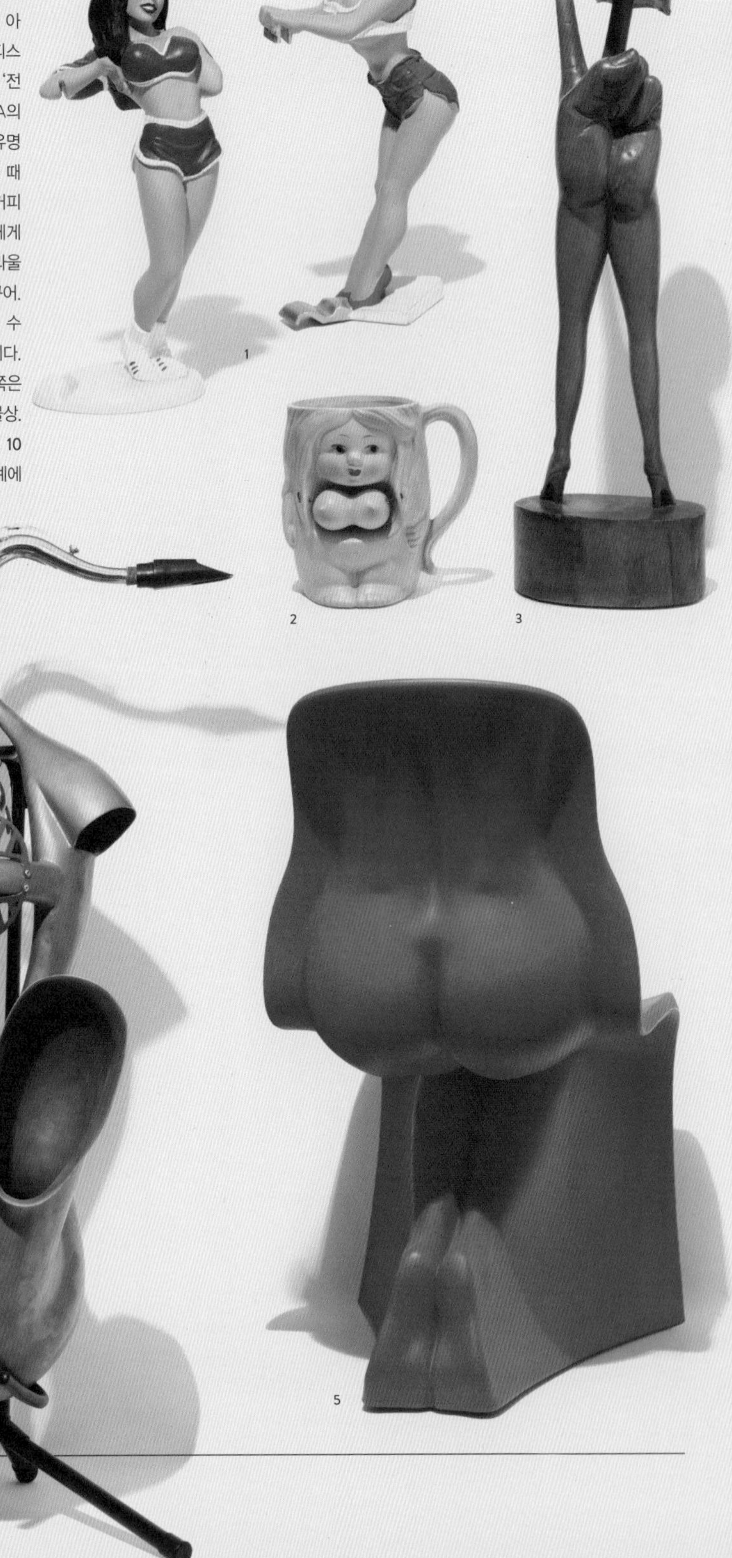

1

2

3

4

5

6
7
8
9
10
11

1. 아이사의 불상을 전문으로 판매하는 숍에서 구입한 아이템. 손의 표정이 우아하다. 2. 친구가 버리려고 했던 의자. 부드러운 곡선미에 반해서 가져왔다고 한다. 3·4·5·6. 중학생 때부터 기타를 쳤다는 시타라 씨. 15세 때 깁슨 기타를 정말 갖고 싶었지만 그럴 수가 없어서 저렴한 기타에 책받침으로 만든 피크카드를 붙여서 사용했다고 한다. 어른이 되어서 구입한 3번은 오랜 세월 함께한 추억의 기타. 7. 우쿨렐레는 초등생 때 기타 대신 구입한 악기. 8. 세련된 디자인의 유리 공예품들은 북유럽에서 충동구매한 것들. 충동구매는 시타라 씨의 특기다. 깨질까 봐 비행기 안에서 소중하게 껴안고 있었다고. 9. 상해에서 발견한 오래된 칠목 공예품은 '어느 정도 모아 놓으면 그림이 된다'는 생각에서 친구와 컨테이너를 수배해 가구와 함께 대량으로 들여왔다고 한다. 10. 샴페인은 하이힐 모양의 잔에. 일종의 페티시즘을 느끼게 하는 크리스찬 루부탱의 샴페인 잔. 11. 이탈리아제 유리 오브제는 현대적인 색상과 유기적인 곡선이 포인트. 12. 조엘 튜더TUDOR의 서프보드. 보드의 외곽은 물론이고 무늬의 곡선까지도 매력적이다.

1

2

3

4

5

6

7

8

9

10

11

12

BEAMS

빔스 ビームス

1976년 하라주쿠에서 '아메리칸 라이프 숍 빔스AMERICAN LIFE SHOP BEAMS'라는 이름으로 문을 연 편집매장. 일본과 세계 각지의 상품은 물론, 빔스의 오리지널 의류와 잡화를 판매하다가 점차 카페, 인테리어, 음악, 예술 등으로 영역을 확대했다. 현재는 빔스BEAMS, 빔스 플러스BEAMS PLUS, 빔스 티BEAMS T, 인터내셔널 갤러리 빔스International Gallery BEAMS, 빔스 FBEAMS F, 레이 빔스Ray BEAMS, 빔스 보이BEAMS BOY, 데미럭스 빔스Demi-Luxe BEAMS, 빔스 라이츠BEAMS LIGHTS, 페니카fennica, 비피알 빔스bPr BEAMS, 비지루시 요시다B JIRUSHI YOSHIDA, 빔스 골프BEAMS GOLF, 고도모 빔스kodomo BEAMS, 비밍 라이프 스토어B:MING LIFE STORE 등 스무 개 이상의 레이블과 브랜드를 운영하고 있다. 일본 패션의 궤적과 함께 했다고 해도 과언이 아닌 빔스는 일본 전역은 물론이고 홍콩, 대만, 중국, 태국에도 매장을 가지고 있다.

www.beams.co.jp

Photographers

濱田 晋

P008-023, 040-047, 056-071, 114-121, 146-153, 188-195, 210-215, 226-233, 242-257, 274-279, 346-361, 386-393, 402-409, 418-429

野呂美帆

P048-055, 078-083, 106-113, 218-225, 234-241, 322-329

松岡一哲

P086-097, 156-163, 290-297, 306-313, 370-377

上原朋也

P072-077, 098-105, 130-137, 378-385

山本あゆみ

P024-039, 122-129, 196-203

熊木 優

P138-145, 258-265, 394-401

渡邉一生

P282-289, 298-305, 314-321, 330-345

折田茂樹

P180-187, 204-209

対馬一宏 (TONE TONE)

P164-171

木下由貴

P410-417

ALLEN TEI

P172-179, 362-369

Supang Jintasaereewong
(Data & Communique Express Co., Ltd.)

P266-273

村本祥一

P430-469

佐藤寿樹

P470-475

Illustrator

そで山かほ子

P430-475

Writers

安倍真弓

P282-289, 298-305, 314-321, 330-345

箕岡智子

P180-187, 204-209

武部敬俊
(THISIS(NOT)MAGAZINE/LIVERARY)

P164-171

堀尾真理

P410-417

ALLEN TEI

P172-179, 362-369

中西哉恵
(Data & Communique Express Co., Ltd.)

P266-273

藤井志織

P470-475

Editors

藤定修一 (宝島社)
大山ゆかり
大澤佑介
林 里佐子
吉川海斗
須藤 貢
渡部えりな
梶 いずみ
源 さち恵
(RCKT/Rocket Company*)

Art Director

峯崎ノリテル ((STUDIO))

Designer

正能幸介 ((STUDIO))

DTP

水谷イタル

◇ 당신은 언제나 옳습니다. 그대의 삶을 응원합니다. – **라의눈 출판그룹**

옮긴이 | 김현영

수원대학교 중국학과를 졸업하고 현재 번역 에이전시 엔터스코리아에서 출판기획 및 일본어 전문 번역가로 활동하고 있다.
옮긴 책으로 『처음 하는 레이스 손뜨개 A to Z』 『친절한 사기꾼』 『기묘한 DNA도서관』 『괴짜교수의 철학강의』 등 다수가 있다.

136명의 집
BEAMS AT HOME 2

초판 1쇄 | 2017년 3월 11일
2쇄 | 2017년 4월 13일

지은이 | 빔스
옮긴이 | 김현영

펴낸이 | 설응도
펴낸곳 | 라의눈

편집주간 | 안은주
편집장 | 최현숙
기획위원 | 성장현
마케팅 | 최제환
경영지원 | 설효섭 · 설동숙

종이 | 한솔PNS
인쇄 | 애드그린
디자인 | Kewpiedoll Design

출판등록 | 2014년 1월 13일(제2014–000011호)
주소 | 서울시 서초중앙로 29길(반포동) 낙강빌딩 2층
전화번호 | 02–466–1283
팩스번호 | 02–466–1301
전자우편 | eyeofrabooks@gmail.com

ISBN : 979-11-86039-74-8 13590

※ 잘못 만들어진 책은 구입처나 본사에서 교환해드립니다.
※ 책값은 뒤표지에 있습니다.
※ 라의눈에서는 독자 여러분의 소중한 아이디어와 원고를 기다리고 있습니다.